职业教育“十三五”规划教材

化工识图与制图

赵少贞 主编

第二版

HUAGONG SHITU
YU ZHITU

本书采用项目式结构，共分五个课题。主要内容包括木模的测画、化工机器与设备零件图和装配图的识读、化工工艺流程图的识读与绘制、设备布置图的识读与绘制、管道图的识读与绘制等，涵盖化工图样的相关知识点。每个课题由若干个项目组成，项目内设若干个活动，每个活动以完成任务为主线，串联化工图样的知识内容。活动中有想一想、我能做（能力目标）、活动要求、学习形式、考核标准、你知道吗等栏目，学习目标明确，符合职业教育的认知规律和学习心理特点。

本书可供职业教育化工、制药类专业学生使用，同时也可作为岗位培训用书和教学参考用书。

图书在版编目（CIP）数据

化工识图与制图/赵少贞主编. —2版. —北京：化学工业出版社，2019.8（2025.2重印）
职业教育“十三五”规划教材
ISBN 978-7-122-34372-7

Ⅰ.①化… Ⅱ.①赵… Ⅲ.①化工设备-识图-职业教育-教材②化工机械-机械制图-职业教育-教材 Ⅳ.①TQ05

中国版本图书馆CIP数据核字（2019）第078856号

责任编辑：高　钰　　　　文字编辑：陈　喆
责任校对：宋　玮　　　　装帧设计：刘丽华

出版发行：化学工业出版社（北京市东城区青年湖南街13号　邮政编码100011）
印　　装：三河市双峰印刷装订有限公司
787mm×1092mm　1/16　印张11　字数267千字　　2025年2月北京第2版第9次印刷

购书咨询：010-64518888　　售后服务：010-64518899
网　　址：http://www.cip.com.cn
凡购买本书，如有缺损质量问题，本社销售中心负责调换。

定　　价：38.00元　

前言

本书是在《化工识图与制图》第一版的基础上，根据近几年的教学使用要求及新的国家标准进行修订完成的。

这次修订，主要做了以下几个方面的工作：

1. 把原“试一试”部分改为“随堂练习”，穿插在每一课题中，使课程内容与练习内容更好对接。

2. 增加了部分练习题目，使练习内容更为充实。

3. 根据新的国家标准，对书内的相关标准进行了更新。

本书的内容已制作成用于多媒体教学的 PPT 课件，并将免费提供给采用本书作为教材的院校使用。如有需要，请发电子邮件至 cipedu@163.com 获取，或登录 www.cipedu.com.cn 免费下载。

由于我们水平有限，书中的缺点与不足敬请各位读者批评指正。

编者

2019 年 3 月

第一版前言

随着职业教育改革的不断深入，项目课程是目前职教课程改革的主要方向，项目课程教学的开展与实施，必须要有相应的配套项目课程教材。

本教材编写采用项目式结构，共分五个课题。主要内容包括木模的测画、化工机器与设备零件图和装配图的识读、化工工艺流程图的识读与绘制、设备布置图的识读与绘制、管道图的识读与绘制等。本教材主要有以下特点。

1. 以项目为结构。打破以往传统的章节编排，本教材以大课题、小项目、项目内设活动为编排结构，涵盖了化工图样的相关知识点，知识内容由项目任务引出，项目任务的完成过程就是知识的学习过程，符合职业教育的认知规律。

2. 知识够用、实用。从职业教育的特点出发，本教材根据化工生产一线操作、管理应用人才必需的图样知识设定内容，教材中项目所选内容与工种岗位应知、应会内容一致，通俗易懂。

3. 教学有效性。本教材为由工作任务引领的项目结构课程教材，学生带着问题学习，学习目标明确。项目教学以完成任务领航，体现理论与实践一体化的教学特点，是职业教育的成效所在。

4. 注重能力培养。本教材中的学习形式多样，寓素质教育于课程之中，特别重视学生能力的培养，如动手能力、分工合作能力、团结协作能力、创新能力等。

本教材参考学时为60～80，供职业学校化工、制药类专业使用，同时也可作为岗位培训教材和教学参考用书。

参加本教材编写的具体分工：课题一、课题二由赵少贞编写；课题三、课题四、课题五由彭忠编写。由赵少贞统稿并任主编。

限于编者水平，教材中不足之处在所难免，敬请各位读者批评指正。

编者

2007年4月

目录

课题一　木模的测画

课题二　化工机器与设备零件图和装配图的识读

课题三　化工工艺流程图的识读与绘制

课题四　设备布置图的识读与绘制

课题五　管道图的识读与绘制

附　录

参 考 文 献

课题一

木模的测画

物体的形状是多种多样的，可以通过图形表达其形状和大小。本课题以木模为例，介绍表达物体图形的绘制方法。

项目一　木模平面图形的测画

物体的形状是立体的，但可以用多个平面图形来表达物体的形状和大小，因此物体平面图形是表达物体形状的基础。

活动一　测画木模的平面图形

将如图 1-1 所示的木模，放在三个互相垂直的投影面中，可得出木模在几个方向的平面图形，如图 1-2 所示。

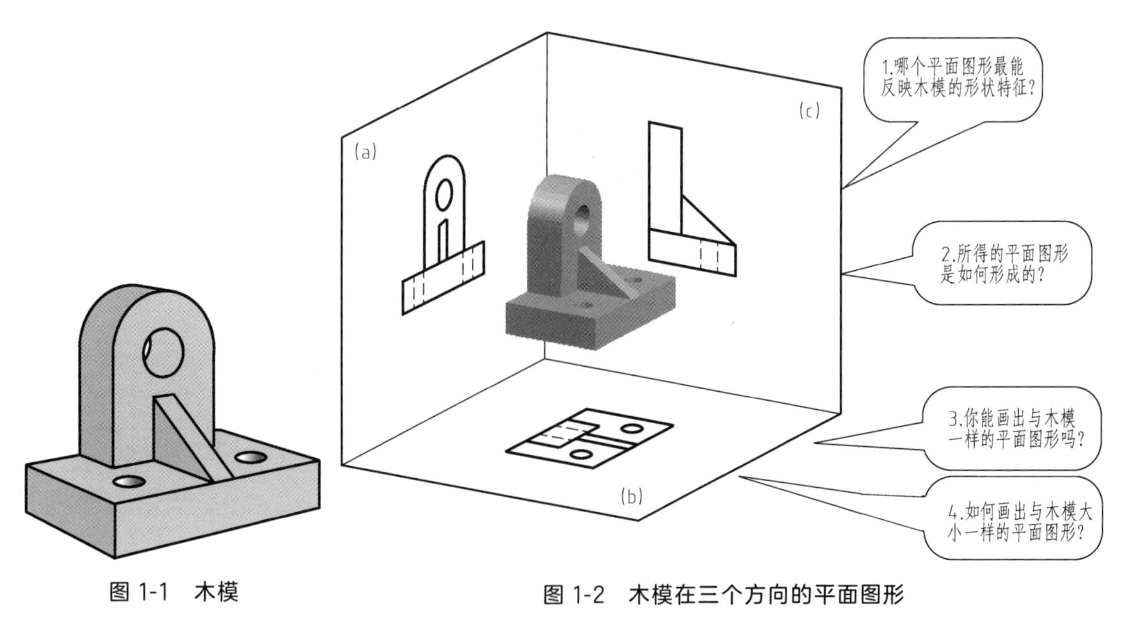

图 1-1　木模

图 1-2　木模在三个方向的平面图形

想一想

① 从图 1-2 中分析可得，平面图形（a）最能反映木模形状特征。

② 图 1-2 中平面图形（a）是用正投影法得到的。此时投射线垂直于投影面，木模最具形状特征的所在面与投影面平行，这样不仅图形与木模形状一样，大小也一样，效果最好。

③ 图 1-2 中的平面图形（a），主要由矩形 1、矩形 2、矩形 3、矩形 4、圆 5、半圆 6、直线 7、直线 8 等图线组成，如图 1-3 所示。

④ 画出图 1-3 的图线：

a. 画出矩形 1、矩形 2、矩形 3、矩形 4；

b. 画出圆 5、半圆 6；

c. 作半圆 6 的切线，且与矩形 1 的水平线垂直，得到直线 7、直线 8。

这样便能画出与木模形状一样的平面图形。

⑤ 若要画出与木模大小一样的平面图形，就要知道木模的尺寸大小。测量木模的尺寸，通常可用内卡钳、外卡钳、钢直尺来测量。测量方法如图 1-4 所示，数据见表 1-1。

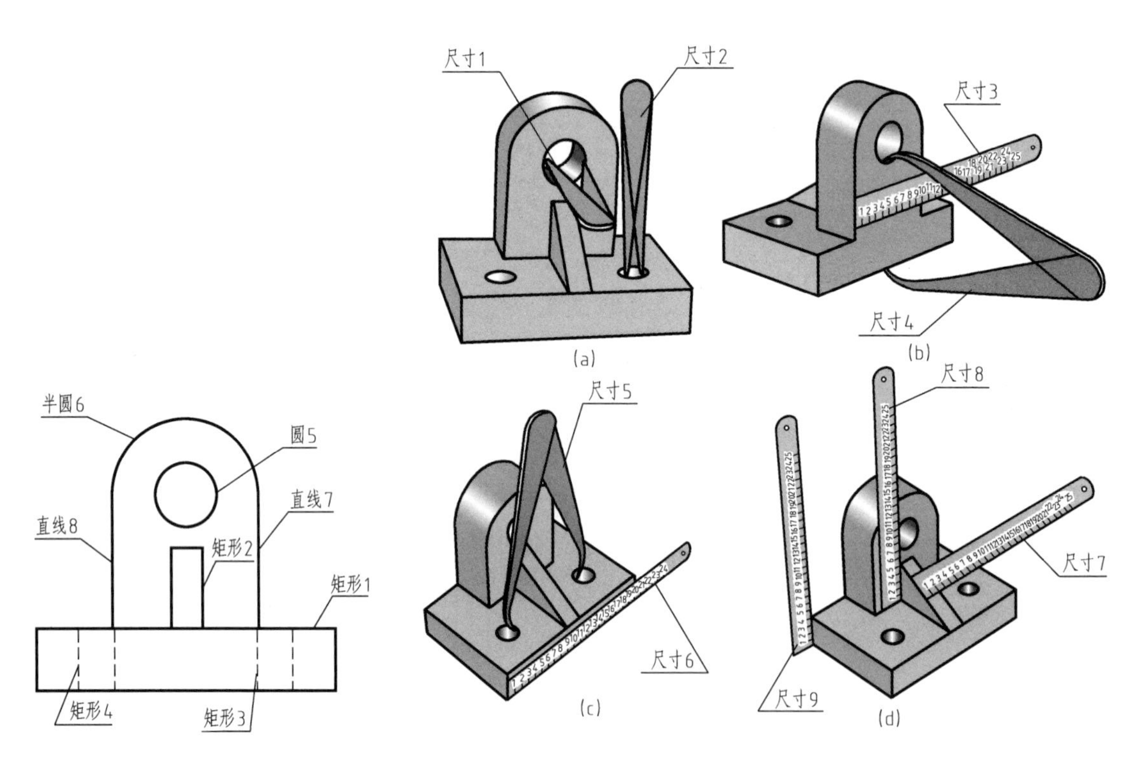

图 1-3 木模平面图形图线组成

图 1-4 木模尺寸测量方法

■ 表 1-1 测量数据

尺寸序号	尺寸数据/mm	尺寸序号	尺寸数据/mm
尺寸 1	40	尺寸 6	200
尺寸 2	24	尺寸 7	20
尺寸 3	100	尺寸 8	52
尺寸 4	105	尺寸 9	40
尺寸 5	96		

⑥ 按表 1-1 的数据就能画出与木模大小一样的平面图形了，如图 1-5 所示。

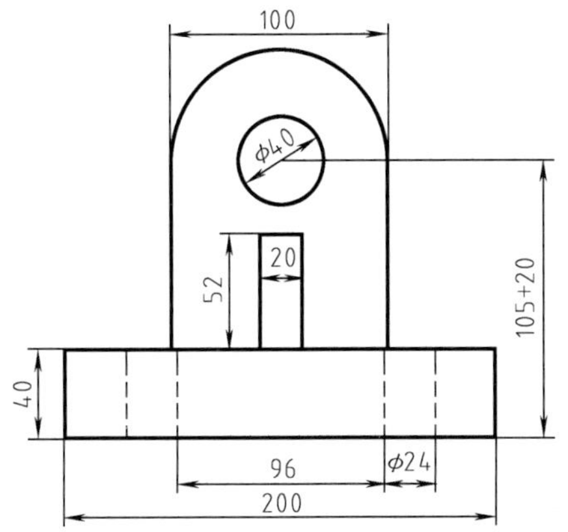

图 1-5　木模平面图形

一、我能做

① 分析木模的形状特点。

② 用正投影法画出反映木模形状特征的平面图形。

③ 用内卡钳、外卡钳、钢直尺测量木模的尺寸。

二、主要的用具与工具

名　称	数　量	备　注	名　称	数　量	备　注
木模	1个		钢直尺	1把	
内卡钳	1把		绘图纸	1张	A4
外卡钳	1把		绘图工具	1套	

三、活动要求

① 观察、分析木模的形状特点，确定投影方向，使其投影是一较能反映木模形状特征的平面图形。

② 用正投影法粗略画出木模的平面图形。

③ 用内卡钳、外卡钳、钢直尺测量木模尺寸，按实物大小准确画出木模的平面图形。

④ 在图上表达所测量的木模尺寸，并注上数值。

四、学习形式

① 课堂讲授。

② 小组讨论（每组 2～4 人）。

③ 个人独立测画。

五、考核标准

项　　目	评　分　标　准	
投影方向选择	最好	20分
	较好	15分
	不好	10分
图形表达	正确	40分
	1～2处错误	30分
	3～4处错误	20分
	4处以上错误	10分

续表

项　目	评　分　标　准	
测量尺寸的数量	完整	20 分
	缺 1～2 个	15 分
	缺 3～4 个	10 分
	缺 4 个以上	5 分
读数	准确	20 分
	误差 1～2 个	15 分
	误差 2 个以上	10 分

六、你知道吗

（一）钢直尺、外卡钳、内卡钳的用途

钢直尺、外卡钳、内卡钳是测量物体尺寸的常用量具，如图 1-6 所示。

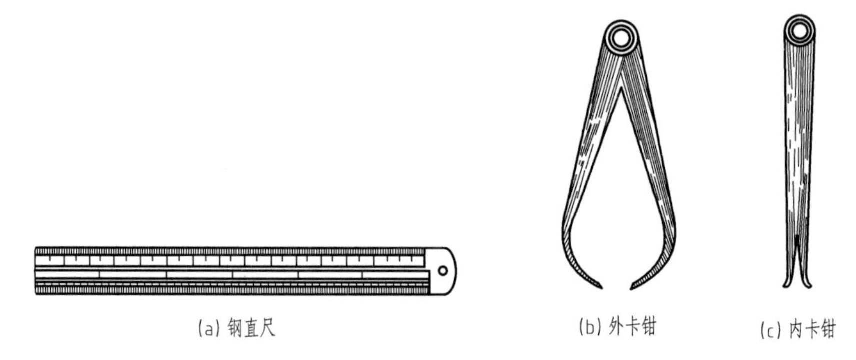

(a) 钢直尺　(b) 外卡钳　(c) 内卡钳

图 1-6　常用的测量工具

直线尺寸一般可直接用钢直尺测量，如图 1-7 所示。测量时可读出 L_1 的数值，必要时也可用三角板配合读出 L_2 的数值。

外径用外卡钳测量，内径用内卡钳测量，再在钢直尺上读出 D_1、D_2 的数值，如图 1-8 所示。

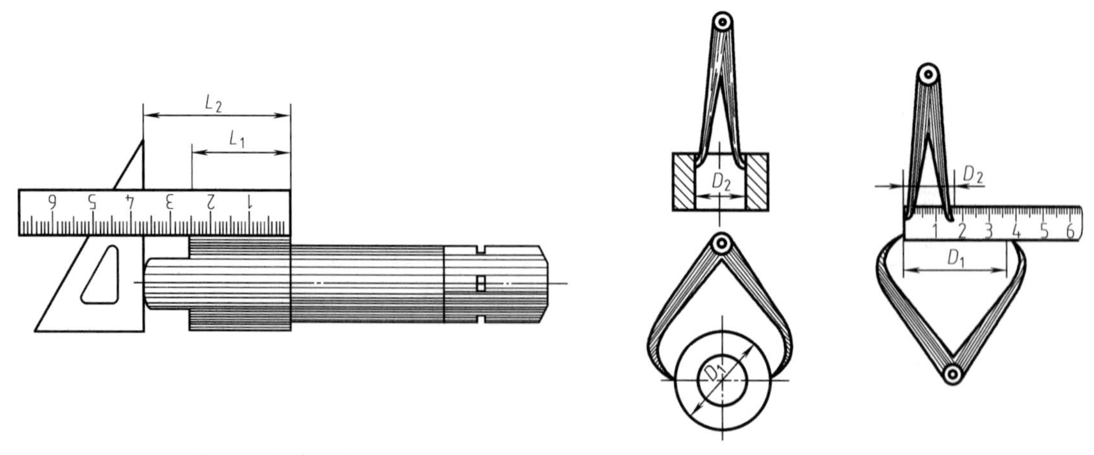

图 1-7　钢直尺的用途　图 1-8　外卡钳、内卡钳的用途

（二）正投影法

投射线与投影面垂直的平行投影法称为正投影法，如图 1-9 所示。利用正投影法所得的

图形，称为正投影或正投影图。由于采用正投影法容易表达空间物体的形状和大小，所以在工程上应用最广。

正投影具有真实性。当平面（或直线）与投影面平行时，其投影反映实形（或实长），如图 1-10 所示。

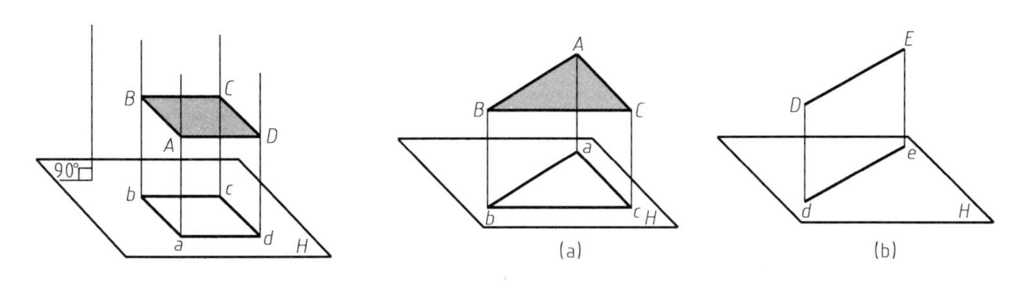

图 1-9 正投影法

图 1-10 平面、直线平行于投影面时的投影

正投影具有积聚性。当平面（或直线）与投影面垂直时，其投影积聚为一条直线（或一个点），如图 1-11 所示。

正投影具有类似性。当平面（或直线）与投影面倾斜时，其投影变小（或变短），但投影的形状与原来相类似，如图 1-12 所示。

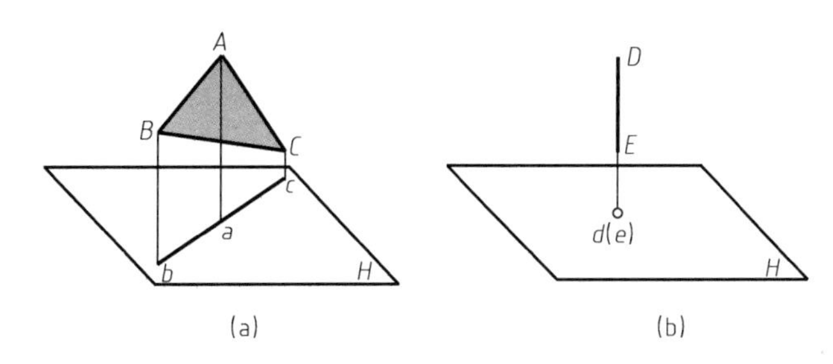

图 1-11 平面、直线垂直于投影面时的投影

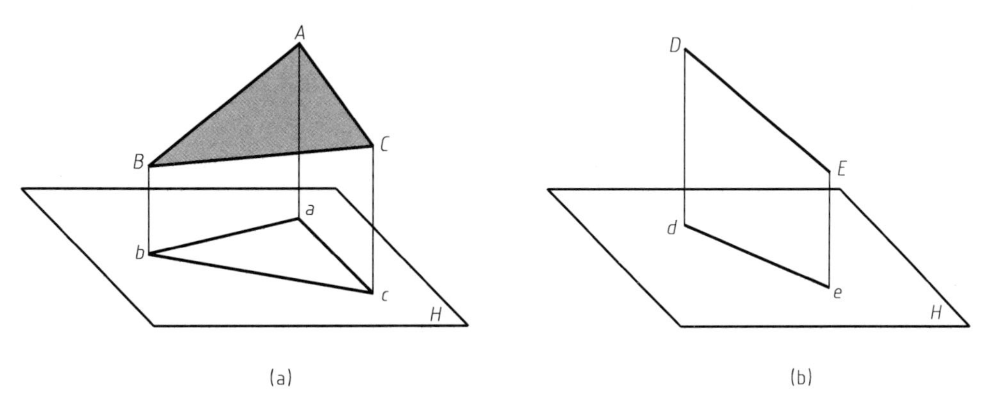

图 1-12 平面、直线倾斜于投影面时的投影

（三）圆弧连接

机器零件由于功用、结构和制造工艺上的要求，两相邻表面之间用圆角光滑地衔接，如图 1-13（a）所示，这种圆滑过渡，在几何图形中实际上就是两线相切，在制图中称为圆弧连接，如图 1-13（b）所示。

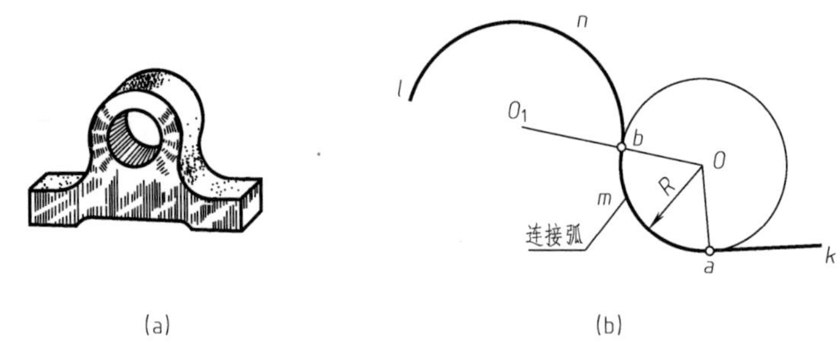

(a) (b)

图 1-13 圆弧连接实例

［例 1-1］ 用半径为 R 的圆弧，连接已知直线 AB 和 BC，如图 1-14 所示。

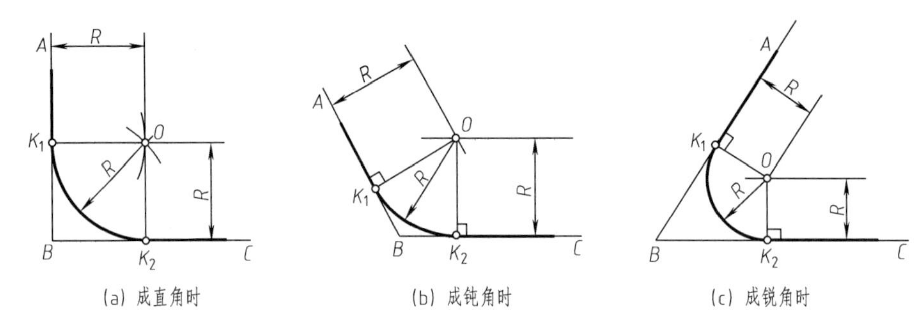

图 1-14 用圆弧连接两直线

作图步骤

① 求圆心：分别作与两已知直线 AB 和 BC 相距为 R 的平行线，得交点 O，即为连接弧（半径为 R）的圆心。

② 定切点：自点 O 分别向 AB 及 BC 作垂线，得垂足 K_1 和 K_2，即为切点。

③ 画连接弧：以点 O 为圆心，R 为半径，自点 K_1 和 K_2 画圆弧，即完成作图。

［例 1-2］ 用半径为 R 的圆弧，连接已知直线 AB 和圆弧（半径为 R_1），如图 1-15 所示。

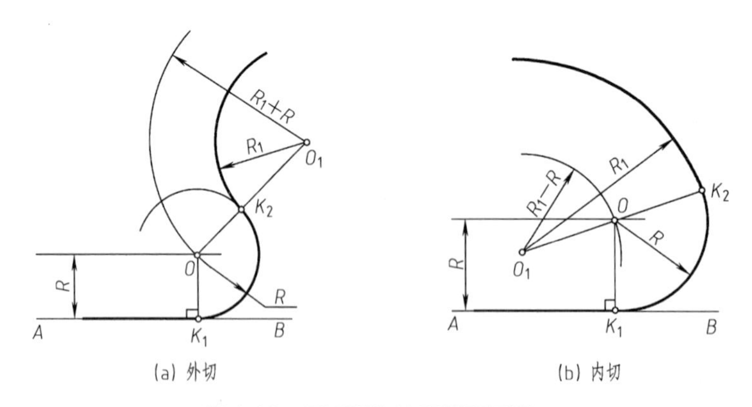

图 1-15 用圆弧连接直线和圆弧

作图步骤

① 求圆心：作与已知直线 AB 相距为 R 的平行线，再以已知圆弧（半径为 R_1）的圆心 O_1 为圆心，R_1+R（外切时）或 R_1-R（内切时）为半径画弧，此弧与所作平行线的交点 O，即为连接弧（半径为 R）的圆心。

② 定切点：自点 O 向 AB 作垂线，得垂足 K_1；再作两圆心连线 O_1O（外切时）或两圆心连线 O_1O 的延长线（内切时），与已知圆弧（半径为 R_1）相交于 K_2，则 K_1、K_2 即为切点。

③ 画连接弧：以点 O 为圆心，R 为半径，自点 K_1 至 K_2 画圆弧，即完成作图。

［例 1-3］ 用半径为 R 的圆弧，连接两已知圆弧（半径分别为 R_1、R_2），如图 1-16 所示。

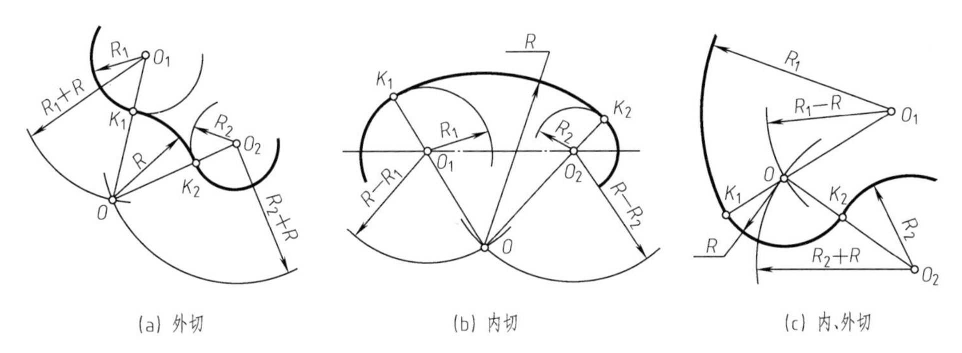

图 1-16　用圆弧连接两圆弧

作图步骤

① 求圆心：分别以 O_1、O_2 为圆心，R_1+R 和 R_2+R（外切时）或 $R-R_1$ 和 $R-R_2$（内切时）或 R_1-R 和 R_2+R（内、外切时）为半径画弧，得交点 O，即为连接弧（半径为 R）的圆心。

② 定切点：作两圆心连线 O_1O、O_2O 或 O_1O、O_2O 的延长线，与两已知圆弧（半径分别为 R_1、R_2）分别交于点 K_1、K_2，则 K_1、K_2 即为切点。

③ 画连接弧：以点 O 为圆心，R 为半径，自点 K_1 至 K_2 画圆弧，即完成作图。

（四）椭圆的画法

椭圆是常见的非圆曲线，有各种不同的画法，现介绍四心近似画法。

［例 1-4］ 已知椭圆长轴 AB 和短轴 CD，用四心近似画法画椭圆。

作图步骤

① 连 AC，取 $CF=CE=OA-OC$，如图 1-17（a）所示。

② 作 AF 的中垂线，分别交长、短轴于点 3 与 1，并取点 3、1 的对称点 4、2，连 14、23、24 并延长，如图 1-17（b）所示。

③ 分别以点 1、2 为圆心，$1C$（或 $2D$）为半径画弧；再分别以点 3、4 为圆心，$3A$（或 $4B$）为半径画弧，即画出椭圆，图中的点 M、N、M_1、N_1 即为切点，如图 1-17（c）所示。

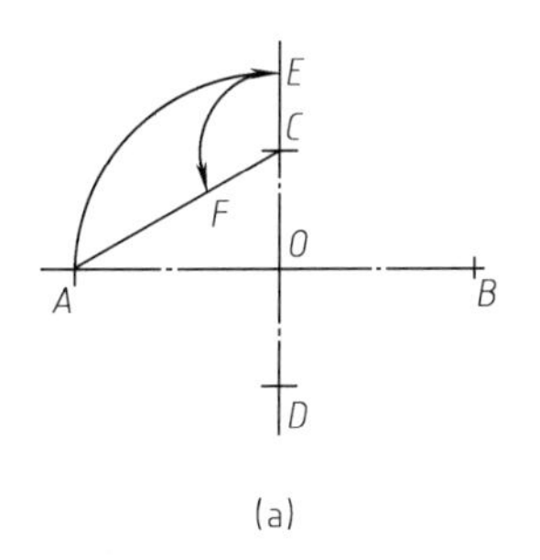

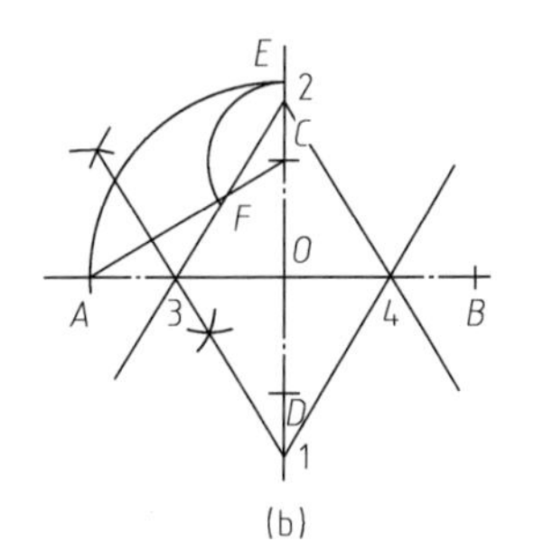

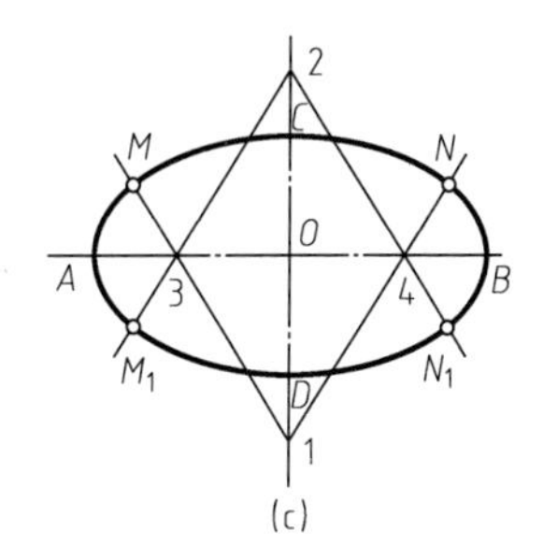

图 1-17　四心近似画法画椭圆

活动二 用规定图线表达木模平面图形并标注尺寸

图形是工程语言的一种表达形式。为了便于交流，国家标准对制图作出了统一规定。对于图 1-1 所示的木模，其平面图形按国家标准规定的图线绘制并标注尺寸后如图 1-18 所示。

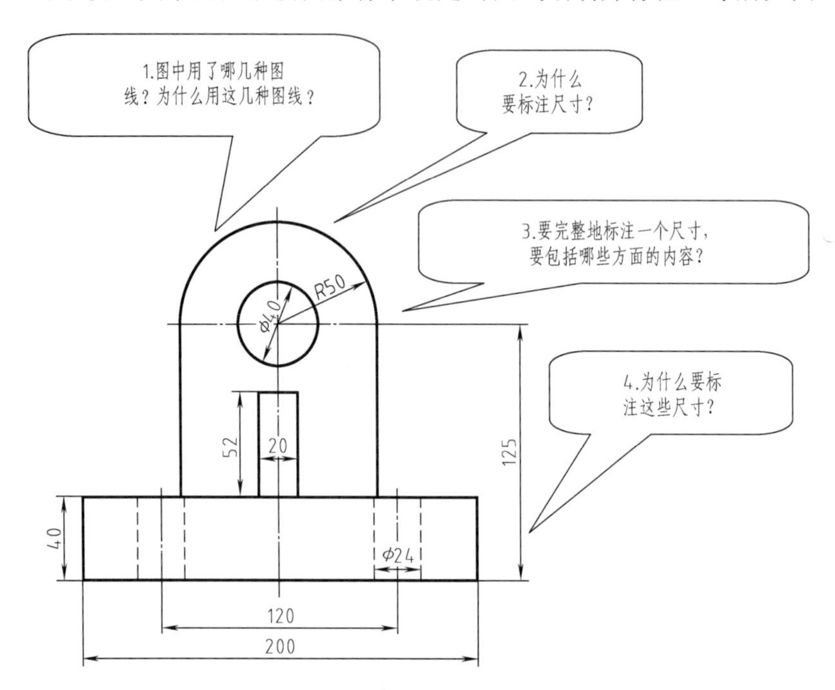

图 1-18 木模平面图形及尺寸标注

想一想

① 图 1-18 中用了四种图线，分别是粗实线、细虚线、细点画线、细实线。观察图 1-18 可知，木模投影时能看到的线（可见轮廓线）用粗实线绘制；不能看到的线（不可见轮廓线）用细虚线绘制；木模的平面图形是对称图形，要画出图形的对称线，用细点画线绘制；尺寸标注时，用细实线。

② 所绘制的图形，不仅要反映物体的形状，还要反映物体的大小，所以绘制图形后，要对图形进行尺寸标注。所注写的尺寸数字，就是木模的实际大小。

③ 一个完整的尺寸，由尺寸界线、尺寸线、尺寸数字组成，如图 1-19 所示，其中尺寸线、尺寸界线用细实线绘制。

④ 图 1-18 中共标注了九个尺寸，其中 40 是形状大小尺寸，称为定形尺寸；125 是圆和半圆弧的圆心位置尺寸，称为定位尺寸。只有定形尺寸、定位尺寸确定下来，才能完整地反映物体在某一方向的形状大小。每一尺寸只能标注一次，不能多标，也不能少标。

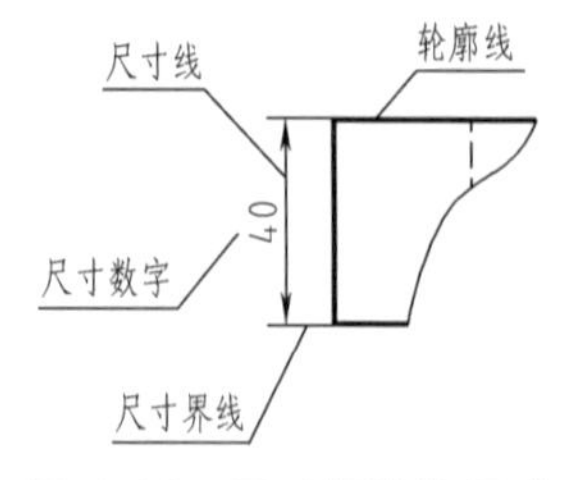

图 1-19 尺寸标注的组成

一、我能做

① 按国家标准《技术制图 图线》的规定，应用粗实线、细点画线、细实线、细虚线绘制图样。

② 对木模的平面图形标注尺寸。

二、主要的用具与工具

名　称	数　量	备　注
绘图纸	1张	A4
绘图工具	1套	

三、活动要求

① 在上次活动画出的木模平面图形的基础上进行此次活动。

② 观察木模的平面图形是否有对称性，若有则用细点画线画出图形的对称线。

③ 观察木模的平面图线，若为可见轮廓线，则用粗实线绘制，若为不可见轮廓线，则用细虚线绘制。

④ 标出木模平面图形的定形尺寸。

⑤ 标出木模平面图形中圆、圆弧中心的定位尺寸。

四、学习形式

① 课堂讲授。

② 个人独立完成。

五、考核标准

项　目	评分标准	
细点画线	准确	15分
	1～2处错误	12分
	2处以上错误	8分
粗实线	准确	25分
	1～2处错误	20分
	3～4处错误	15分
	4处以上错误	10分
细虚线	准确	15分
	1～2处错误	12分
	2处以上错误	8分
尺寸标注	准确	45分
	错标、多标、少标1～3处	40分
	错标、多标、少标4～6处	35分
	错标、多标、少标7～8处	30分
	错标、多标、少标8处以上	25分

六、你知道吗

（一）图线

图形是由各种不同粗细和型式的图线构成的，如图1-20所示。国家标准《技术制图　图线》（GB/T 4457.4—2002）规定了在机械图样中常用的九种图线，其代码、线型、名称、线宽以及一般应用见表1-2。

1. 图线宽度和图线组别

在机械图样中采用粗、细两种线宽，它们之间的比例为2∶1。图线宽度和图线组别的选择，应根据图样的类型、尺寸、比例和缩微复制的要求，根据表1-3确定。

■ 表 1-2　常用的图线（摘自 GB/T 4457.4—2002）

代码 No.	线　型	名称	线宽	一　般　应　用
01.1		细实线	$d/2$	过渡线、尺寸线、尺寸界线、指引线和基准线、剖面线、重合断面的轮廓线、短中心线、螺纹牙底线、尺寸线的起止线、表示平面的对角线、零件成形前的弯折线、范围线及分界线、重复要素表示线、锥形结构的基面位置线、叠片结构位置线、辅助线、不连续同一表面连线、成规律分布的相同要素连线、投射线、网络线
		波浪线	$d/2$	断裂处边界线、视图与剖视的分界线
	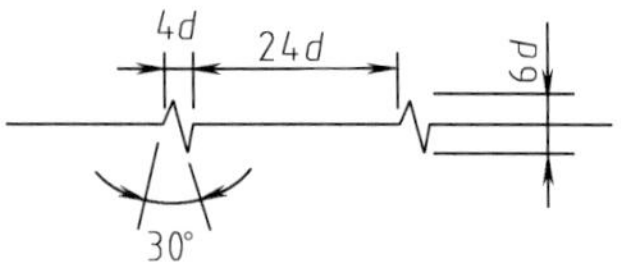	双折线	$d/2$	
01.2	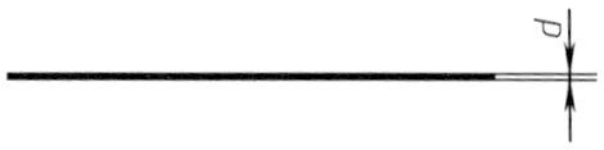	粗实线	d	可见棱边线、可见轮廓线、相贯线、螺纹牙顶线、螺纹长度终止线、齿顶圆(线)、表格图和流程图中的主要表示线、系统结构线(金属结构工程)、模样分型线、剖切符号用线
02.1	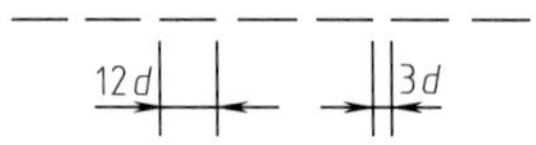	细虚线	$d/2$	不可见棱边线、不可见轮廓线
02.2		粗虚线	d	允许表面处理的表示线
04.1	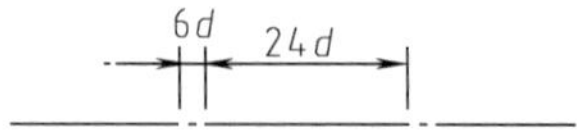	细点画线	$d/2$	轴线、中心线、对称线、分度圆(线)、孔系分布的中心线
04.2		粗点画线	d	限定范围表示线
05.1	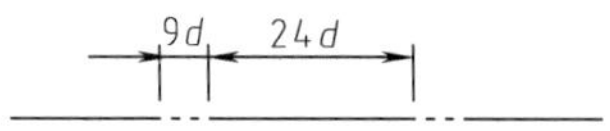	细双点画线	$d/2$	相邻辅助零件的轮廓线、可动零件的极限位置的轮廓线、重心线、成形前轮廓线、剖切面前的结构轮廓线、轨迹线、毛坯图中制成品的轮廓线、特定区域线、延伸公差带表示线、工艺用结构的轮廓线、中断线

2. 图线画法

同一图样中，同类图线的宽度应基本一致。细（粗）虚线、细（粗）点画线及细双点画线的线段长度和间隔应各自大致相等。

实际绘图时，图线的首、末两端应是画，不应是点；图线（粗实线或细虚线或细点画线）相交时，都应以画相交，而不应该是点或间隔；细虚线是粗实线的延长线或细虚线圆弧与粗实线相切时，细虚线应留出间隔；画圆的中心线时，圆心应是画的交点，细点画线的两端应超出轮廓线 2～5mm；当圆的图形较少（直径小于 12mm）时，允许用细实线代替细点画线。图线画法的正误对比如图 1-21 所示。

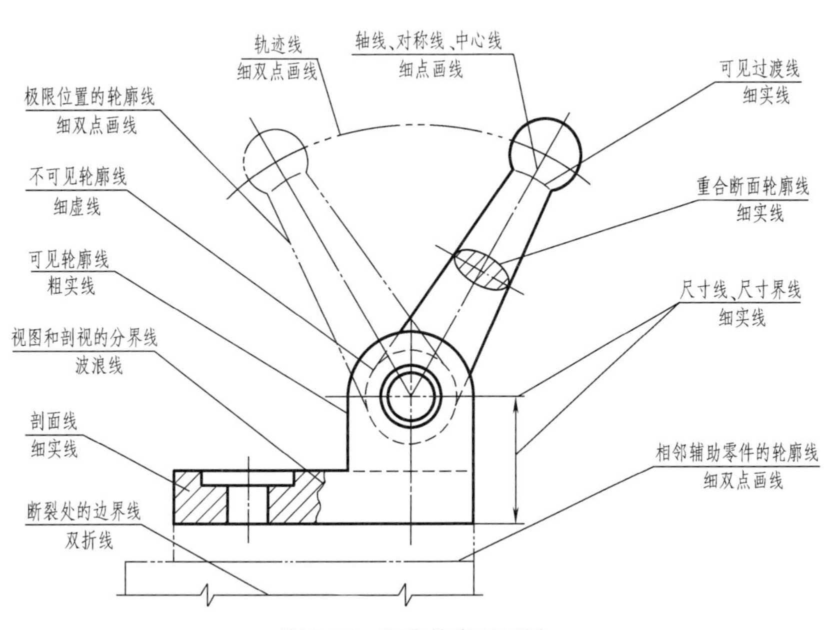

图 1-20 图线的应用示例

■ 表 1-3 图线宽度和图线组别（摘自 GB/T 4457.4—2002）

线型组别	对应的线型宽度		备 注
	粗实线、粗虚线、粗点画线	细实线、波浪线、双折线 细虚线、细点画线、细双点画线	
0.25	0.25	0.13	
0.35	0.35	0.18	
0.5*	0.5	0.25	* 为优先采用的图线组别；在制图作业中，采用 0.7 的图线组别
0.7*	0.7	0.35	
1	1	0.5	
1.4	1.4	0.7	
2	2	1	

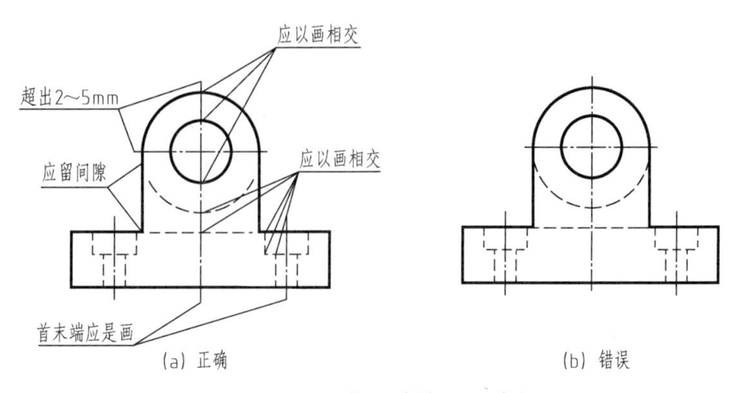

图 1-21 图线画法的正误对比

（二）尺寸标注

图样上的尺寸，是加工制造零件的主要依据。如果尺寸标注错误、不完整或不合理，将给生产带来困难，甚至生产出废品而造成浪费。

1. 基本规则

① 机件的真实大小应以图样上所注的尺寸数值为依据，与图形的大小及绘图的准确度无关。

② 图样中的尺寸，以 mm 为单位时，不需标注计量单位的代号或名称，如果采用其他单位，则必须加以说明。

③ 图样中所标注的尺寸，为该图样所示机件的最后完工尺寸，否则应另加说明。

④ 机件的每一尺寸，一般只标注一次，并应标注在反映该结构最清晰的图形上。

2. 尺寸的构成

每个完整的尺寸，一般由尺寸界线、尺寸线和尺寸数字组成，通常称为尺寸三要素，如图 1-22 所示。

（1）尺寸界线

表示尺寸的度量范围，用细实线绘制。尺寸界线由图形的轮廓线、轴线或中心线处引出，也可利用这些线作为尺寸界线。尺寸界线一般应与尺寸线垂直，且超过尺寸线箭头 2～5mm，必要时允许倾斜，如图 1-23 所示。

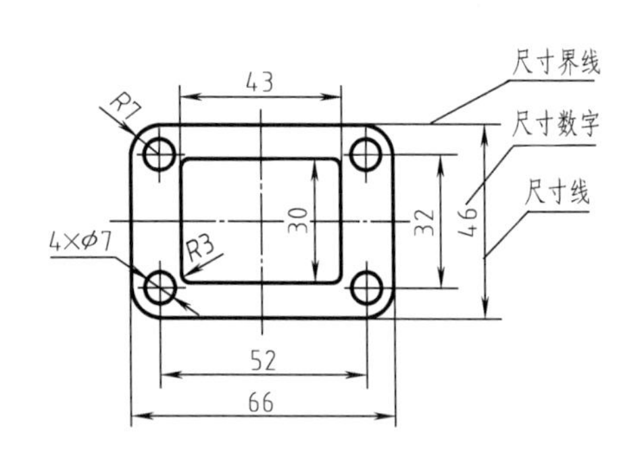

图 1-22　尺寸三要素

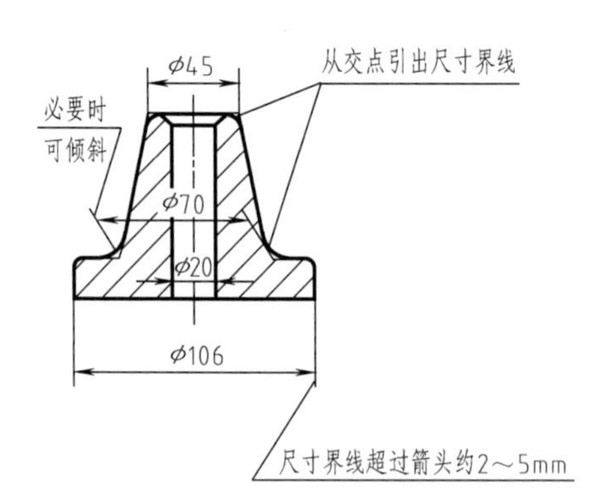

图 1-23　尺寸界线的画法

（2）尺寸线

表示尺寸的度量方向，必须用细实线绘制，而不能用图中的任何图线来代替，也不得画在其他图线的延长线上，如图 1-24 所示。

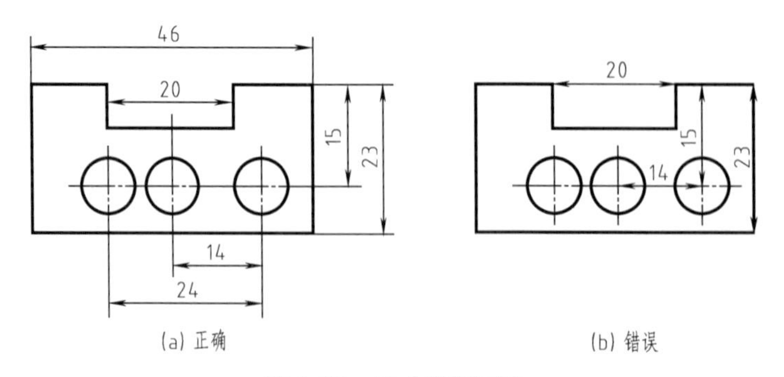

图 1-24　尺寸线的画法

线性尺寸的尺寸线应与所标注的线段平行；尺寸线与尺寸线之间、尺寸线与尺寸界线之间应尽量避免相交。因此，在标注尺寸时，应将小尺寸放在里面，大尺寸放在外面，如图

1-25 所示。

(a) 正确　　(b) 错误

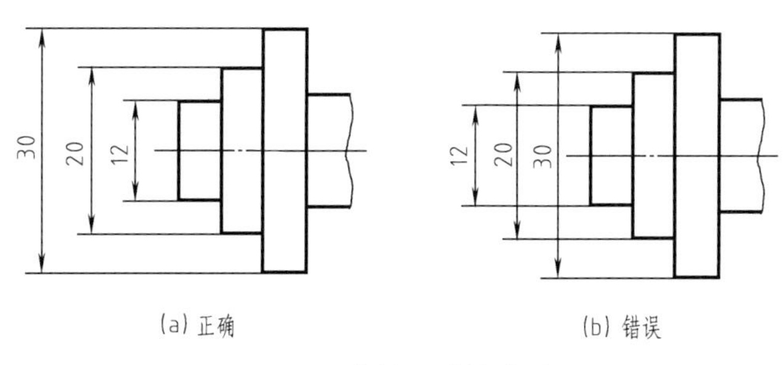

图 1-25　线性尺寸的排列

尺寸线终端有箭头和斜线两种形式，其画法如图 1-26 所示。同一图样上只能采用一种形式。机械图样一般采用箭头表示尺寸的起止，其尖端应与尺寸界线接触。建筑图样一般采用斜线。

(a) 箭头的画法　　(b) 斜线的画法

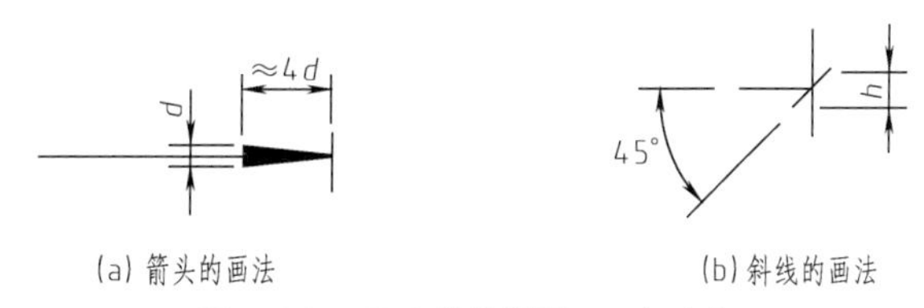

图 1-26　尺寸线终端的两种形式

(3) 尺寸数字

表示机件的实际大小。线性尺寸的尺寸数字，一般应填写在尺寸线的上方或中断处。线性尺寸数字的书写方向为水平方向字头朝上、竖直方向字头朝左，并应尽量避免在图 1-27 (a) 所示 30°范围内标注尺寸，当无法避免时，可按图 1-27 (b) 的形式标注。尺寸数字不允许被任何图线所通过，当不可避免时，必须把图线断开，如图 1-28 所示。

(a)　　(b)

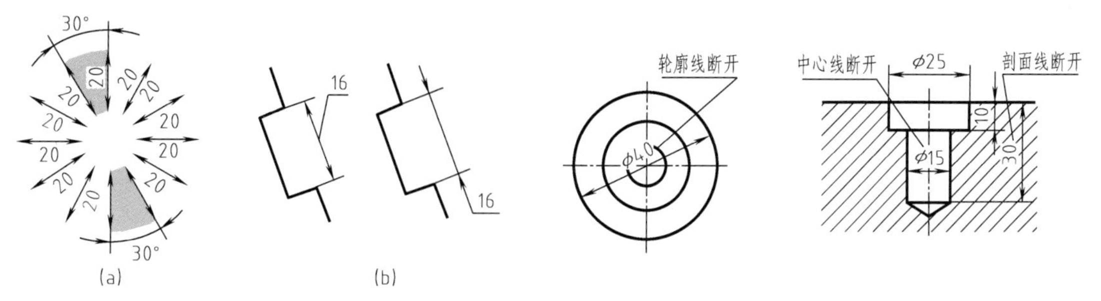

图 1-27　线性尺寸的注写方向

图 1-28　任何图线不能通过尺寸数字

3. 常用的尺寸注法

(1) 圆、圆弧及球面尺寸

标注直径尺寸时，应在尺寸数字前加注直径符号“ϕ”；标注半径尺寸时，应在尺寸数字前加注半径符号“R”，如图 1-29 (a) 所示。半径尺寸必须标注在投影为圆弧的图形上，且尺寸线必须通过圆心。

标注球面的直径或半径时，应在直径符号或半径符号前加注“S”，如图 1-29 (b) 所示。

当没有足够位置画箭头和写数字时，可将其中之一布置在外面，也可把箭头和数字都布置在外面，如图 1-29（c）所示。

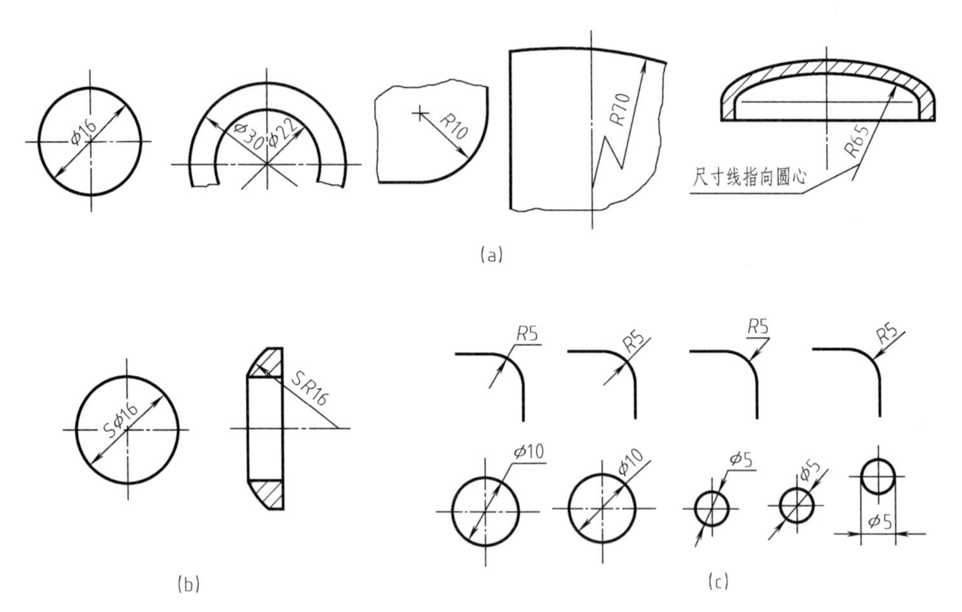

图 1-29 圆、圆弧及球面尺寸的标注

（2）角度尺寸

标注角度尺寸的尺寸界线，应沿径向引出，尺寸线是以角度顶点为圆心的圆弧，角度的数字，一律写成水平方向，角度尺寸一般注在尺寸线的中断线处，必要时可以写在尺寸线的上方或外面，也可引出标注，如图 1-30 所示。

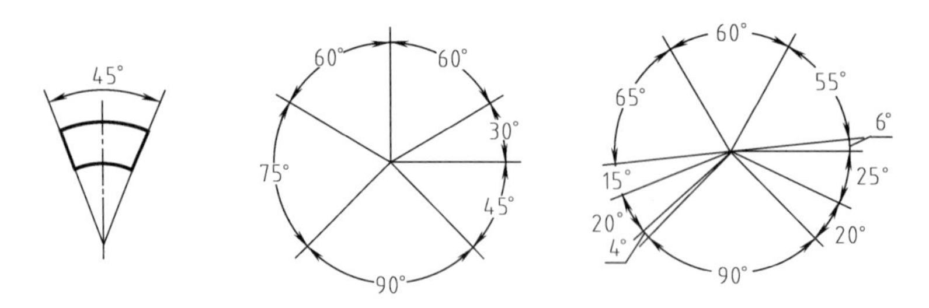

图 1-30 角度尺寸的标注

（3）窄小位置的尺寸

标注一连串的小尺寸时，可用小圆点或斜线代替中间的箭头，如图 1-31 所示。

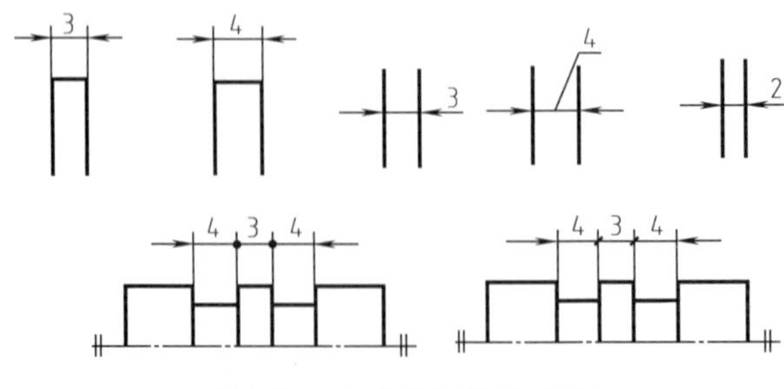

图 1-31 窄小位置的尺寸标注

（4）对称图形的尺寸

对于对称图形，应把尺寸标注为对称分布；当对称图形只画出一半或略大于一半时，尺寸线应略超过对称线或断裂处的边界线，此时仅在尺寸线的一端画出箭头，如图1-32所示。

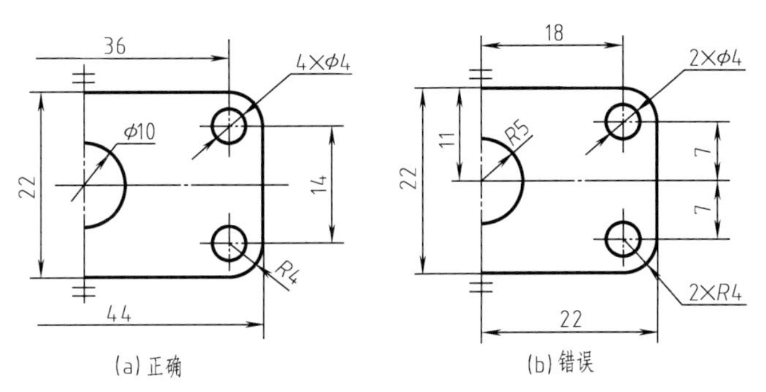

图1-32　对称图形的尺寸标注

（5）尺寸的简化注法

在同一图形中，对于尺寸相同的孔、槽等组成要素，可仅在一个要素上注出其尺寸和数量，并用缩写词“EQS”表示“均匀分布”，如图1-33（a）所示。当组成要素的定位和分布情况在图形中已明确时，可不标注其角度，并省略“EQS”，如图1-33（b）所示。

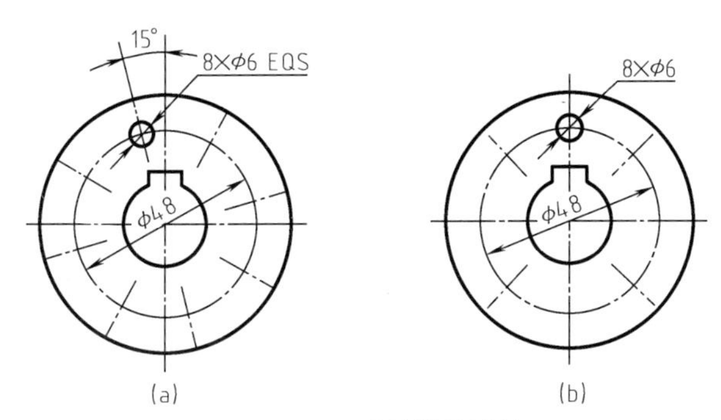

图1-33　尺寸的简化注法

活动三　绘制木模的平面图形

完成木模平面图形的草图和尺寸标注后，要出正式图必须按国家标准规定绘制在绘图纸上。图1-34所示为在绘图纸上绘制的木模平面图。

想一想

① 图纸大小是有规格的。一般是优先选用国家标准规定的图幅尺寸。图1-34所示的图幅规格为A4，宽×长为210mm×297mm。

② 图纸放置分为横放和竖放两种，图纸上的图框格式又分为不留装订边和留装订边两种，图1-34所示为图纸横放，图框格式为留装订边。在装订边处图框边与图纸边距离25mm，在非装订边处图框边与图纸边距离5mm，图框用粗实线画出。

③ 图框右下角的表格是标题栏，对于表格的大小和内容，国家标准中有相应的规定。

④ 图形绘制在图纸上，是根据实物的大小及图纸的空位大小，按一定比例绘制的。图

1-34 中所选比例为 1∶2。

⑤ 绘图比例确定后，画出图形的定位线。木模平面图形的中心线与底线可确定其在图纸上的位置，如图 1-35 所示。

⑥ 图上的汉字要按长仿宋体字书写。无论是汉字、字母、数字的书写，都要尽量做到“字体工整、笔画清楚、间隔均匀、排列整齐”。

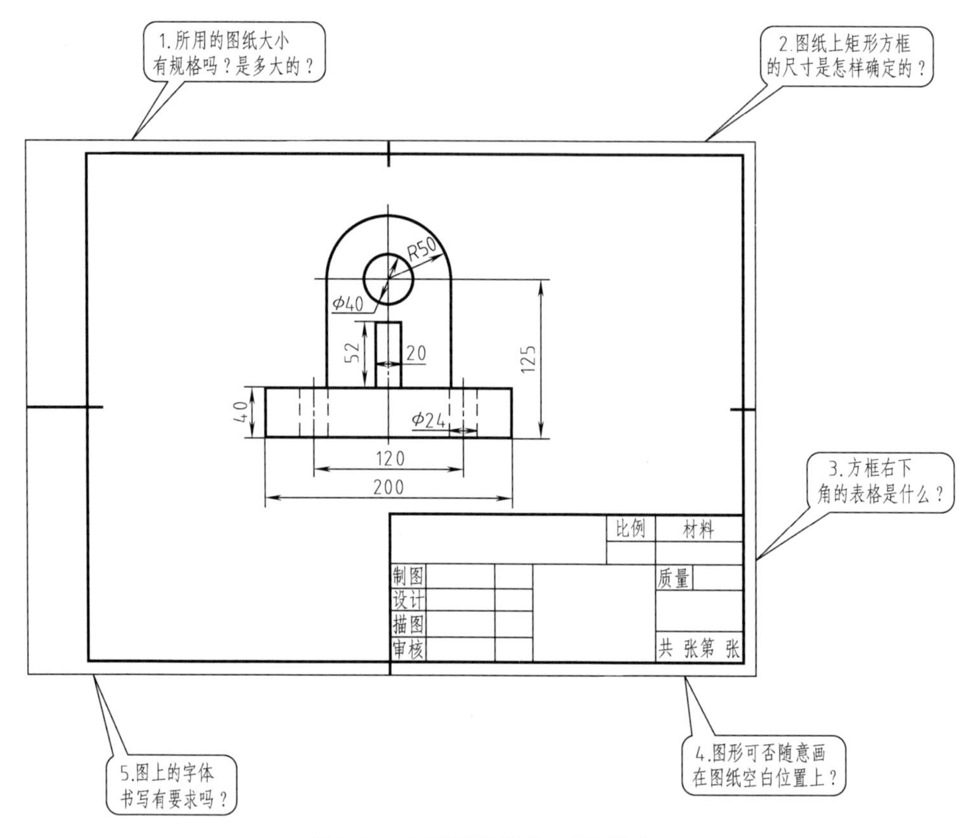

图 1-34 用图纸绘制的木模平面图

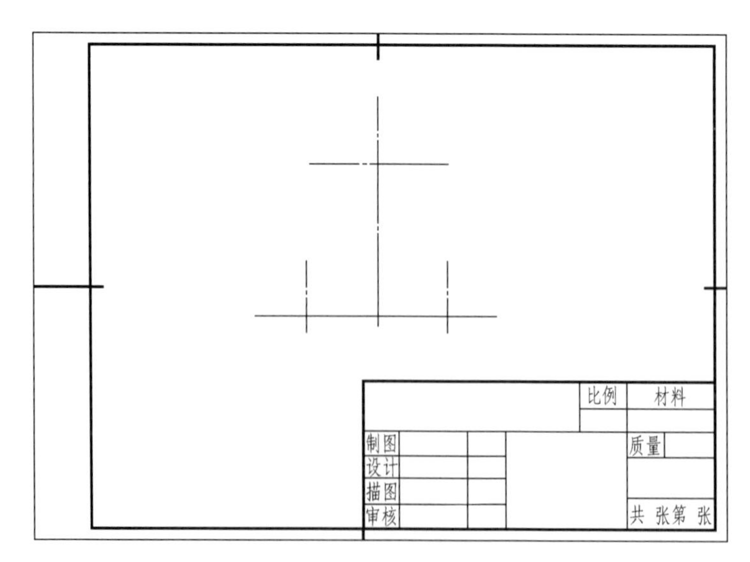

图 1-35 木模平面图形定位线

一、我能做

① 以 A4 图幅画出图框及标题栏。

② 选择合适的比例绘制木模的平面图形。

③ 用标准字体填写尺寸数字和标题栏。

二、主要的用具与工具

名　称	数　量	备　注
绘图纸	1 张	A4
绘图工具	1 套	

三、活动要求

① 按 A4 图幅规格裁好图纸，并把图纸粘贴在图板上。

② 按留装订边格式画好图框、标题栏。

③ 根据图纸空位大小、木模平面图形尺寸大小、尺寸标注所用空间，确定所选比例。

④ 画出图形的基准线、对称线等定位线，使图形布置匀称。

⑤ 绘制底稿，图线要清淡、准确，加深描粗时，应使同类图线粗细、深浅一致，连接光滑。

⑥ 尺寸标注时，箭头应符合规范，且大小一致，不要漏注、多注尺寸，也不要漏画箭头。

⑦ 用标准字体注写尺寸数字并填写标题栏。

⑧ 保持图面清洁。

四、学习形式

① 课堂讲授。

② 个人独立完成。

五、考核标准

项　目	评分标准	
边框、标题栏	好	10 分
	一般	7 分
	差	4 分
所选比例	合适及按标准	10 分
	合适但不按标准	7 分
	不合适	4 分
布局	好	10 分
	一般	7 分
	差	4 分
图线	好	30 分
	较好	25 分
	一般	20 分
	较差	15
	差	10 分

续表

项目	评分标准	
尺寸标注	准确	30 分
	错注、多注、少注 1～2 处	25 分
	错注、多注、少注 3～5 处	20 分
	错注、多注、少注 5 处以上	15 分
字体	好	10 分
	一般	7 分
	差	4 分

六、你知道吗

（一）图纸幅面

为了使图纸幅面统一，便于装订和保管，绘制工程图样时，图纸幅面应优先采用表 1-4 中的基本幅面。基本幅面共有五种，各种尺寸如图 1-36 所示。必要时，允许选用加长幅面，但加长后幅面的尺寸，必须是由基本幅面的短边成整数倍增加后得出的。

■ 表 1-4 图纸幅面 mm

图纸代号	幅面尺寸 B×L	留边宽度		
		a	c	e
A0	841×1189	25	10	20
A1	594×841			
A2	420×594			10
A3	297×420		5	
A4	210×297			

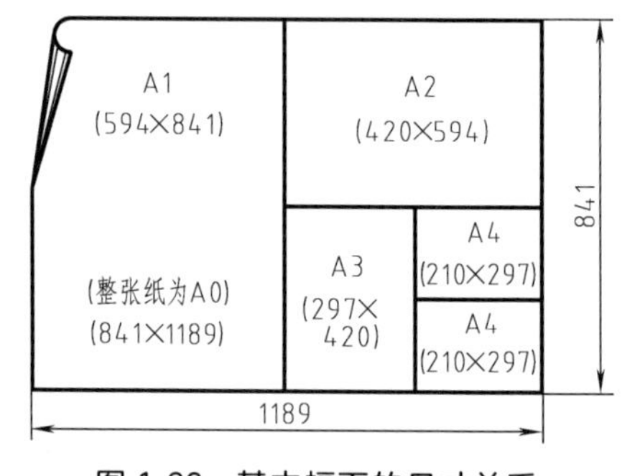

图 1-36 基本幅面的尺寸关系

（二）图框格式

在图纸上的图框格式分为不留装订边和留装订边两种，图框应用粗实线画出。同一产品的图样采用同一格式。

不留装订边的图框格式如图 1-37 所示，尺寸按表 1-4 的规定。

留装订边的图框格式如图 1-38 所示，尺寸按表 1-4 的规定。

（三）标题栏

标题栏画在图纸图框的右下角，如图 1-37、图 1-38 所示。标题栏的格式和尺寸应按国家标准规定。在制图作业中，建议采用图 1-39 所示的简化格式。

（四）对中符号

为了使图样复制和缩微摄影时定位方便，对基本幅面的各号图纸，均应在图纸各边长的中点处，分别画出对中符号。对中符号用粗实线绘制，线宽不小于 0.5mm，长度从纸边界开始伸入图框内约 5mm，如图 1-37、图 1-38 所示。

当对中符号处在标题栏范围内时，则伸入标题栏的部分省略不画。

（五）比例

图样中图形与实物相应要素的线性尺寸之比，称为比例。绘制图样时，为了使图样直接反映实物的大小，应尽量采用原值比例，但若实物较小，图样需要放大，实物较大，图样需

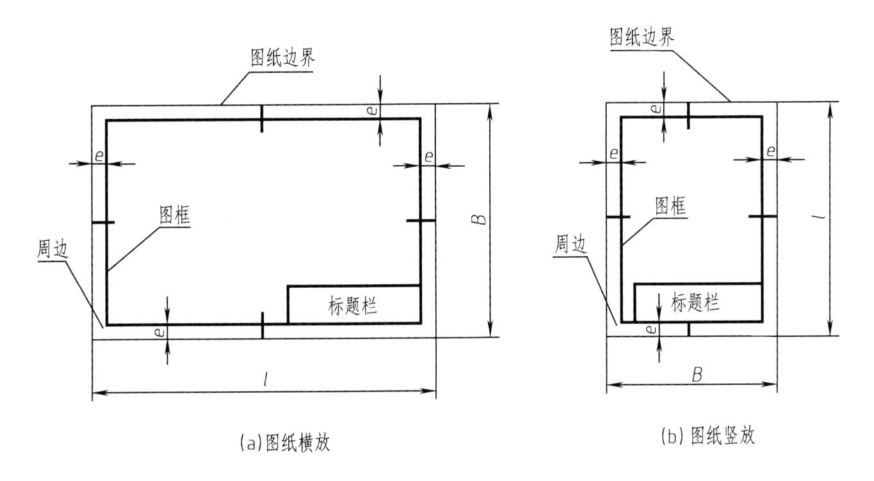

图 1-37 不留装订边的图框格式

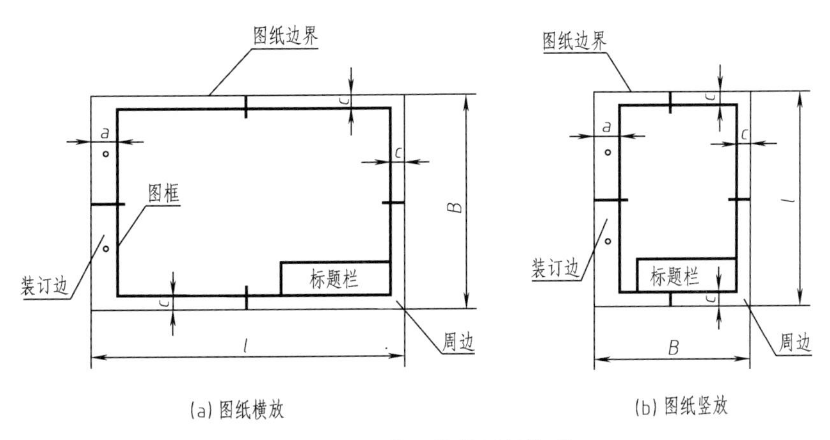

图 1-38 留装订边的图框格式

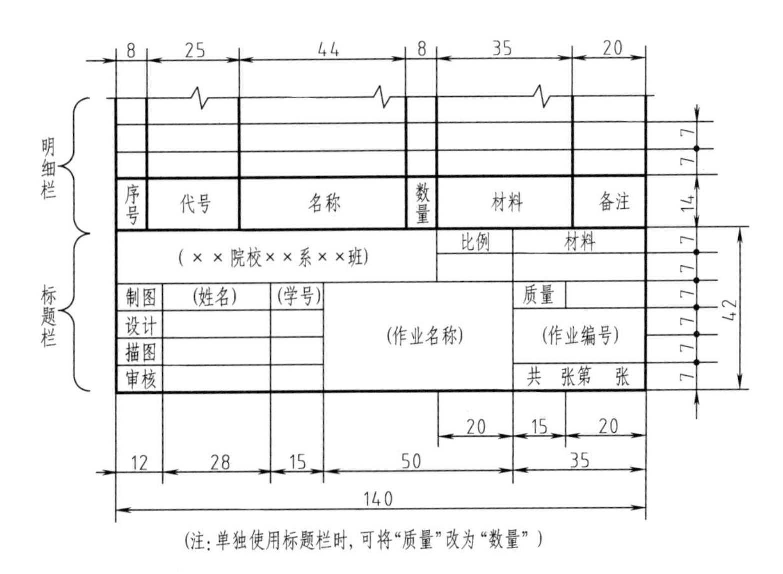

图 1-39 简化标题栏的格式

要缩小，此时所选比例应先在表 1-5 的“优先选择系列”中选取，必要时，允许从表 1-5 的“允许选择系列”中选取。

■ 表 1-5 比例系列

种 类	定 义	优先选择系列	允许选择系列
原值比例	比值为 1 的比例	1∶1	—
放大比例	比值大于 1 的比例	5∶1 2∶1 5×10^n∶1 2×10^n∶1 1×10^n∶1	4∶1 2.5∶1 4×10^n∶1 2.5×10^n∶1
缩小比例	比值小于 1 的比例	1∶2 1∶5 1∶10 1∶2×10^n 1∶5×10^n 1∶1×10^n	1∶1.5 1∶2.5 1∶3 1∶4 1∶6 1∶1.5×10^n 1∶2.5×10^n 1∶3×10^n 1∶4×10^n 1∶6×10^n

注：n 为正整数。

所选比例应标注在标题栏中的“比例”栏内。无论采用何种比例，图形中所标注的尺寸数值必须是实物的实际大小，与图形的比例无关，如图 1-40 所示。

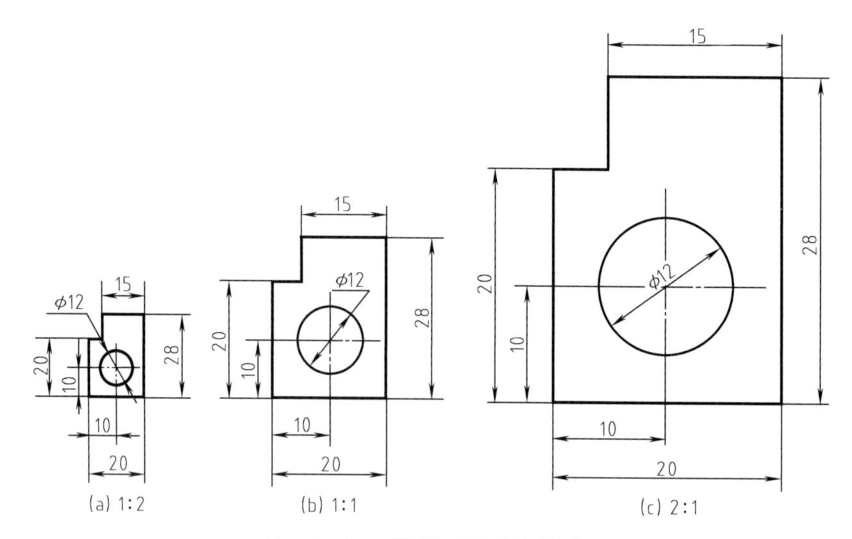

图 1-40 图形比例与尺寸的关系

（六）字体

1. 基本要求

① 在图样中书写的汉字、数字和字母，要尽量做到“字体工整、笔画清楚间隔均匀、排列整齐”。

② 字体高度 h 的公称尺寸系列为 1.8mm，2.5mm，3.5mm，5mm，7mm，10mm，14mm，20mm。字体高度代表字体的号数。

③ 汉字应写成长仿宋体字，书写要领是：横平竖直、注意起落、结构匀称、填满方格。应采用国家正式公布的简化字，汉字的高度 h 不应小于 3.5mm，其字宽一般为 $h/\sqrt{2}$。

④ 字母和数字分 A 型和 B 型。A 型字体的笔画宽度 d 为字高 h 的 1/14，B 型字体的笔画宽度 d 为字高 h 的 1/10。在同一张图样上，只允许选用同一种型式的字体。

⑤ 字母和数字可写成斜体或直体。斜体字字头向右倾斜，与水平线成 75°。

2. 字体示例

汉字、数字和字母的示例见表 1-6。

■ 表 1-6　字体示例

<table>
<tr><th colspan="2">字　体</th><th>示　例</th></tr>
<tr><td rowspan="3">长仿宋
体汉字</td><td>7 号
(字高 7mm)</td><td>学好工程制图，培养和发展空间想象能力</td></tr>
<tr><td>5 号
(字高 5mm)</td><td>长仿宋体字的书写要领是：横平竖直、注意起落、结构均匀、填满方格</td></tr>
<tr><td>3.5 号
(字高
3.5mm)</td><td>徒手绘图、尺规绘图和计算机绘图都是工程技术人员必须具备的绘图技能</td></tr>
<tr><td rowspan="2">拉丁字母</td><td>大写斜体</td><td>ABCDEFGHIJKLMNOPQRSTUVWXYZ</td></tr>
<tr><td>小写斜体</td><td>abcdefghijklmnopqrstuvwxyz</td></tr>
<tr><td rowspan="2">阿拉伯数字</td><td>斜体</td><td>0123456789</td></tr>
<tr><td>正体</td><td>0123456789</td></tr>
<tr><td rowspan="2">罗马数字</td><td>斜体</td><td>I II III IV V VI VII VIII IX X</td></tr>
<tr><td>正体</td><td>I II III IV V VI VII VIII IX X</td></tr>
<tr><td colspan="2">字体的应用</td><td>10Js5(±0.003)　M24−6h　$R8$　$\phi 20^{+0.010}_{-0.023}$　$\phi 25\frac{H6}{m5}$
$\frac{\text{II}}{1:2}$　$\frac{3}{5}$　$\frac{A}{5:1}$　$\sqrt{Ra\,6.3}$　10^3　S^{-1}　$7^{\bullet +1^{\bullet}}_{\ -2^{\bullet}}$
380kPa　m/kg　460r/min　220V　l/mm　5%　D_1　T_d</td></tr>
</table>

项目二　木模三视图的测画

一个平面图形，只能反映物体在某一方向的形状。要反映物体整体的形状，要通过多个平面图形来表达，这些平面图形分别为物体的主视图、俯视图、左视图等。主视图、俯视图和左视图称为三视图。

活动一　测画木模的三视图

图 1-41 所示为木模（图 1-1）的三视图。

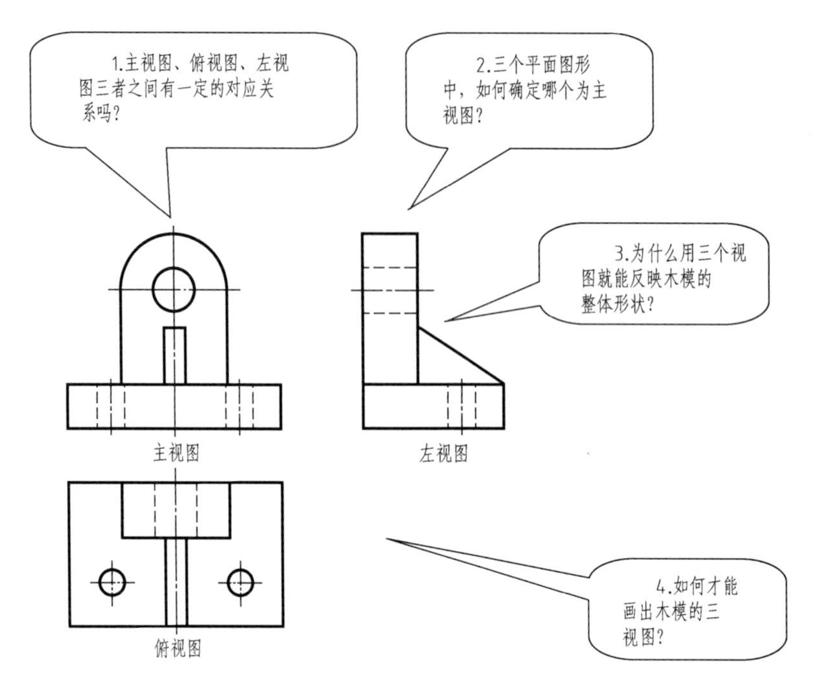

图 1-41 木模三视图

想一想

① 在三个平面图形中，最能反映木模形状特征的图形为主视图。

② 把木模放在三个互相垂直的投影面中，如图 1-2 所示。从正面（从前向后）看，得出的图形是主视图；从上向下看，得出的图形是俯视图；从左向右看，得出的图形是左视图。由此可见，主视图、俯视图、左视图三者之间是有一定的对应关系的。

③ 由图 1-2 可知，主视图反映了木模左右、上下的对应形状；俯视图反映了木模前后、左右的对应形状；左视图反映了木模上下、前后的对应形状。因此，用三视图能完整地反映木模的整体形状。

④ 木模三视图的画法与本课题项目一的木模平面图形的画法基本相同，但在三视图中，必须满足主俯视图“长对正”、主左视图“高平齐”、俯左视图“宽相等”的关系，如图 1-42 所示。

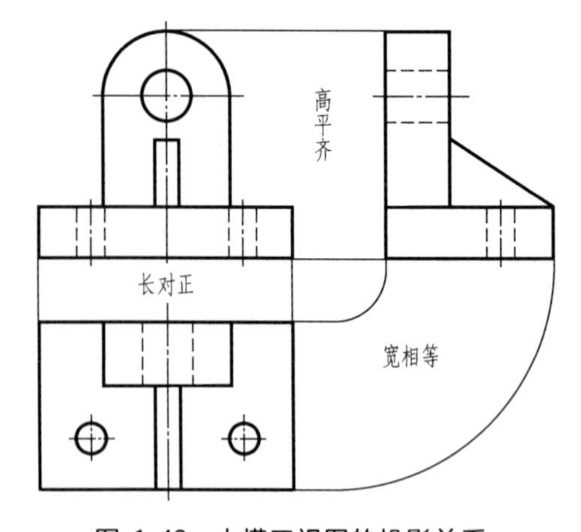

图 1-42 木模三视图的投影关系

一、我能做

① 分析木模的形状特点。

② 选好主视图的投影方向。

③ 用内卡钳、外卡钳、钢直尺测量木模的尺寸。

④ 按三视图的作图方法和步骤画出木模的三视图。

二、主要的用具与工具

名　称	数　量	备　注	名　称	数　量	备　注
木模	1个		钢直尺	1把	
内卡钳	1把		绘图纸	1张	A4
外卡钳	1把		绘图工具	1套	

三、活动要求

① 观察并分析木模的形状特点。

② 确定主视图的投影方向，使其较能反映木模的形状特征。

③ 用内卡钳、外卡钳、钢直尺测量木模的尺寸。

④ 用适当比例画出木模的三视图。绘制时，先画出木模三视图的基准线、中心线等定位线，再画其三视图。最后检查所画的木模三视图，其投影是否符合“长对正、高平齐、宽相等”的关系。

四、学习形式

① 课堂讲授。

② 小组讨论（每组2～4人）。

③ 个人独立完成。

五、考核标准

项　　目	评　分　标　准	
主视图投影方向	好	20分
	较好	15分
	不好	10分
三视图图形	正确	40分
	1～2处错误	30分
	3～4处错误	20分
	4处以上错误	10分
符合三视图的投影关系	完全符合	40分
	1～2处错误	30分
	3～4处错误	20分
	4处以上错误	10分

六、你知道吗

（一）视图的概念

用正投影的方法，假想人的视线为一组平行且垂直于投影面的投影线，将物体置于投影面与观察者之间，把看得见的轮廓用粗实线表示，看不见的轮廓用虚线表示，这样在投影面上所得的投影称为视图，如图1-43所示。

（二）三视图的形成

1. 三视图的必要性

在正投影图中，只有一个视图是不能完整地表达物体的形状和大小的，如图1-44所示。因此，必须从几个方向来进行投影，也就是用几个视图，互相补充，才能完整地表达物体的真实形状和大小。在实际中，常用的是三视图。

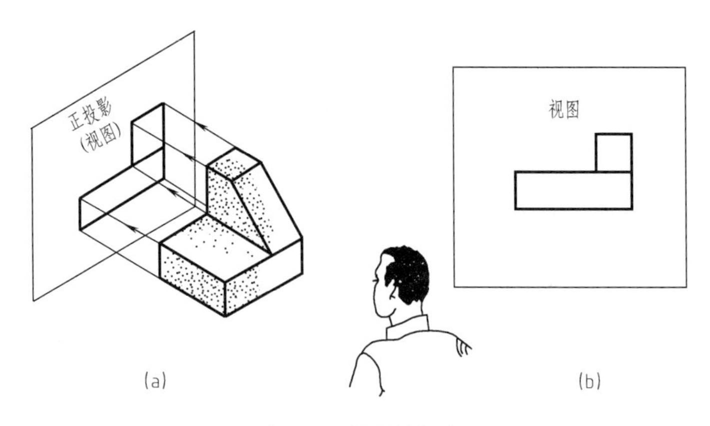

图 1-43　视图的概念

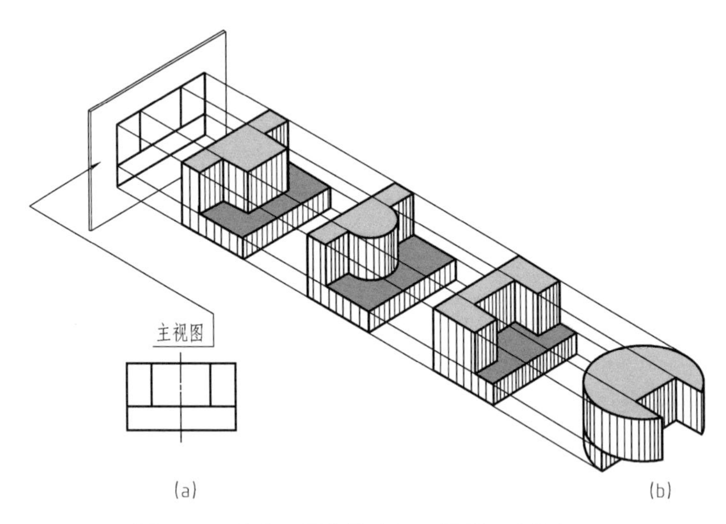

图 1-44　几种不同物体在同一投影面上的投影

2. 三视图的形成

设置三个互相垂直的投影面，如图 1-45 所示，分别称为正投影面、水平投影面和侧投影面，并分别用字母 V、H、W 表示，这就是正投影的三面体系。将物体放在正投影的三面体系中，分别向三个投影面进行投影，就能得到反映物体三个方向形状的三个视图。

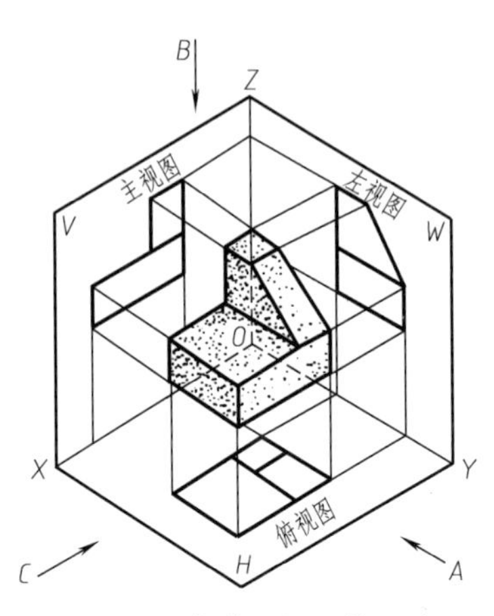

图 1-45　物体三视图的形成

如图 1-45 所示，从主视方向看，即沿 A 向进行投影，在正投影面上所得的视图称为主视图；从俯视方向看，即沿 B 向进行投影，在水平投影面上所得的视图称为俯视图；从左视方向看，即沿 C 向进行投影，在侧投影面上所得的视图称为左视图。

上述所得的三个视图在三个互相垂直的投影面上，为了把三个视图画在一张图纸上，必须将相互垂直的三个投影面展开在一个平面上。展开方法如图 1-46 (a) 所示，规

定 V 面保持不动，将 H 面向下旋转 90°，将 W 面向右旋转 90°，使它们都与 V 面重合。这样主视图、俯视图、左视图即可画在同一平面上，如图 1-46（b）所示。实际绘图时，应去掉投影面边框，视图之间的距离可根据图纸幅面和视图大小来确定，如图 1-46（c）所示。

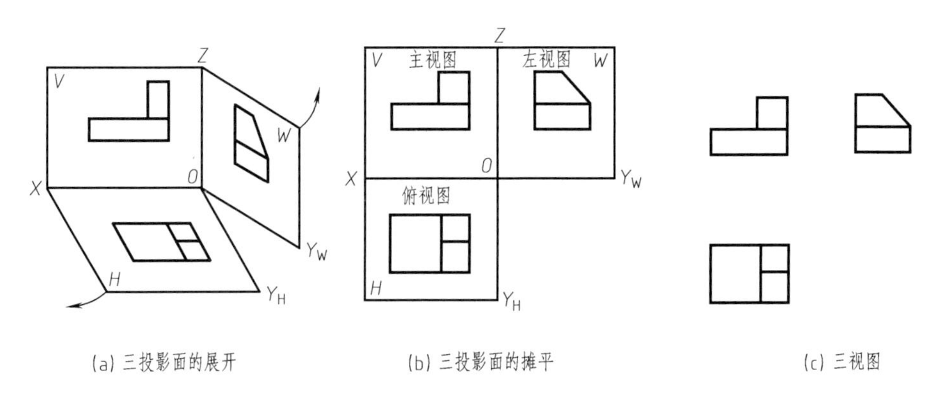

图 1-46 投影面的展开与摊平

由此可知，三视图之间的相对位置是固定的，以主视图为主，俯视图在主视图的下方，左视图在主视图的右方，各视图之间要相互对齐、对正，不能错开，各视图的名称不需标注。

3. 三视图的投影规律

任何物体都有长、宽、高三个方向的尺寸。从物体的投影过程可以看出，每一个视图都反映了物体两个方向的尺寸。主视图反映了物体长度和高度方向的尺寸；俯视图反映了物体长度和宽度方向的尺寸；左视图反映了物体高度和宽度方向的尺寸。如图 1-47 所示。

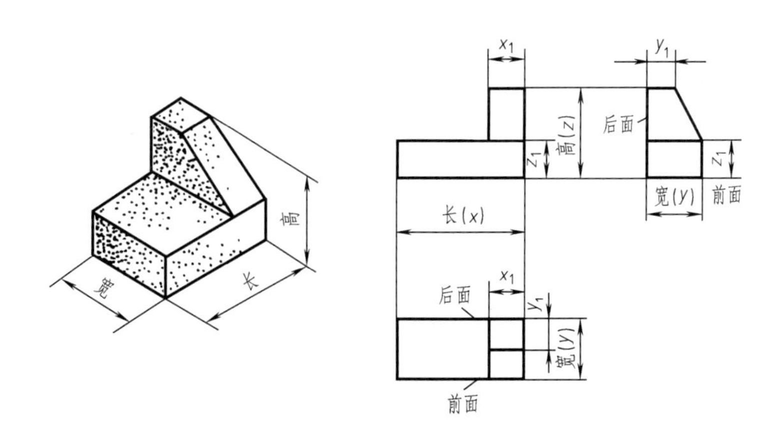

图 1-47 三视图的尺寸关系

由此可得出三视图的投影规律：主、俯视图长对正（等长）；主、左视图高平齐（等高）；俯、左视图宽相等（等宽）。

上述三视图投影规律很重要，不仅反映在物体的整体上，也反映在物体的任意一个局部结构上。这一规律是画图和看图的依据，必须熟练掌握和运用。

（三）几种基本形体的三视图介绍

基本形体是组成物体最基本的几何体。六棱柱、圆锥、正三棱锥、圆柱、圆球各基本形体的三视图如图 1-48 所示。

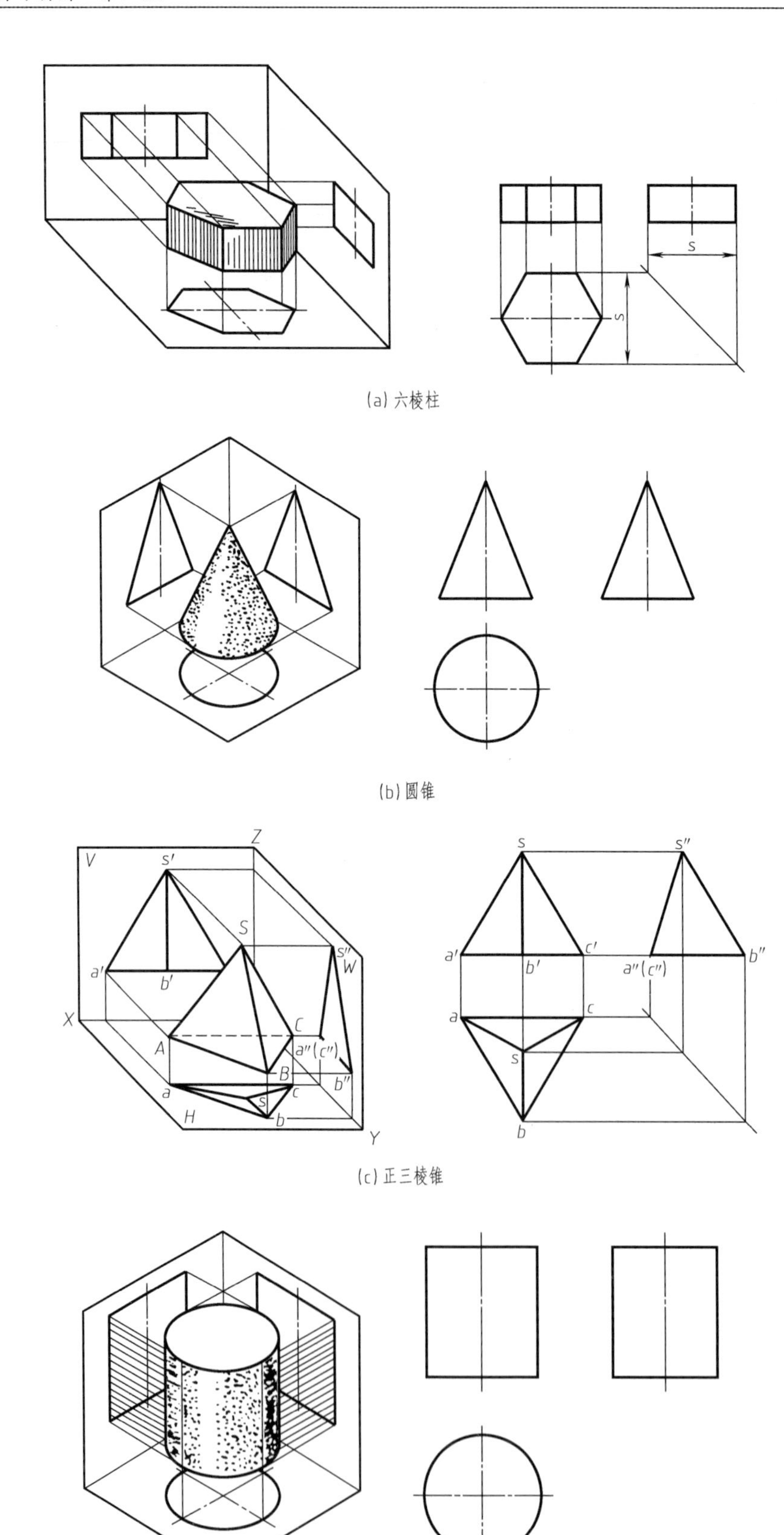

(a) 六棱柱

(b) 圆锥

(c) 正三棱锥

(d) 圆柱

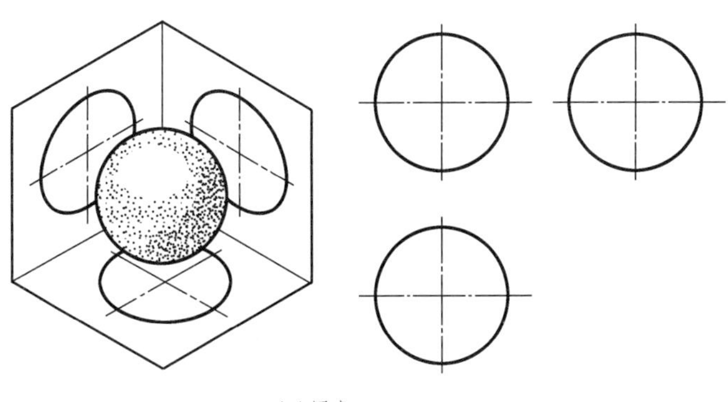

(e) 圆球

图 1-48　基本形体的三视图

（四）三视图的作图方法和步骤

1. 形体分析

在绘制物体的三视图前，首先要对实物（或轴测图）进行形体分析，搞清其前、后、左、右、上、下六个面的形状。如图 1-49（a）所示的支架，按它的结构特点可分为底板、圆筒、肋板和支承板四个部分，如图 1-49（b）所示。

2. 主视图的选择

主视图是表达物体的一组视图中最主要的视图。通常要求主视图能较多地反映物体的形体特征，就是说要反映各组成部分的形状特点和相互关系。如图 1-49（a）所示支架，从箭头方向投射所得视图，满足上述的基本要求，可作为主视图。

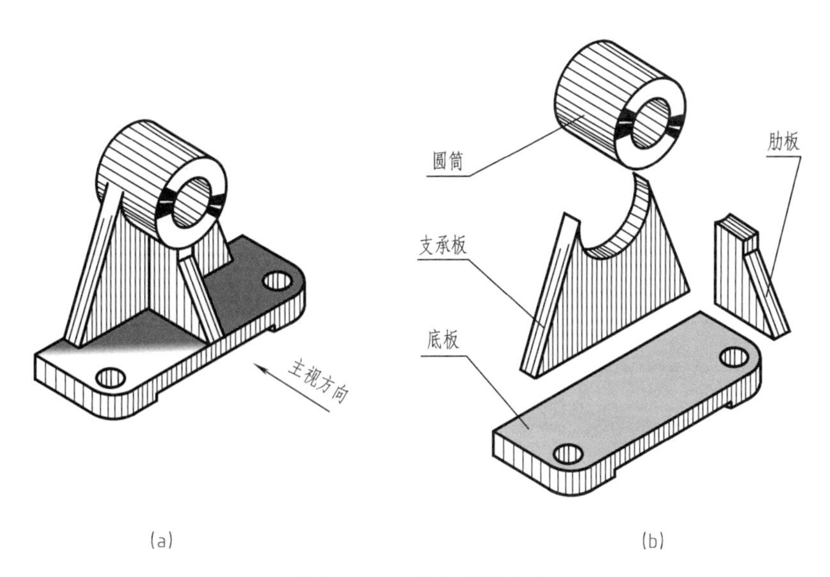

(a)　　(b)

图 1-49　支架的形体分析

3. 画图的方法和步骤

(1) 选比例，定图幅

主视图确定以后，便要根据物体的大小和复杂程度，选定作图比例和图幅。一般情况下，要尽量选用 1∶1 的比例；若物体较小、形状较复杂，为能够清楚地表达，可以考虑选用放大比例；若物体较大、形状较简单，可以考虑选用缩小比例。所选比例应在表 1-5 中选取。所选的图纸幅面要比绘制视图所需的面积大一些，以便标注尺寸和画标题栏。

（2）布置视图

布图时，应将视图匀称地布置在幅面上，视图间的空隙应保证能注全所需尺寸。

（3）绘制底稿

支架的画图步骤如图 1-50 所示。为了迅速正确地画出物体的三视图，画底稿时，应注意以下两点。

① 画图的先后顺序，一般应从形状特征明显的视图入手。先画主要部分，后画次要部分；先画可见部分，后画不可见部分；先画圆或圆弧，后画直线。

② 画图时，物体的每一组成部分，最好是三个视图配合画，不要先把一个视图画完再画另一个视图。这样，不但可以提高绘图速度，还能避免多线、漏线。

（4）检查描深。底稿完成后，应认真进行检查：在三视图中依次核对各组成部分的投影对应关系正确与否；分析清楚相邻两形体衔接处的画法有无错误，是否多线、漏线；再将实物或轴测图与三视图对照，确认无误后，描深图线，完成全图。

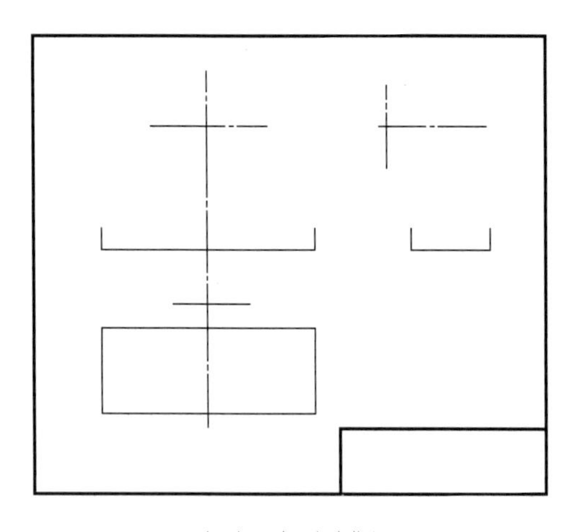

(a) 布置视图并画出定位线

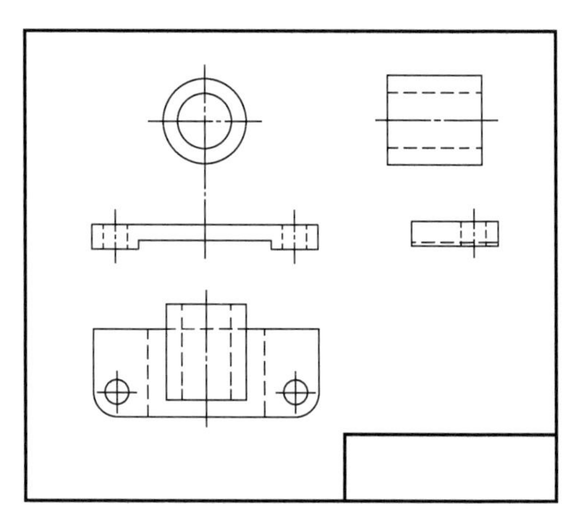

(b) 画空心圆柱和底板

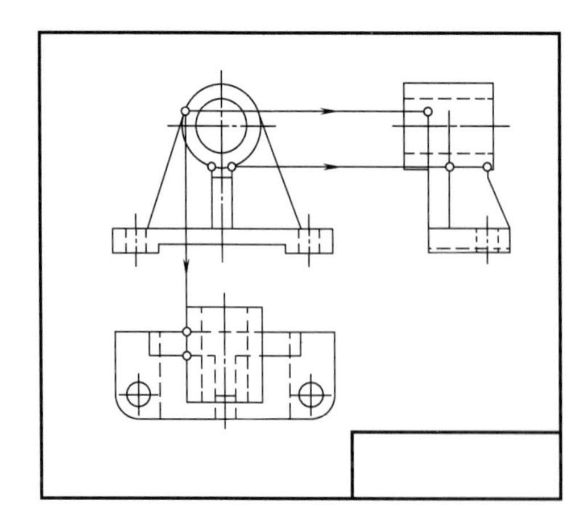

(c) 画支承板和肋板

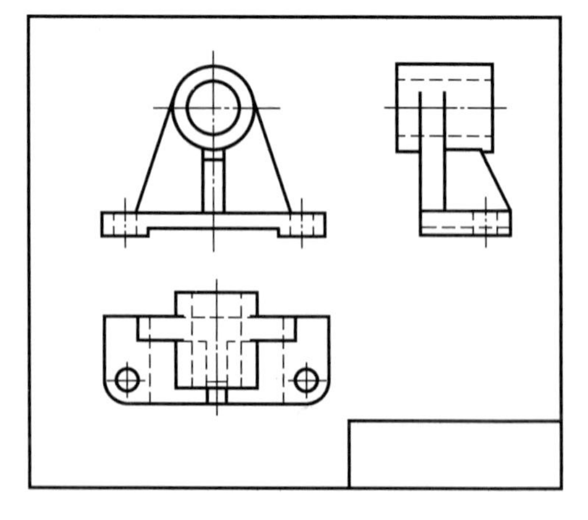

(d) 描深、加粗，完成全图

图 1-50　支架的画图步骤

活动二　木模三视图的尺寸标注

木模三视图仅可反映木模的形状，若要知道大小，就需对木模三视图进行尺寸标注。木模（图 1-1）三视图的尺寸标注如图 1-51 所示。

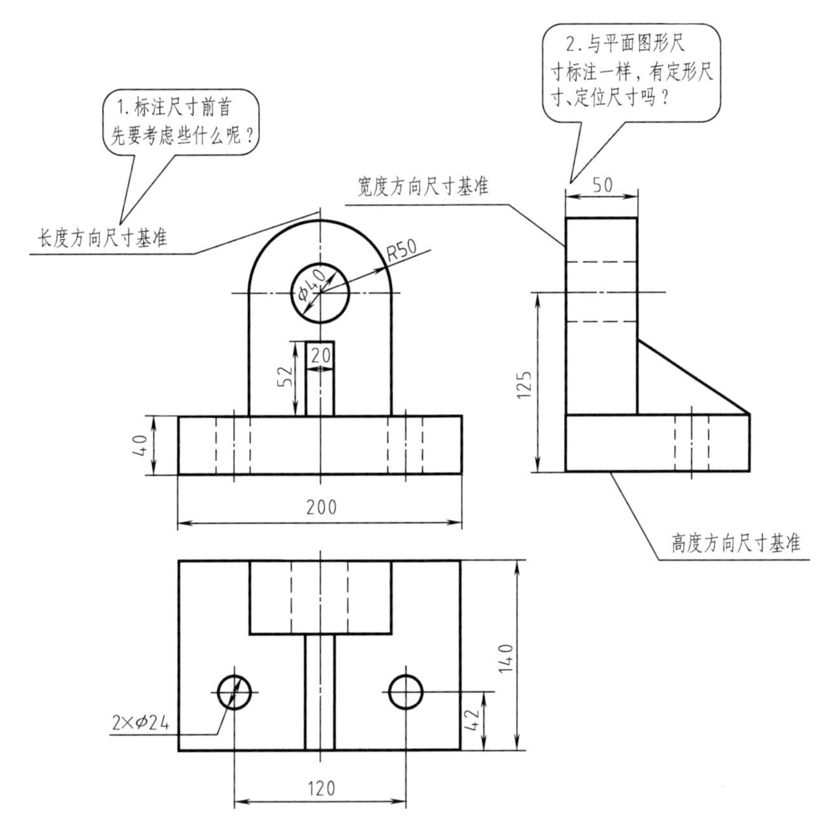

图 1-51　木模三视图的尺寸标注

想一想

① 在尺寸标注前首先要对木模进行形体分析：木模（图 1-1）可视为由两个尺寸不同的四棱柱、一个半圆柱和一个三棱柱叠加起来后，再切去一个较大圆柱和两个较小圆柱组合而成的物体，如图 1-52 所示。

② 要反映木模的大小，首先要标出各组成部分的定形尺寸，如 200、140、40 是四棱柱的长、宽、高尺寸，ϕ40、50 是切去的较大圆柱的直径和宽度尺寸；然后还要确定各组成部分的位置关系，标出各组成部分的定位尺寸，如 125 是 ϕ40 圆柱、R50 半圆柱的定位尺寸；42、120 是两个 ϕ24 圆柱的定位尺寸。

③ 除要标注木模的定形尺寸、定位尺寸外，还要标注木模的总体尺寸，如木模的总长为 200、总宽为 140、总高为 125＋(R)50。

④ 木模各组成部分的位置关系是相对的，标注定位尺寸时，要选择好尺寸基准。由于一个位置的确定要有长、宽、高三个方向，所以每个方向至少有一个尺寸基准，如木模的底面是高度基准、后面是宽度基准、左右对称面是长度基准。如图 1-51 所示。

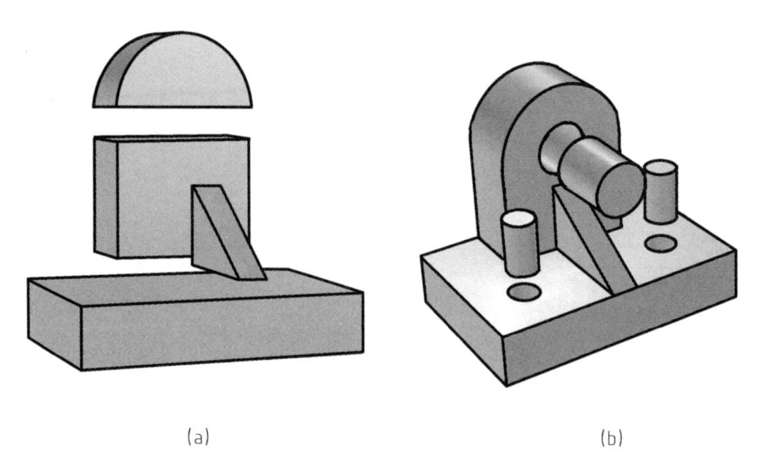

图 1-52 木模形体分析

一、我能做

① 分析木模的形状特征。

② 能找出木模在长、宽、高三个方向的尺寸基准。

③ 能按定形尺寸、定位尺寸、总体尺寸等尺寸种类分别对木模的各部分及整体进行尺寸标注。

二、主要的用具与工具

名称	数量	备注
木模	1个	
木模三视图(活动1所画的三视图)	1张	
绘图工具	1套	

三、活动要求

① 观察并分析木模的形状特点，分析其由哪几个部分组成。

② 分别标注各组成部分的定形尺寸。

③ 找出木模在长、宽、高三个方向的尺寸基准，分别标注确定各组成部分相对位置的定位尺寸。

④ 标注木模的总体尺寸。

⑤ 要按注意事项的要求标注尺寸，同一尺寸在同一图中只允许标注一次，所标尺寸不仅要注得完整、清晰，而且还要符合国家标准关于尺寸标注的规定。

四、学习形式

① 课堂讲授。

② 小组讨论（每组 2～4 人）。

③ 个人独立完成。

五、考核标准

项目	评分标准	
定形尺寸	准确	40分
	错注、多注、少注1～2处	30分

续表

项　　目	评　分　标　准	
定形尺寸	错注、多注、少注 3～4 处	20 分
	错注、多注、少注 4 处以上	15 分
定位尺寸	准确	40 分
	错注、多注、少注 1～2 处	30 分
	错注、多注、少注 3～4 处	20 分
	错注、多注、少注 4 处以上	15 分
总体尺寸	准确	20 分
	错注、多注、少注 1 处	15 分
	错注、多注、少注 2 处	10 分
	错注、多注、少注 2 处以上	5 分

六、你知道吗

视图只能表达物体的结构和形状，而要表示它的大小，则不但需要注出尺寸，而且必须注得完整、清晰，并符合国家标准关于尺寸标注的规定。

（一）基本形体的尺寸注法

为了掌握物体的尺寸标注，必须先熟悉基本形体的尺寸标注方法。标注基本形体的尺寸时，一般要注出长、宽、高三个方向的尺寸。图 1-53 中列举了几种常见基本形体的尺寸注法。

对于回转体的直径尺寸，尽量注在不反映圆的视图上，既便于读图，又可省略视图。如图 1-53（e）～(g）所示，圆柱、圆台、圆球均用一个视图表示即可。

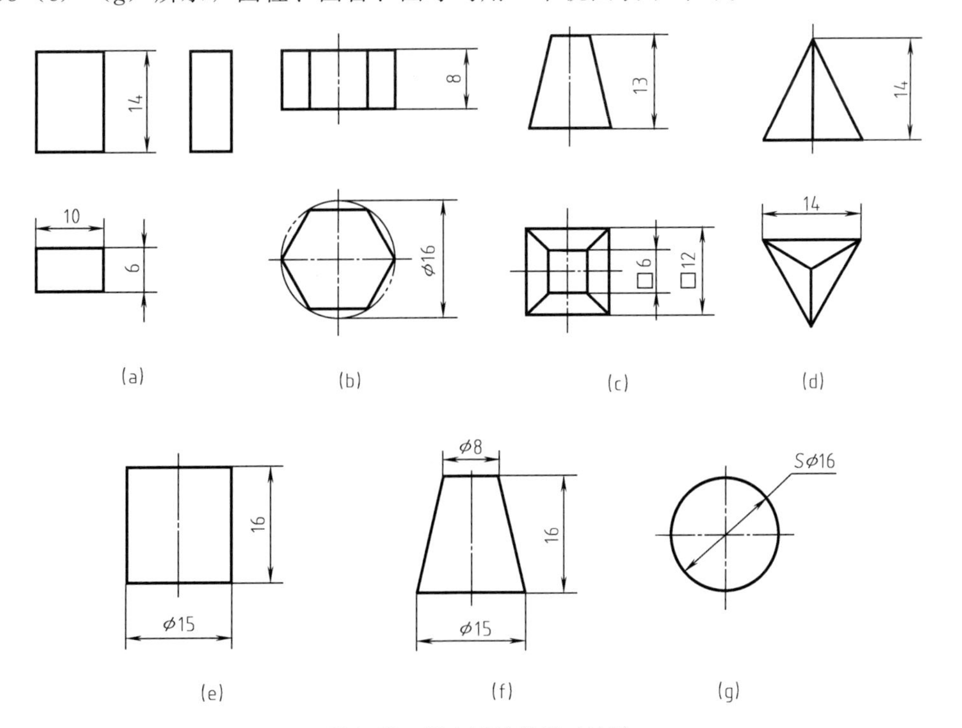

图 1-53　基本形体的尺寸注法

（二）物体的尺寸标注

1. 尺寸种类

为了将尺寸标注得完整，在物体视图上，一般需标注下列几类尺寸：定形尺寸，确定物体各组成部分的长、宽、高三个方向大小的尺寸；定位尺寸，确定物体各组成部分相对位置的尺寸；总体尺寸，确定物体外形的总长、总宽、总高尺寸。

2. 标注物体尺寸的方法和步骤

物体是由一些基本形体按一定的连接关系组合而成的。因此，在标注物体的尺寸时一定要分析其是由几个部分组成的，然后按定形尺寸、定位尺寸、总体尺寸分别对物体的各部分及整体进行尺寸标注。同一尺寸在图中只允许标注一次。

下面以支架为例，说明标注物体尺寸的方法和步骤。

首先，如图 1-49 所示将支架分解为底板、圆筒、肋板、支承板四个部分，然后逐个注出各组成部分的定形尺寸。如图 1-54（a）中确定空心圆柱的大小，应标注外径 $\phi22$、孔径 $\phi14$ 和长度 24 这三个尺寸。底板的大小，应标注长 60、宽 22、高 6 这三个尺寸。其他部分的尺寸标注如图 1-54（a）所示。

其次，标注确定各组成部分相对位置的定位尺寸。标注定位尺寸时，必须选择好尺寸基准。标注尺寸时用以确定尺寸位置所依据的一些面、线或点称为尺寸基准。物体有长、宽、高三个方向的尺寸，每个方向至少有一个尺寸基准，以它来确定基本形体在该方向的相对位置。标注尺寸时，通常以物体的底面、端面、对称面、回转体轴线等作为尺寸基准。如图 1-54（c）所示，支架的三个方向尺寸基准是：以左右对称面为长度方向的基准；以底板和支承板的后面作为宽度方向的基准；以底板的底面作为高度方向的基准。

最后，标注总体尺寸。如图 1-54（b）所示，支架三个方向的总体尺寸是：底板的长度即为支架的总长；总宽由底板宽 22 和空心圆柱向后伸出的长 6 决定；总高由空心圆柱轴线高 32 加上空心圆柱直径 $\phi22$ 的一半决定。标注总体尺寸时应注意：当物体的一端或两端为回转体时，总体尺寸一般注至轴线。例如，该支架总高是不能直接注出的，否则会出现重复尺寸。

3. 标注尺寸的注意事项

为了将尺寸注得清晰，应注意以下几点。

① 尺寸尽可能标注在表达形体特征最明显的视图上。如图 1-54（b）中底板的高度 6，注在主视图上比注在左视图上要好；圆筒的定位尺寸 6，注在左视图上比注在俯视图上要好；底板上两圆孔的定位尺寸 48、16，注在俯视图上则比较明显。

② 同一形体的尺寸应尽量集中标注。如图 1-54（b）中底板上两圆孔 $2\times\phi6$ 和定位尺寸 48、16，就集中注在俯视图上，便于读图时查找。

③ 直径尺寸尽量注在投影为非圆的视图上，如图 1-54（b）中圆筒的外径 $\phi22$ 注在左视图上。圆弧的半径必须注在投影为圆的视图上，如图 1-54（b）中底板上的圆角半径 $R6$。

④ 尺寸尽量不在细虚线上标注。如图 1-54（b）中圆筒的孔径 $\phi14$，注在主视图上是为了避免在细虚线上标注尺寸。

⑤ 尺寸应尽量注在视图外部，避免尺寸线、尺寸界线与轮廓线相交，以保持图形清晰。

⑥ 同轴回转体的每个直径，最好与长度一起标注在同一个视图上。

在标注尺寸时，上述各点有时会出现不能兼顾的情况，必须在保证标注尺寸正确、完整、清晰的条件下，合理布置。

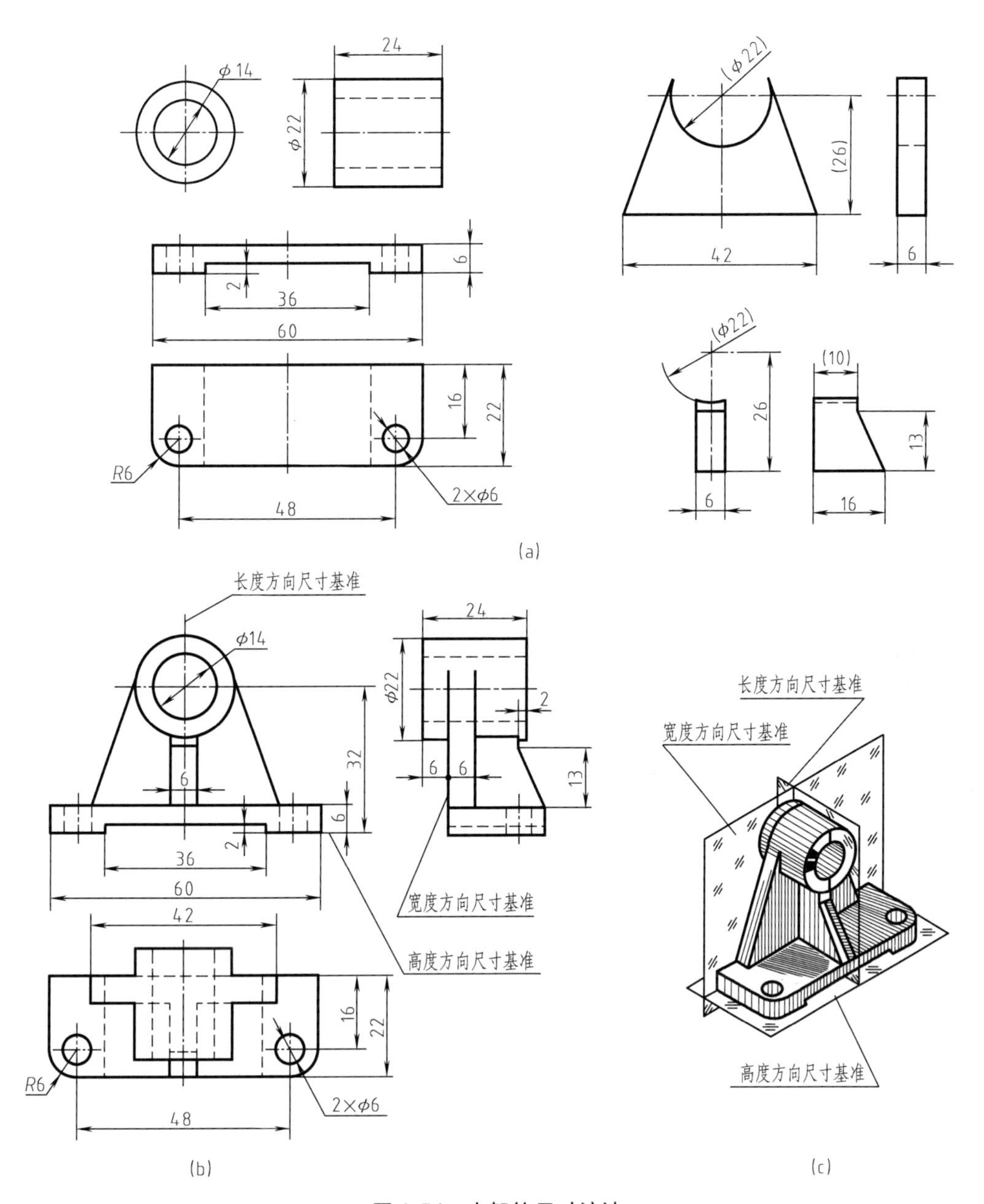

图 1-54 支架的尺寸注法

（三）物体常见结构的尺寸注法

表 1-7 列出了物体常见结构的尺寸注法，标注尺寸时可参考。

■ 表 1-7 物体常见结构的尺寸注法

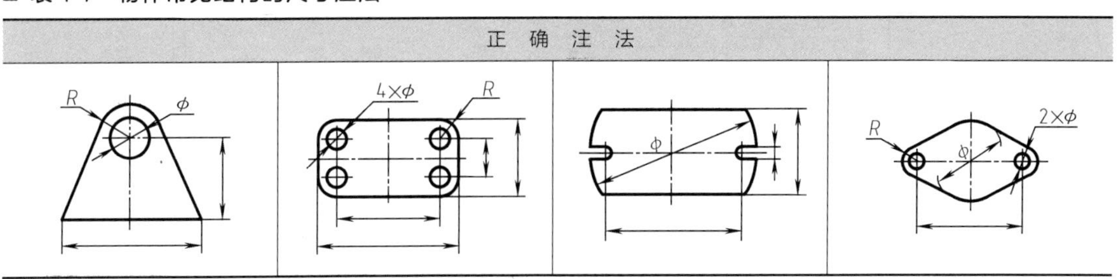

续表

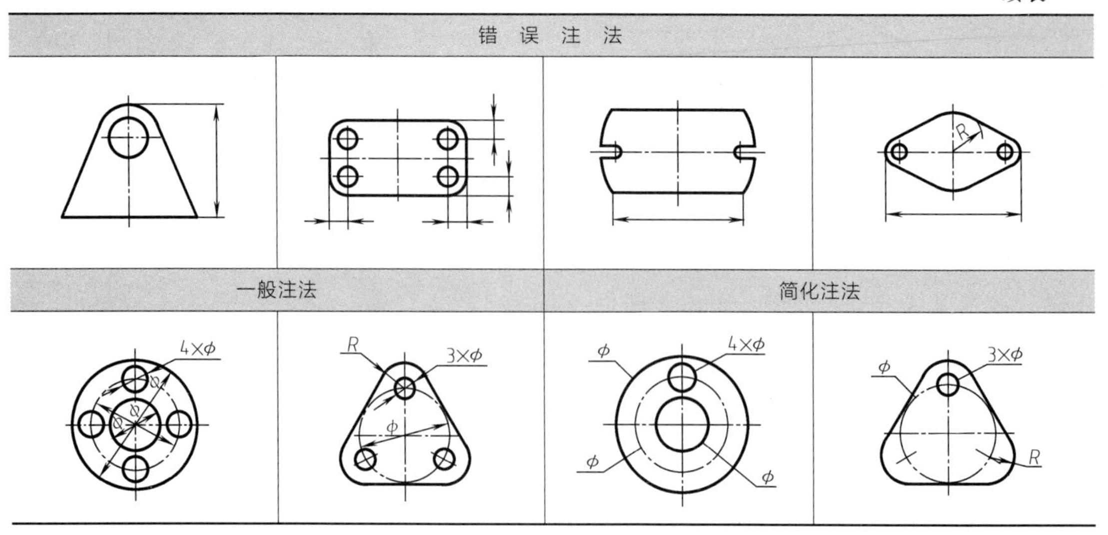

活动三 绘制木模的三视图

完成木模三视图的草图和尺寸标注后，要出正式图时，同样必须按国家标准规定绘制在绘图纸上。图 1-55 所示为在绘图纸上绘制的木模三视图。

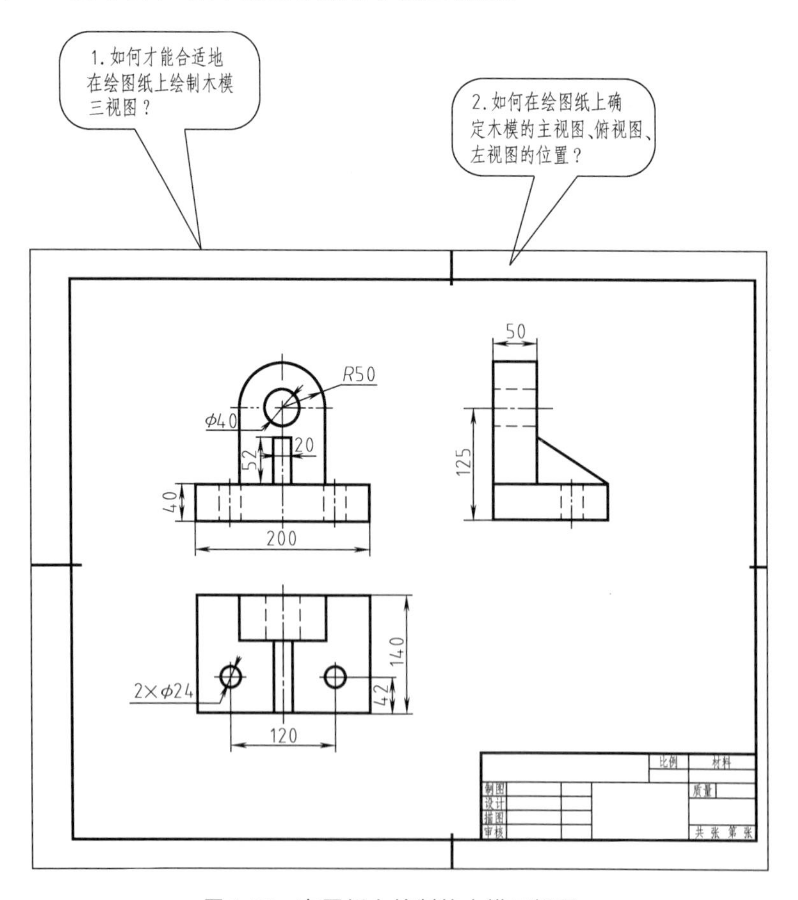

图 1-55 在图纸上绘制的木模三视图

① 绘制前要根据木模的形状和尺寸，确定图纸的放置形式和图幅，如图 1-55 所示，采用图纸横放、A3 图幅，并画出图框和标题栏。

② 绘制前要将木模的大小和尺寸标注所用的空间与所选图幅图框内空位进行比较，选择合适的绘图比例。图 1-55 所选比例为 1∶2。

③ 要使木模主视图、俯视图、左视图在图纸上合理布置，就要先画出三视图的定位线，如图 1-56 所示。

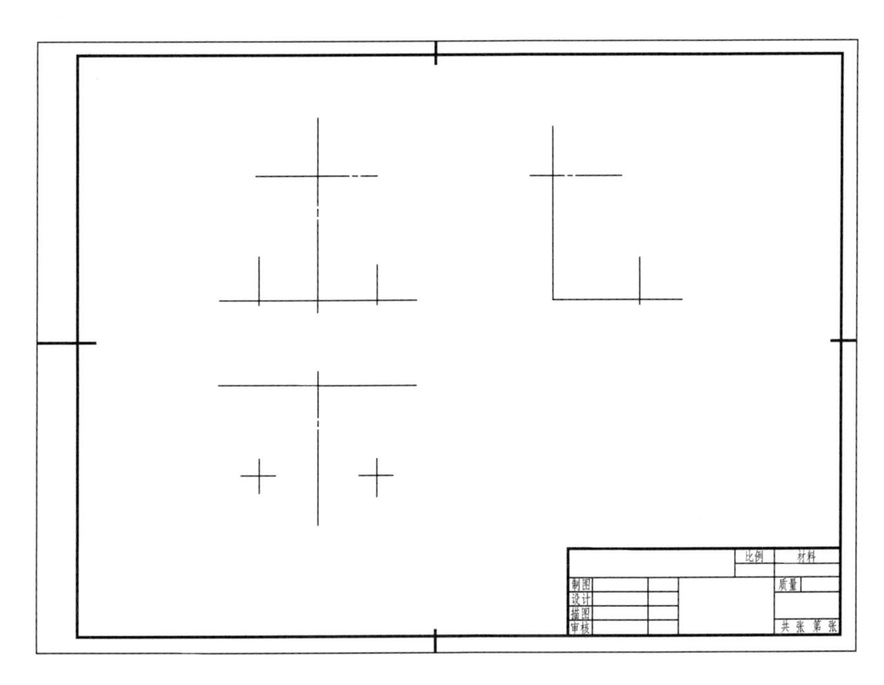

图 1-56 木模三视图的定位线

一、我能做

能根据木模的形状和大小，选择适当的图幅和比例绘制木模三视图。

二、主要的用具与工具

名　称	数　量	备　注
绘图纸	1 张	A3 或 A4
绘图工具	1 套	

三、活动要求

① 按所选图幅规格裁好图纸，并把图纸粘贴在图板上。

② 按留装订边格式画好图框、标题栏。

③ 根据图纸空位大小、木模尺寸大小、尺寸标注所用空间，由表 1-5 确定所选比例。

④ 画出木模三视图的定位线、使三视图布置匀称。

⑤ 按物体三视图的画图方法和步骤绘制木模三视图的底稿，图线要清淡、准确，加深描粗时，应使同类图线粗细、深浅一致，连接光滑。

⑥ 三视图应符合“长对正、高平齐、宽相等”的投影规律。

⑦ 尺寸标注时，箭头应符合规范，且大小一致，不要漏注、多注尺寸，漏画箭头。

⑧ 用标准字体填写尺寸数字及标题栏。

⑨ 保持图面清洁。

四、学习形式

个人独立完成。

五、考核标准

项　目	评 分 标 准	
所选比例	合适并标准	10 分
	合适但不按标准	7 分
	按标准但不合适	7 分
	不合适也不按标准	4 分
布局	好	10 分
	一般	7 分
	差	4 分
图线	好	30 分
	较好	25 分
	一般	20 分
	较差	15 分
	差	10 分
符合三视图的投影规律	准确	10 分
	1～2 处错误	7 分
	3～4 处错误	4 分
	4 处以上错误	2 分
尺寸标注	准确	20 分
	错注、多注、少注 1～3 处	15 分
	错注、多注、少注 4～6 处	10 分
	错注、多注、少注 6 处以上	5 分
字体	好	10 分
	一般	7 分
	差	4 分
图面整洁	好	10 分
	一般	7 分
	差	4 分

随堂练习

1. 圆弧连接

（1）完成下列图形的圆弧连接，标出连接圆弧的圆心和切点。

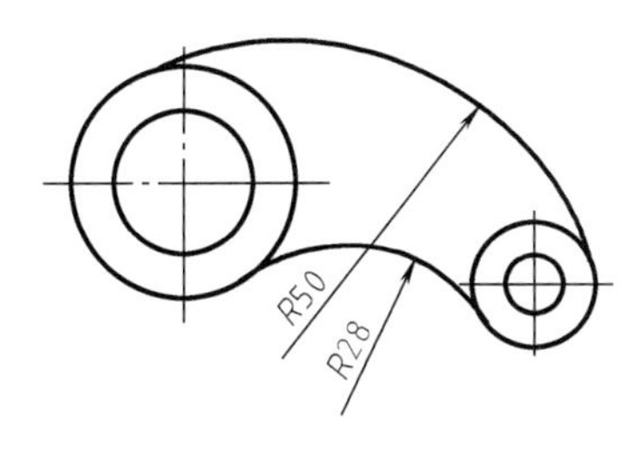

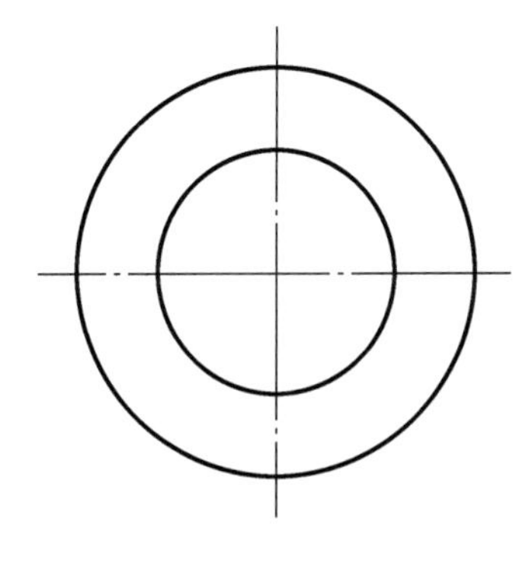

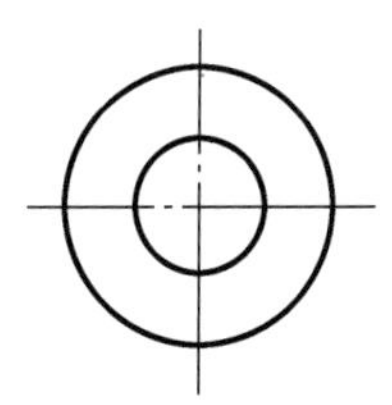

（2）完成下列图形的圆弧连接，标出连接圆弧的圆心和切点。

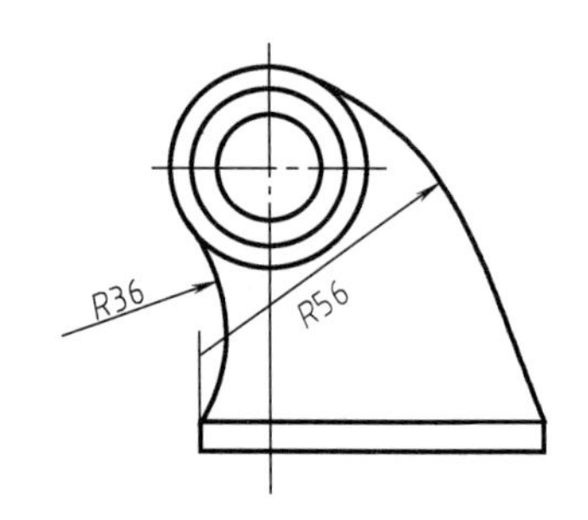

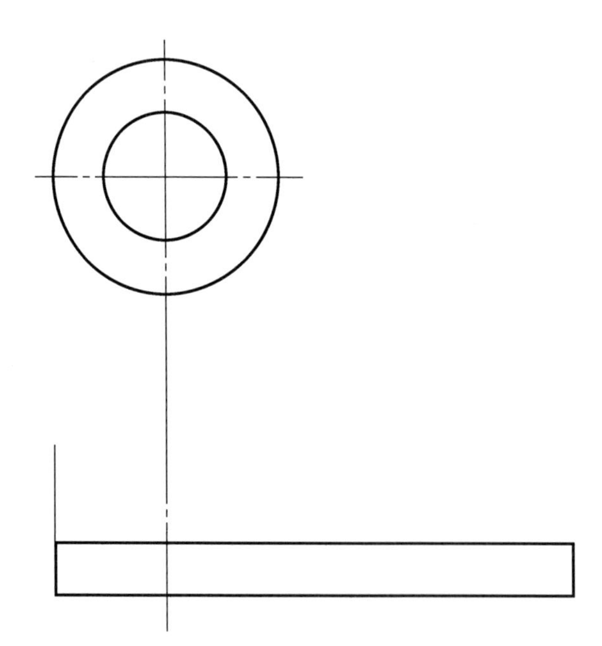

2. 图线练习

(1) 对称地完成图形中的各种图线。

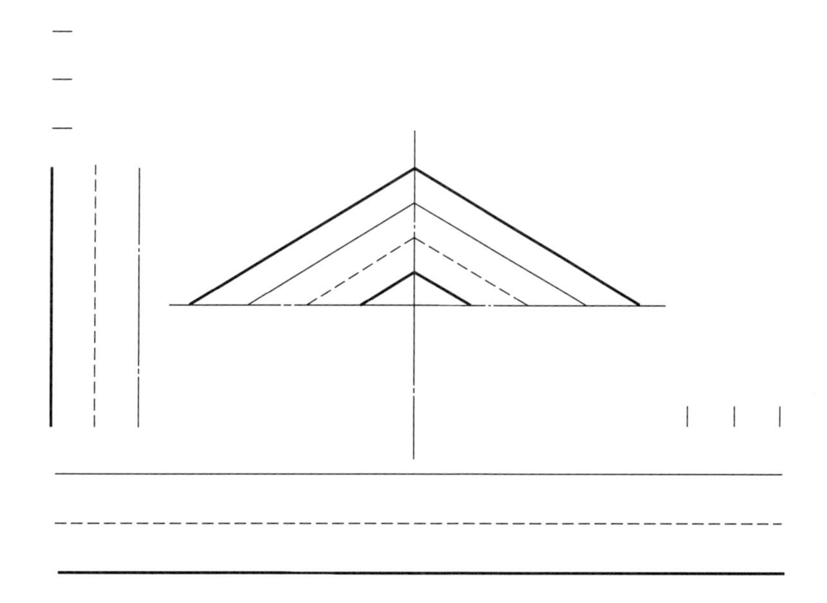

(2) 以中心线的交点为圆心，抄画左边的图形。

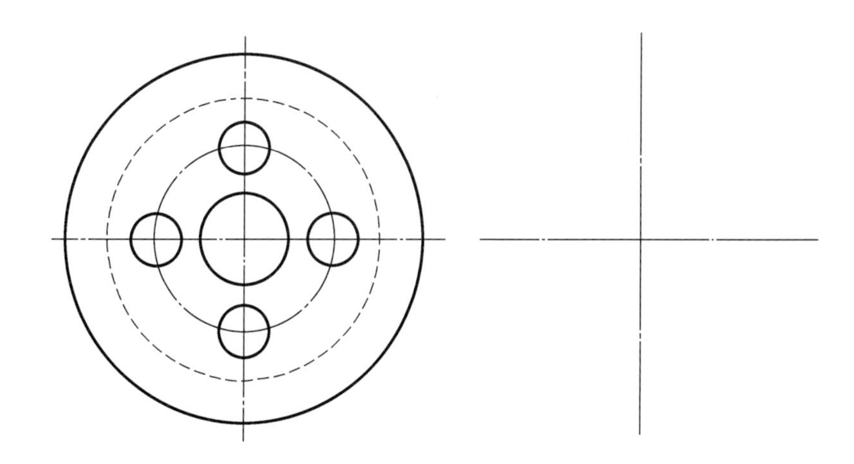

3. 尺寸标注

(1) 找出图中尺寸标注的错误，并在另一图中正确注出。

①

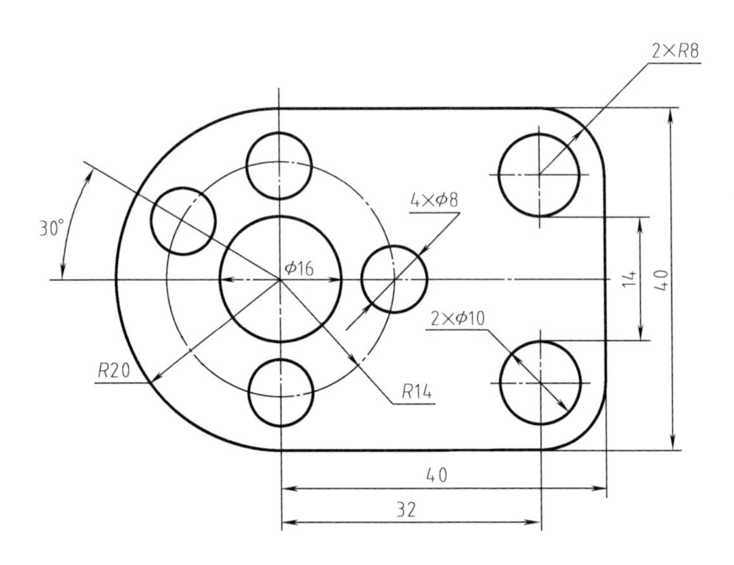

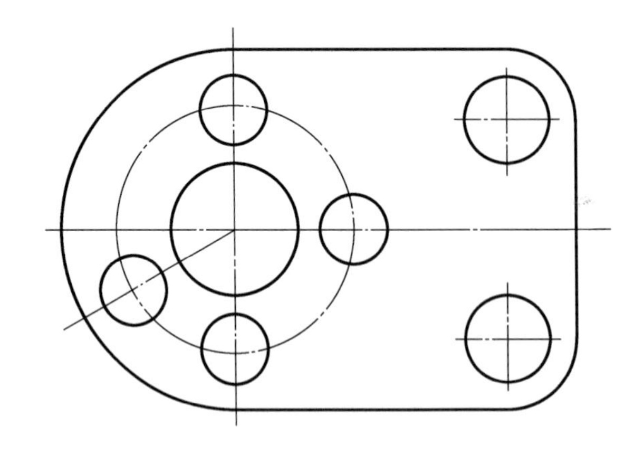

②

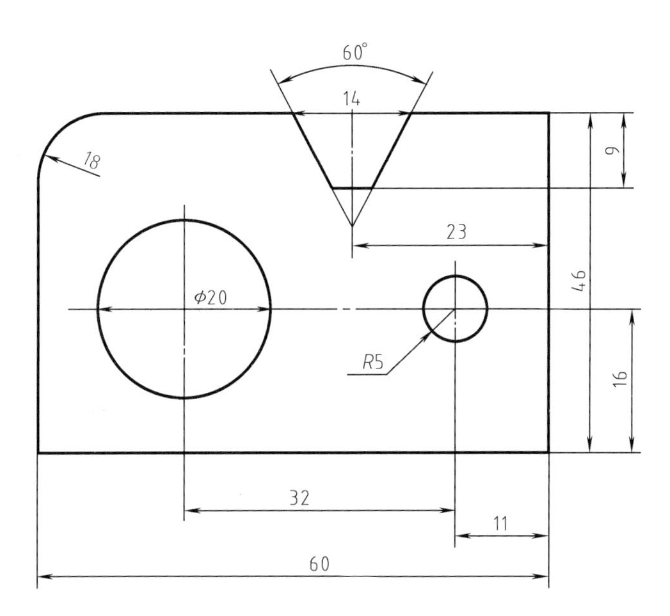

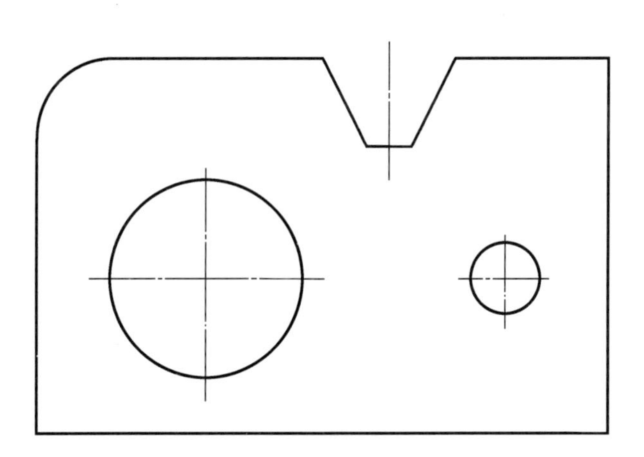

（2）分析图中尺寸的各种注法，并在相应图中模仿注出。

①

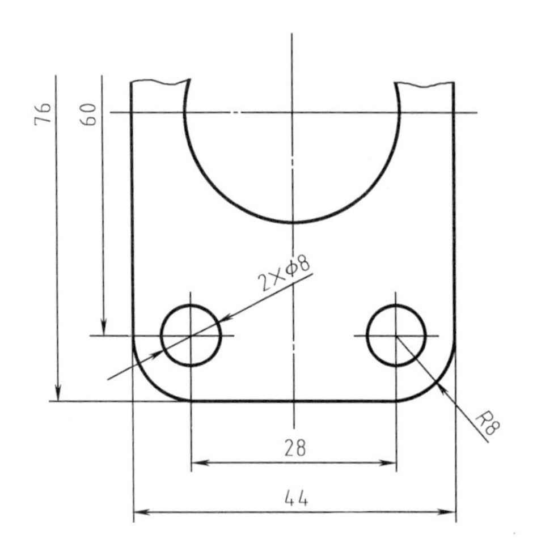

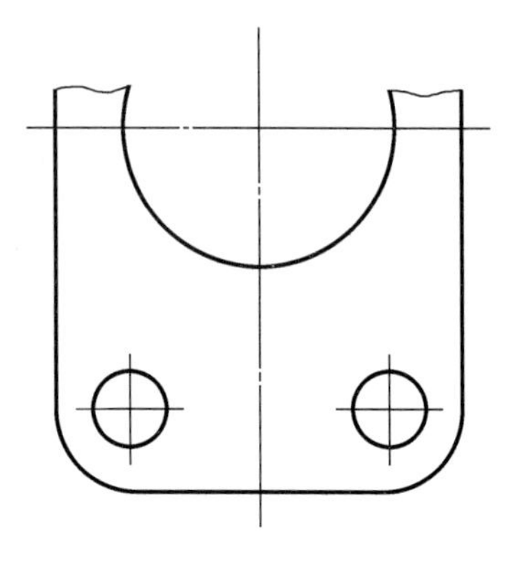

②

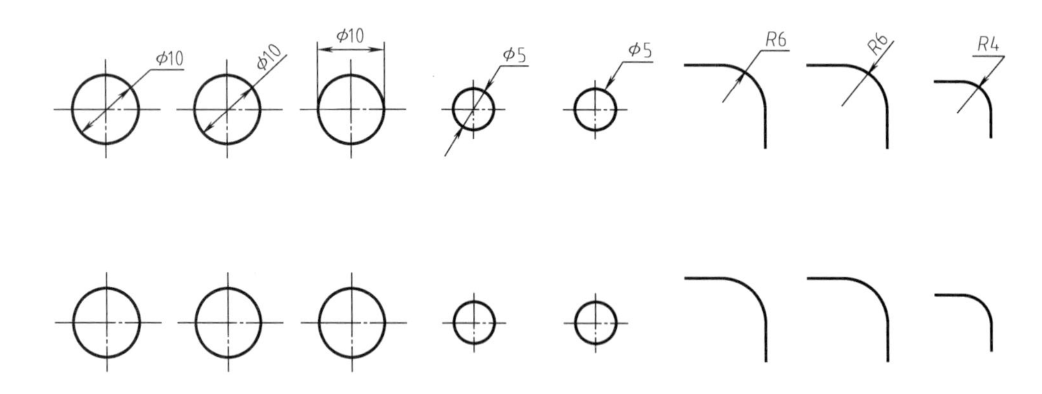

③

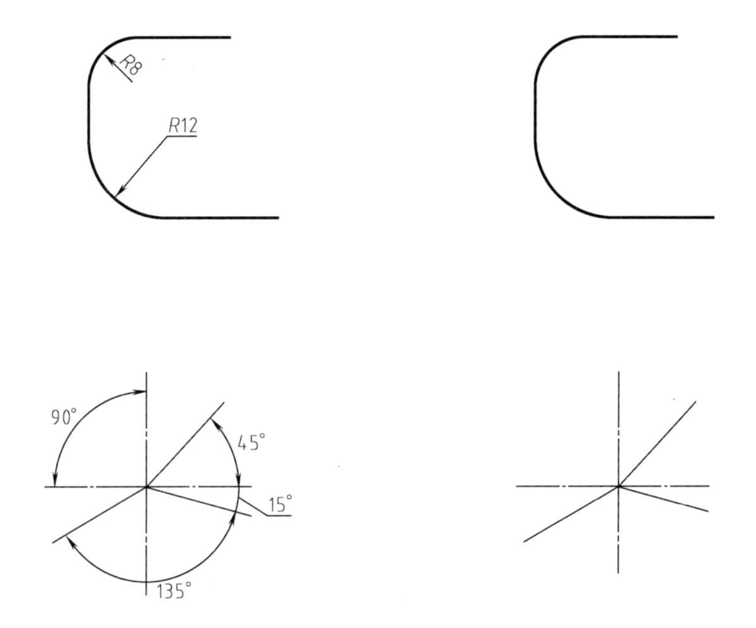

④

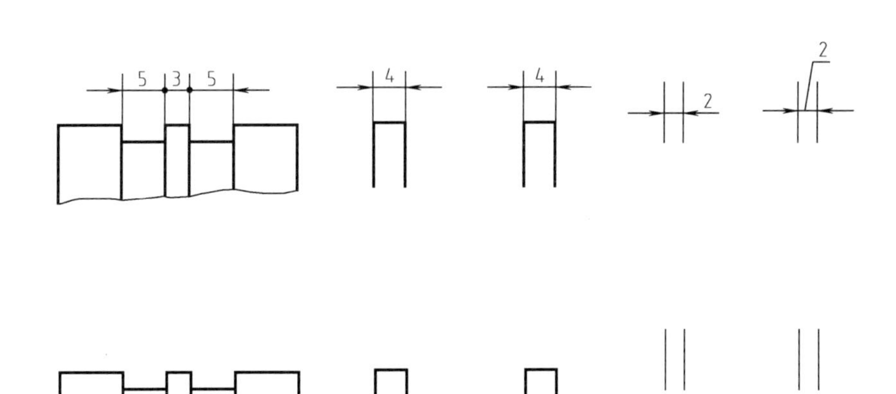

4. 字体练习

(1)

轴流水泵列管喷淋冷却蒸发筒身顶盖法兰

标准齿轮底座凸缘螺栓三角皮带滚滑动轴承瓦衬减速箱

abcdefghijklmnopqrstuvwxyz

I II III IV V VI VII VIII IX X

Φ Φ Φ Φ Φ Φ

（2）

绘图校对审核学校班级座号日期比例名称

要练好工程字体拙劣的字体易引起误解甚至会造成损失

0123456789

0123456789

0123456789

5. 找出与三视图对应的轴测图，填上相应的编号。

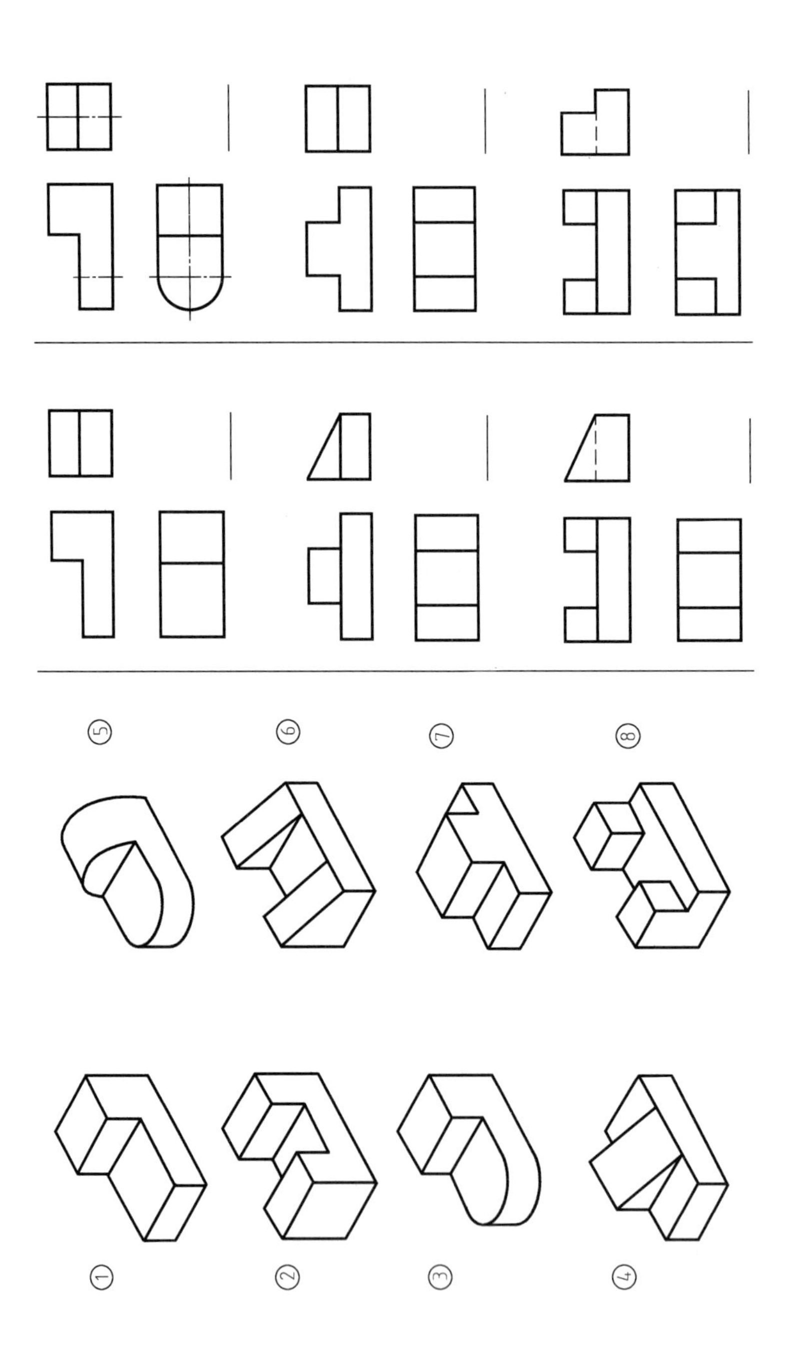

6. 对照轴测图补画所缺的视图。

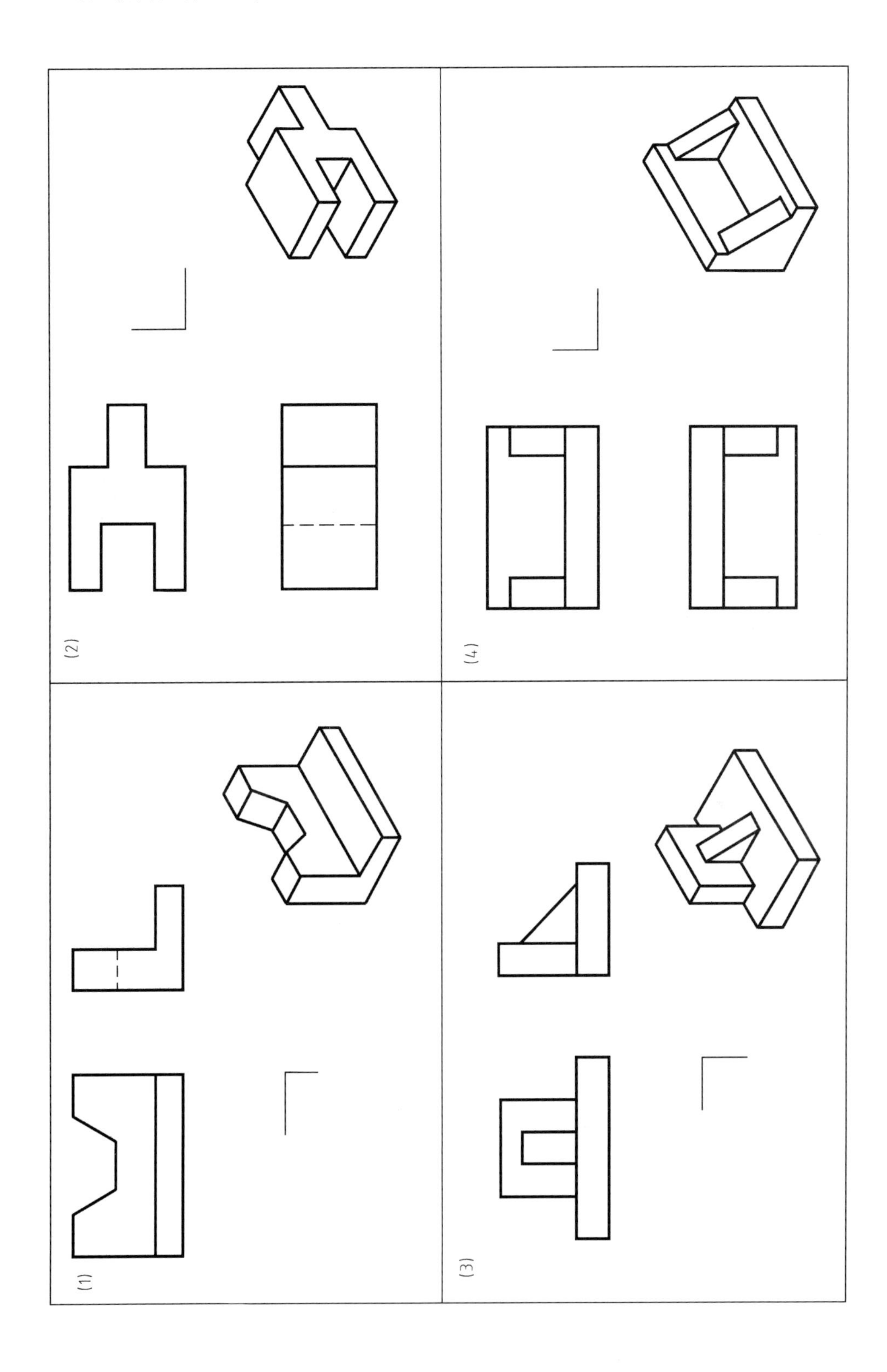

7. 根据轴测图徒手画三视图。

8. 指出下列视图中重复和错误的尺寸（画×），并标注遗漏的尺寸（不注尺寸数字）。

(1)

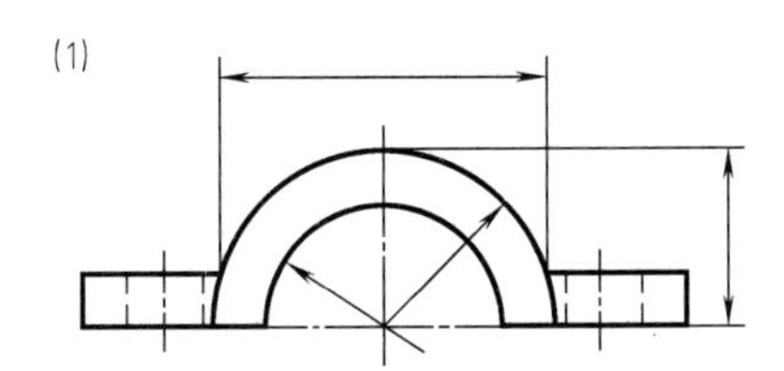

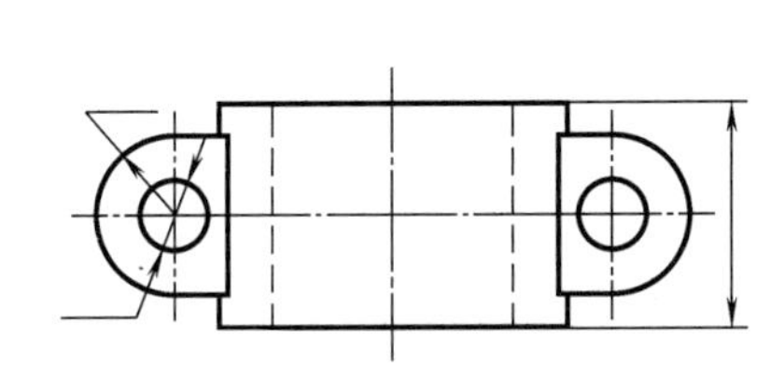

(2)

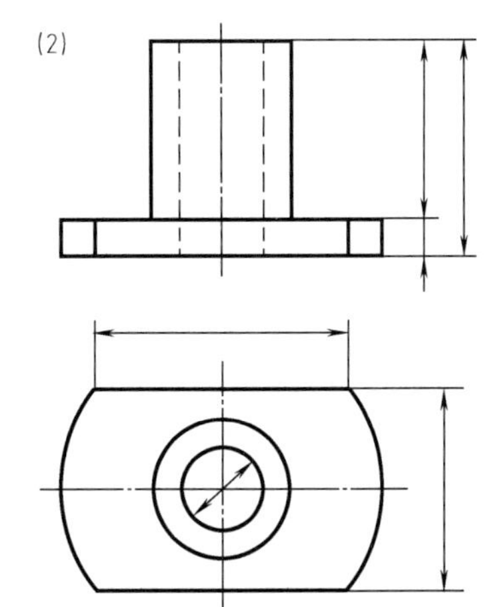

(3)

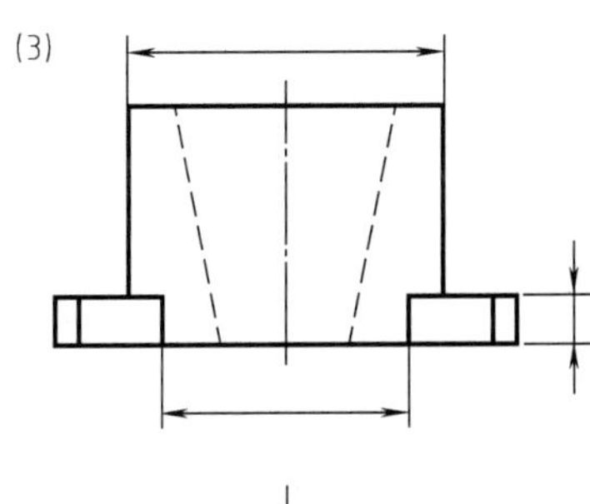

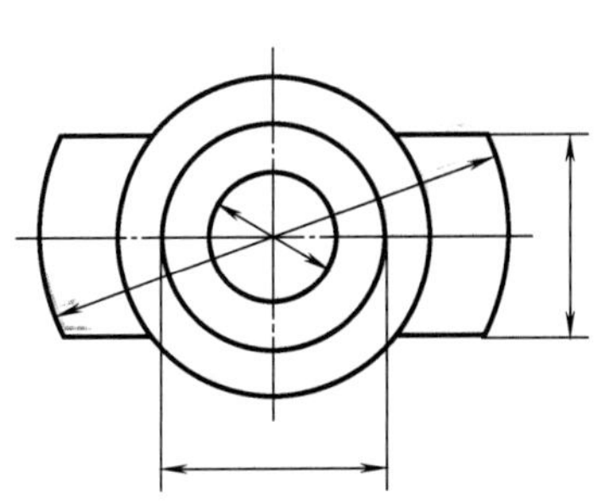

(4)

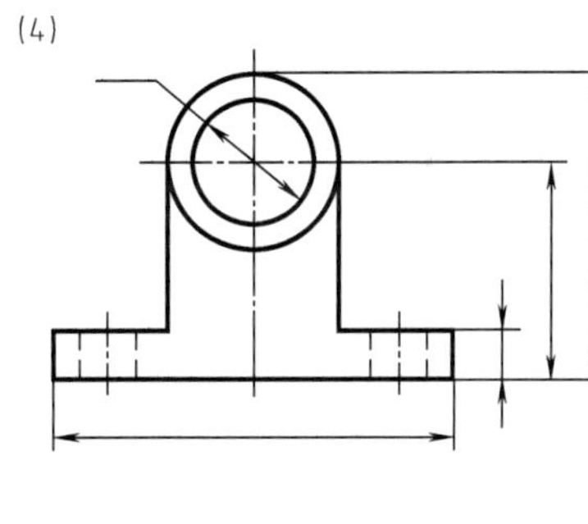

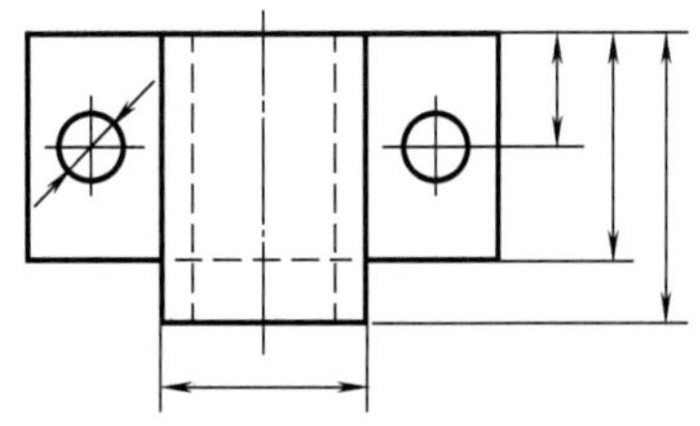

9. 标注组合体尺寸（尺寸数值按 1∶1 从图中量取）。

（1）

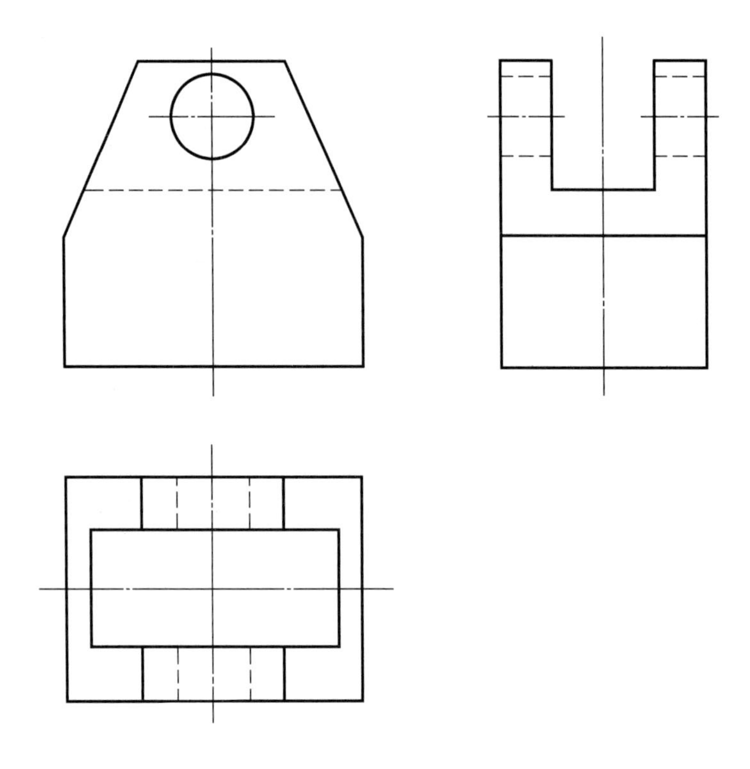

（2）

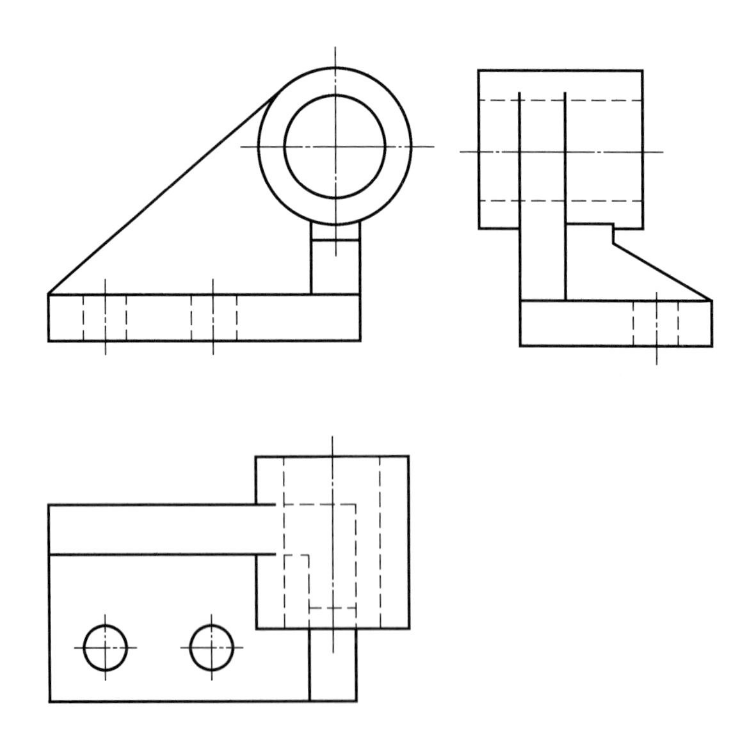

课题二

化工机器与设备零件图和装配图的识读

化学工业是我国国民经济中的一个重要组成部分。化工生产中采用的装置，是由化工机器和化工设备组合而成的。零件图和装配图的阅读，可帮助人们了解机器和设备的结构特点及一些技术问题。

项目一　零件图的识读

一台机器或设备是由多个零件组合而成，要了解机器或设备的结构，首先要了解零件的结构，因此零件图的阅读就显得很有必要了。

活动一　找出填料压盖三视图与零件图的区别

图 2-1 所示为密封装置中的填料压盖，其作用是压紧填料。它主要由圆筒、腰圆板两部分组成。图 2-2 所示为填料压盖的三视图，反映了填料压盖的形状和大小。图 2-3 所示为填料压盖的零件图，不仅反映填料压盖的形状和大小，还提出制造时的技术要求。所以，同样是表达填料压盖，但三视图所反映的是一般的物体，而零件图反映的是一个零件，是一个在制造时能按要求被加工出来，在机器工作时具有特定作用的物体。

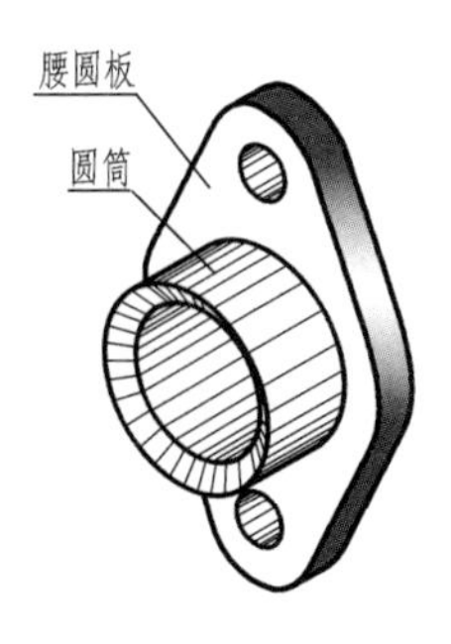

图 2-1　填料压盖

找出三视图与零件图有什么区别，对于在学习三视图的基础上，进一步学习零件图是很有帮助的。

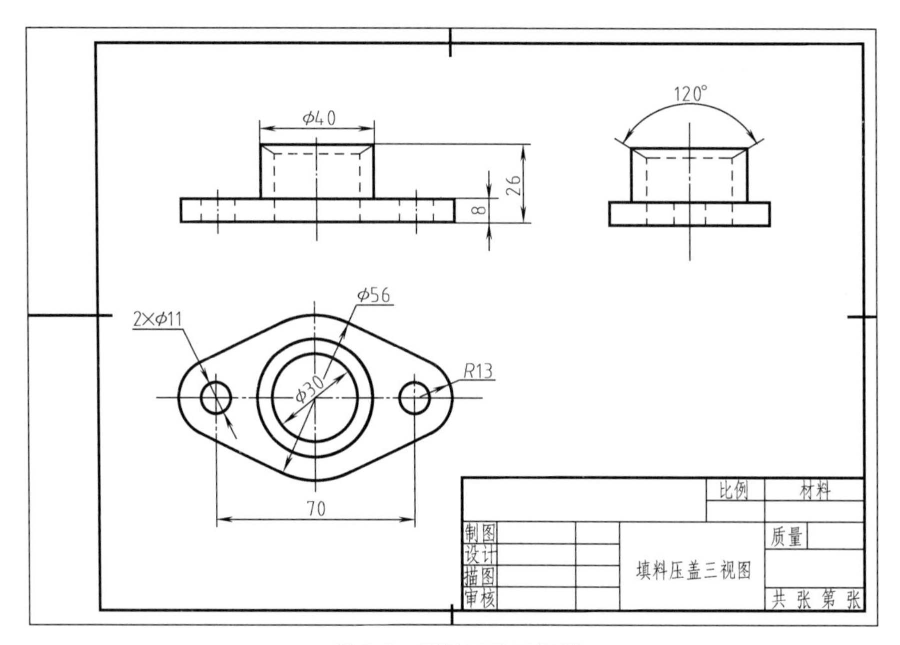

图 2-2　填料压盖三视图

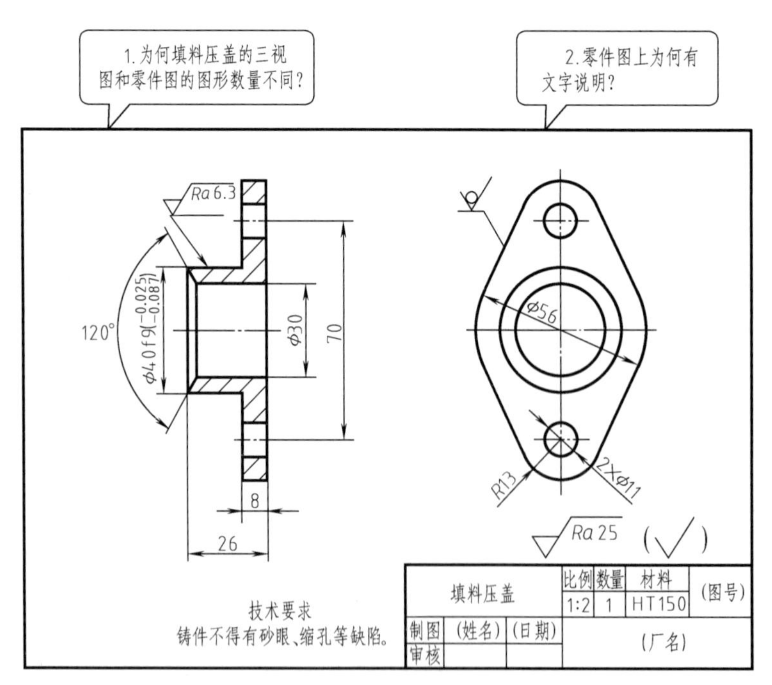

图 2-3　填料压盖零件图

想一想

① 三视图是由主视图、左视图、俯视图组成，图 2-2 所示填料压盖三视图一定是三个图形。零件图只要能对零件结构形状表达清楚就可以了，图形越少越好，如图 2-3 所示的填料压盖零件图只用了两个图形来表达。零件图的图形可以是一个、两个、三个或多个等。

② 图 2-3 中的文字，是用于表达填料压盖的技术要求。技术要求不仅用文字还会用规

定的符号来表达，图 2-3 中的$\sqrt{Ra\,6.3}$、$\sqrt{Ra\,25}$是对填料压盖表面质量的要求，$\phi 40f9\left(^{-0.025}_{-0.087}\right)$是对 $\phi 40$ 孔的尺寸质量要求。技术要求是零件在制造和检验中控制产品质量的技术指标。

一、我能做

① 了解零件图的作用。

② 能找出三视图与零件图的不同之处。

二、主要的用具与工具

名　称	数　量	备　注	名　称	数　量	备　注
填料压盖三视图	1张	如图 2-2 所示	填料压盖零件图	1张	如图 2-3 所示

三、活动要求

① 观察并分析填料压盖三视图和零件图的组成。

② 找出三视图和零件图的共同点和不同点。

四、学习形式

① 课堂讲授。

② 小组讨论（每组 2～4 人）。

五、考核标准

项　目	评分标准	备　注
比较填料压盖三视图与零件图，找出共同点	20分/个	总分最高为100分
比较填料压盖三视图与零件图，找出不同点	20分/个	

六、你知道吗

（一）零件图的作用

一台机器或一个部件都是由许多零件按一定要求装配而成的。在制造机器时，必须先制造出全部零件。表示零件结构、大小和技术要求的图样称为零件图。它是制造和检验零件的依据，是组织生产的主要技术文件之一。

（二）零件图的内容

零件图必须包括制造和检验零件时所需的全部资料。图 2-4 为轴承座，图 2-5 是图 2-4 所示轴承座的零件图，可以看出，一张零件图应具备以下内容。

1. 一组视图

用一定数量的视图、剖视、断面、局部放大图等，完整、清晰地表达出零件的结构形状。

2. 足够的尺寸

正确、完整、清晰、合理地标注出零件在制造、检验时所需的全部尺寸。

3. 必要的技术要求

用规定的代号和文字，注出零件在制造和检验中应达到的各项质量要求，如表面粗糙度、极限偏差、形状和位置公差、热处理要求等。

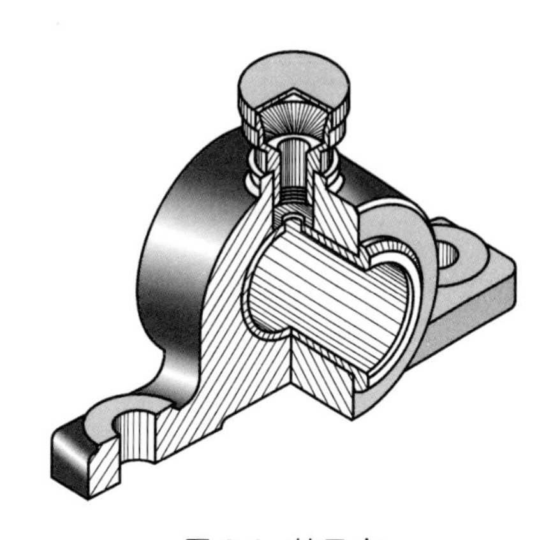

图 2-4　轴承座

4. 标题栏

填写零件的名称、材料、数量、比例及责任人签字等。

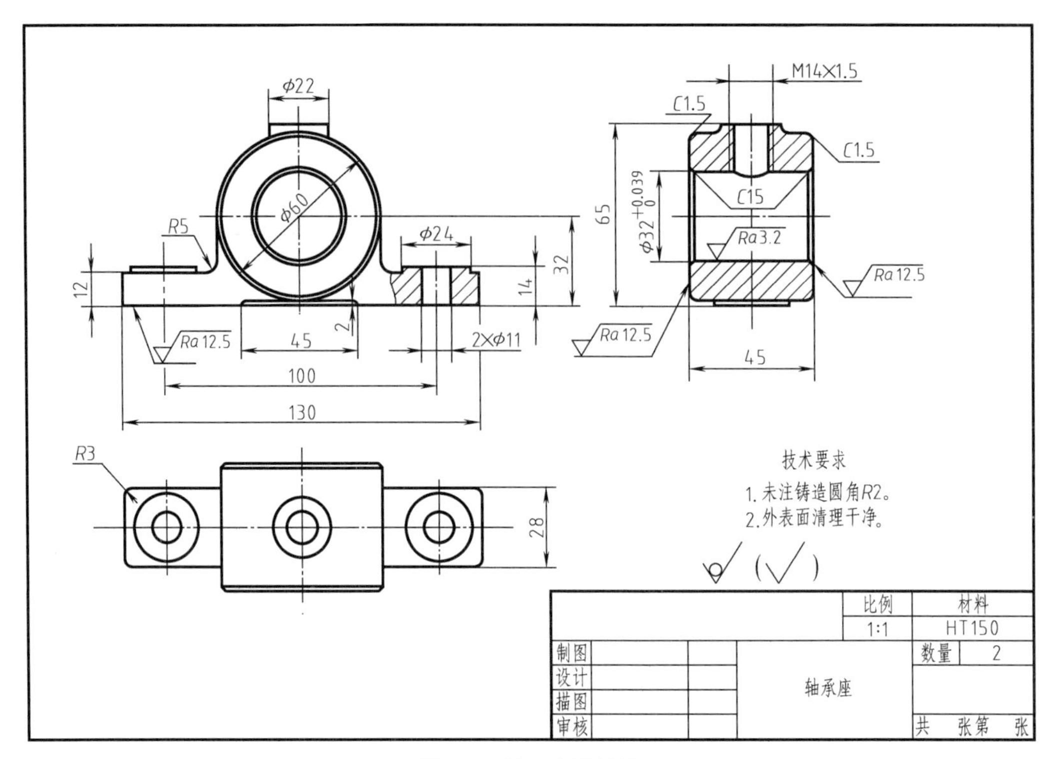

图 2-5　轴承座零件图

活动二　零件图的图形表达（物体的表达方法）

零件图中的图形表达主要用于反映零件的结构形状，图 2-6 所示为填料压盖的图形表达。

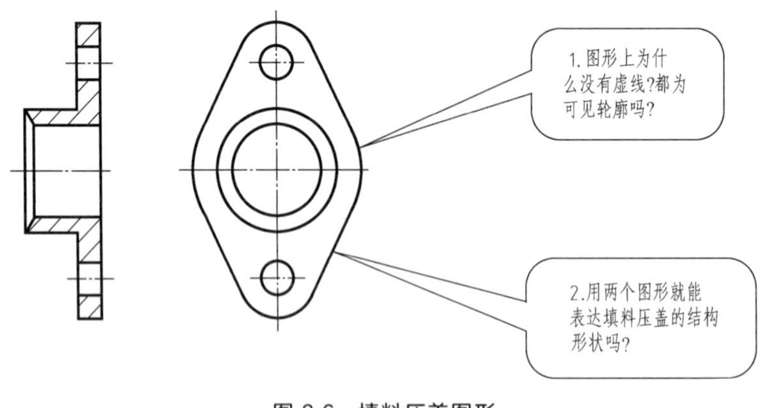

图 2-6　填料压盖图形

① 从填料压盖的形体分析可知，填料压盖上的孔都为不可见轮廓，但由于填料压盖的主视图为剖视图，是假想地用剖切平面沿左视图的对称面剖开，再向投影面作的投影，假想

为可见轮廓，故图上没有虚线。采用这种表达，使填料压盖的内部结构一目了然。

② 如前所述，填料压盖由腰圆板和圆筒两部分组成。由图 2-6 可知，对于腰圆板，左视图能反映其形状，主视图反映其厚度；对于圆筒，左视图反映其圆形，主视图反映其厚度。所以，用两个图形就能完整地表达填料压盖的结构形状。

③ 正因为要简单、清晰、完整地表达零件的结构，除了用视图、剖视图表达外，还可用断面图、局部放大图和简化画法等一些其他表达方法。

一、我能做

① 能分清零件图图形各种表达的类别。

② 能读懂图形各种表达的作用。

③ 能由图形表达了解零件的结构形状。

二、主要的用具与工具

名　称	数　量	备　注	名　称	数　量	备　注
轴的视图	1 张	如图 2-7 所示	轴承座的视图	1 张	如图 2-9 所示
法兰的视图	1 张	如图 2-8 所示	阀体的视图	1 张	如图 2-10 所示

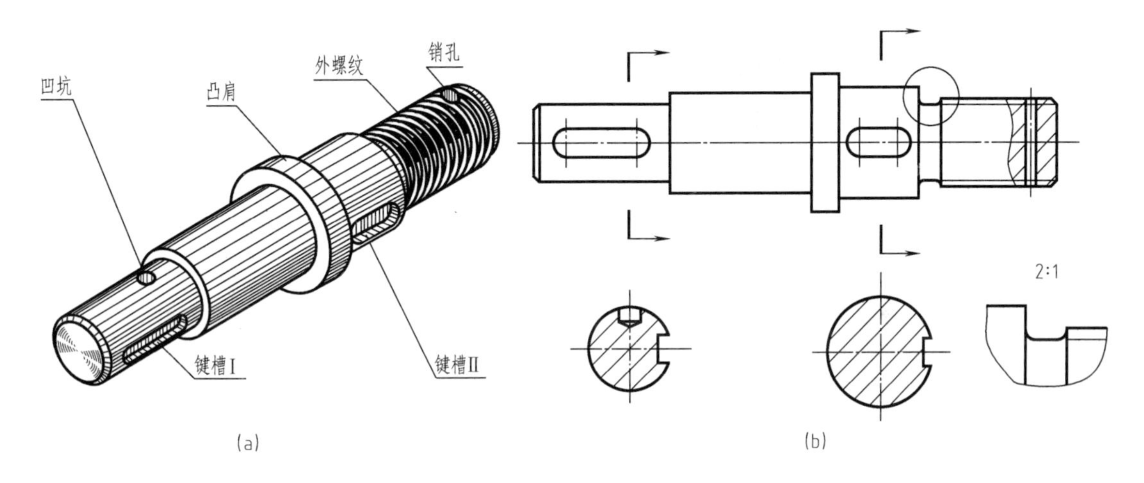

图 2-7　轴的视图

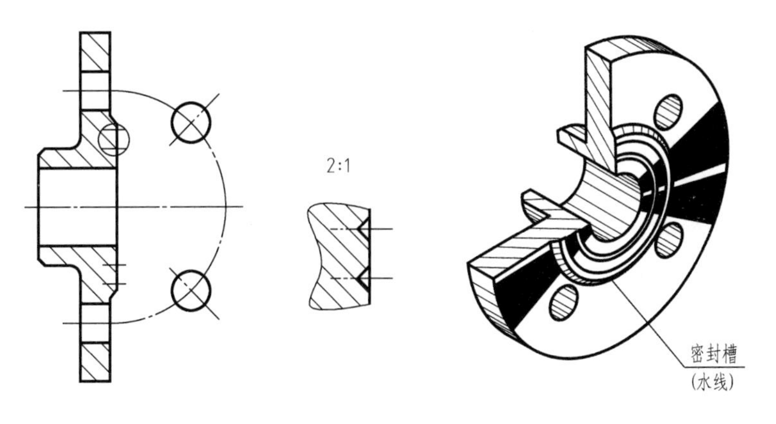

图 2-8　法兰的视图

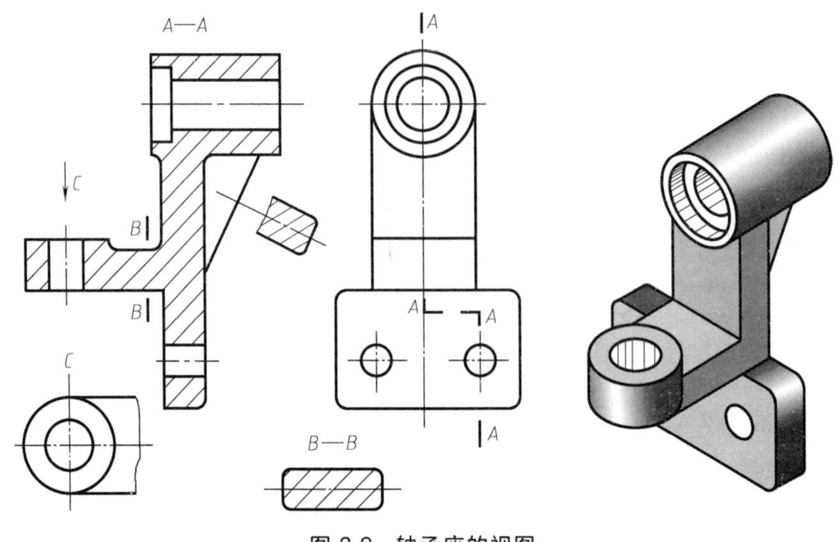

图 2-9　轴承座的视图

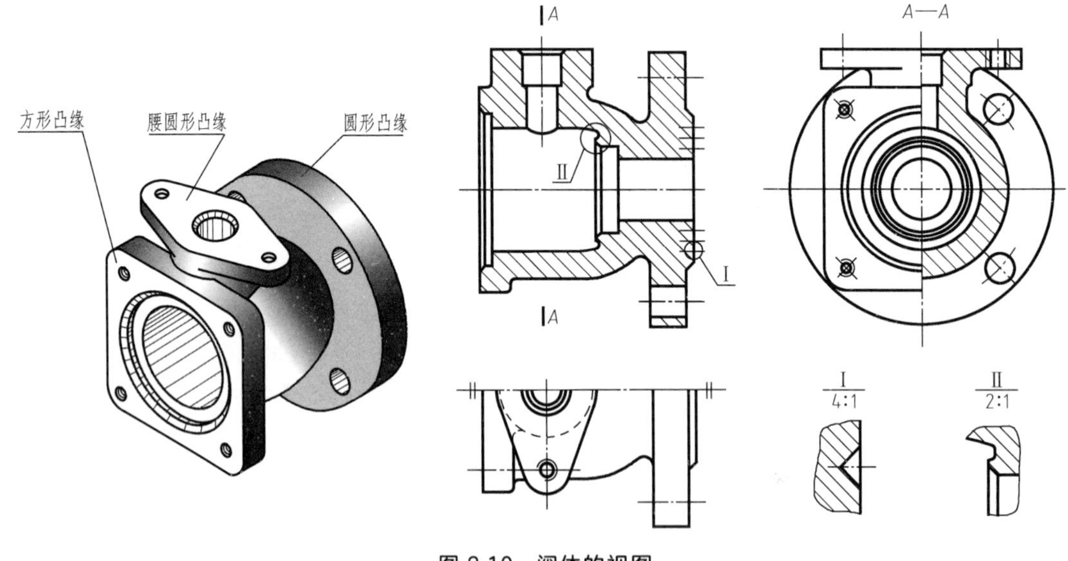

图 2-10　阀体的视图

三、活动要求

（1）读图 2-7～图 2-10，分析轴、法兰、轴承座、阀体视图的图形表达。

（2）回答以下问题。

① 在图 2-7 中，基本视图有______个，向视图有______个，斜视图有______个，局部视图有______个；全剖视有______个，半剖视有______个，局部剖视有______个；移出断面有________个，重合断面有______个；局部放大图有______个；简化画法有________处。键槽Ⅰ处的移出断面，表达了__________、__________。

② 在图 2-8 中，基本视图有______个，向视图有______个，斜视图有______个，局部视图有______个；全剖视有______个，半剖视有______个，局部剖视有______个；移出断面有________个，重合断面有______个；局部放大图有______个；简化画法有________处。简

化画法表达了________________。

③ 在图 2-9 中，基本视图有______个，向视图有______个，斜视图有______个，局部视图有______个；全剖视有______个，半剖视有______个，局部剖视有______个；移出断面有________个，重合断面有______个；局部放大图有______个；简化画法有______处。简化画法和相应的移出断面表达了________________________。

④ 在图 2-10 中，基本视图有______个，向视图有______个，斜视图有______个，局部视图有______个；全剖视有______个，半剖视有______个，局部剖视有______个；移出断面有________个，重合断面有______个；局部放大图有______个；简化画法有________处。局部放大图Ⅰ表达了________________________，图形尺寸是实物尺寸的______倍。

四、学习形式

① 课堂讲授。

② 个人独立完成。

五、考核标准

项　目	评 分 标 准
完成活动要求 2 中的填空题	每空 2 分，50 个空格

六、你知道吗

为了完整、清晰地表达零件的结构形状，通常采用以下几种表达方法。

（一）视图

1. 基本视图

将物体向基本投影面投射所得的视图，称为基本视图。当物体的形状复杂时，为了完整、清晰地表达物体各面的形状，国家标准规定，在原有三个投影面的基础上，再增设三个投影面，组成一个正六面体，如图 2-11（a）所示。六面体的六个面称为基本投影面。将物体置于六面体中，分别向六个基本投影面投射，即得到主视图、俯视图、左视图、右视图、仰视图、后视图六个基本视图。

六个基本投影面展开的方法如图 2-11（b）所示，即正面保持不动，其他投影面按箭头所示方向旋转到与正面共处在同一平面。在同一平面上，六个基本视图按图 2-12 所示配置，

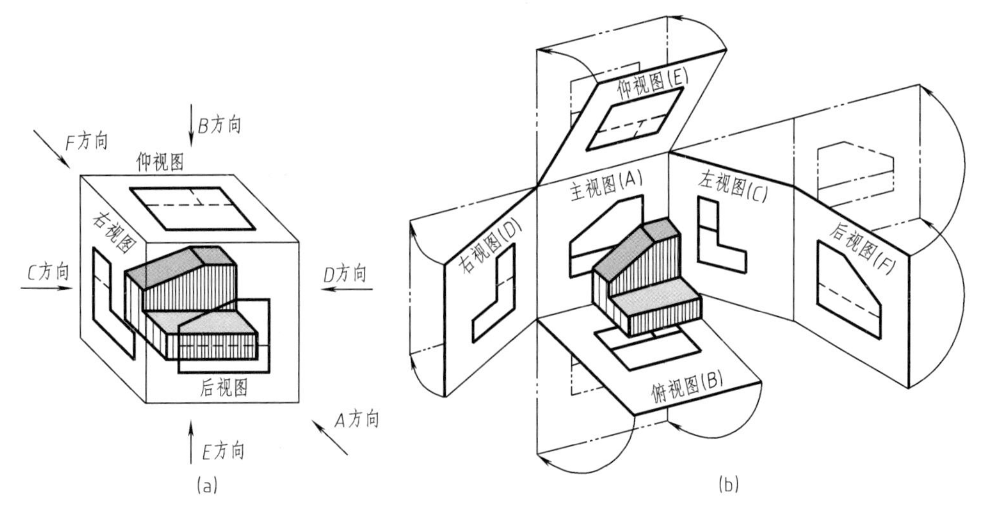

图 2-11　基本视图

各图一律不注图名。六个基本视图仍符合“长对正、高平齐、宽相等”的投影规律。在绘制工程图样时，一般并不需要将物体的六个基本视图全部画出，而是根据物体的结构特点和复杂程度，选择适当的基本视图。优先采用主、俯、左视图。

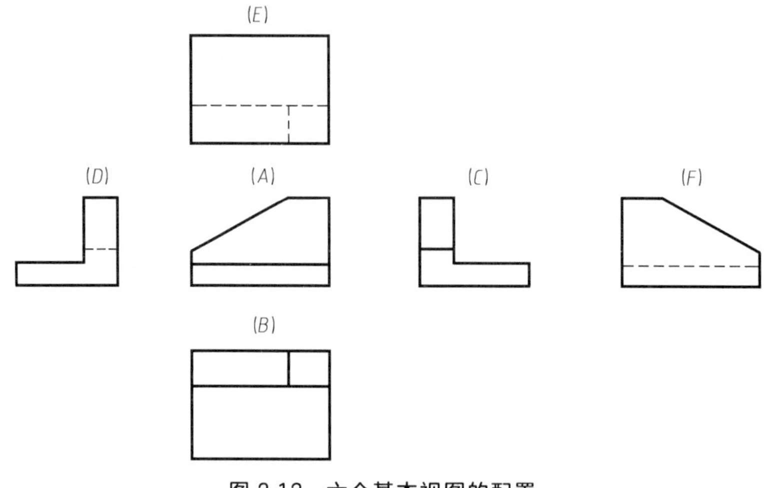

图 2-12 六个基本视图的配置

2. 向视图

向视图是可以自由配置的基本视图。在实际绘图过程中，基本视图如不能按图 2-12 所示位置配置时，可用向视图自由配置，如图 2-13 所示。此时应在向视图的上方标注“×”(×为大写拉丁字母)，在相应的视图附近，用箭头指明投射方向，并标注相同的字母。

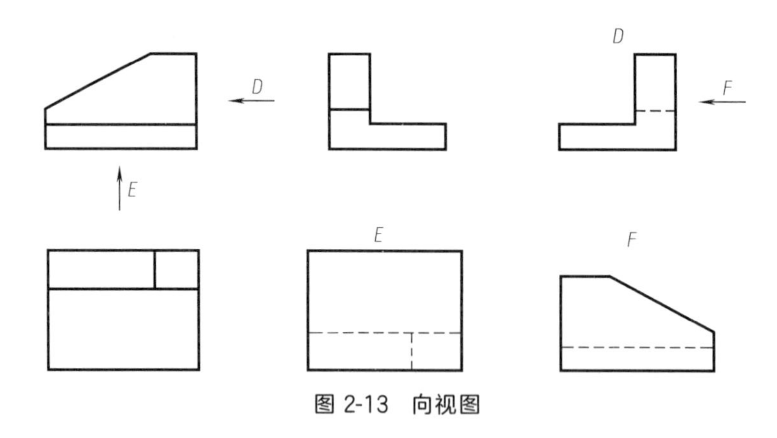

图 2-13 向视图

向视图是基本视图的一种表达形式，它们的主要区别在于视图的位置配置不同。

3. 局部视图

将物体的某一部分向基本投影面投射所得的视图，称为局部视图。在图 2-14 中，物体左侧的凸台在主、俯视图中未表达清楚，而又不必画出完整的左视图，这时可用“A”向局部视图表示。局部视图断裂处的边界通常用波浪线表示。当所表示的局部结构是完整的，且外轮廓又封闭时，波浪线可省略不画。

4. 斜视图

将物体向不平行于基本投影面的平面投射所得的视图，称为斜视图。斜视图通常用于表达物体上的倾斜部分。如图 2-15 所示，物体左侧部分与基本投影面倾斜，其基本视图不反

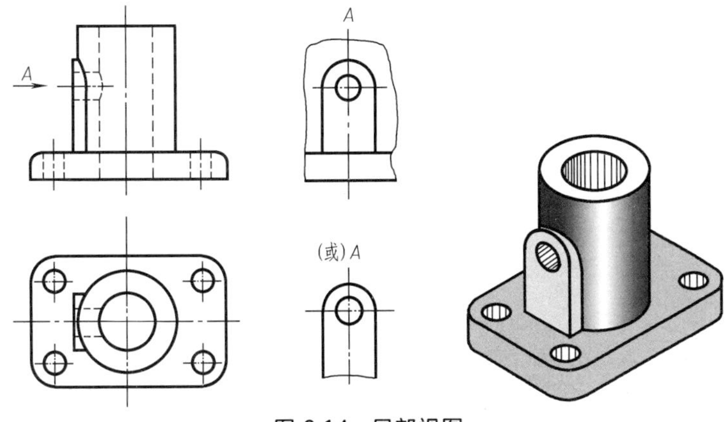

图 2-14　局部视图

映实形。为此增设一个与倾斜部分平行的辅助投影面 P，将倾斜部分向 P 面投射，即可得到反映该部分实形的视图，即斜视图。

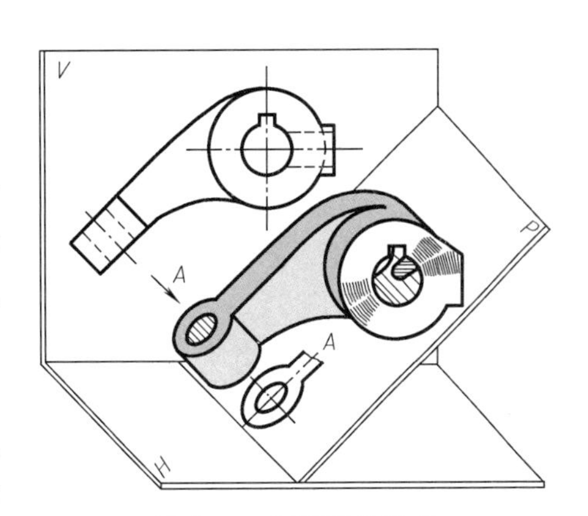

图 2-15　斜视图的形成

斜视图一般只画出倾斜部分的局部形状，其断裂边界用波浪线表示，并按向视图的位置配置并标注，如图 2-16 (a) 中的"A"图。必要时允许斜视图旋转配置，如图 2-16 (b) 中的"A"图。

（二）剖视图

当物体的内部结构比较复杂时，视图会出现较多虚线，既影响图形清晰度，又不利于尺寸标注。为了清晰地表达物体的内部形状，国家标准规定了剖视图的画法。

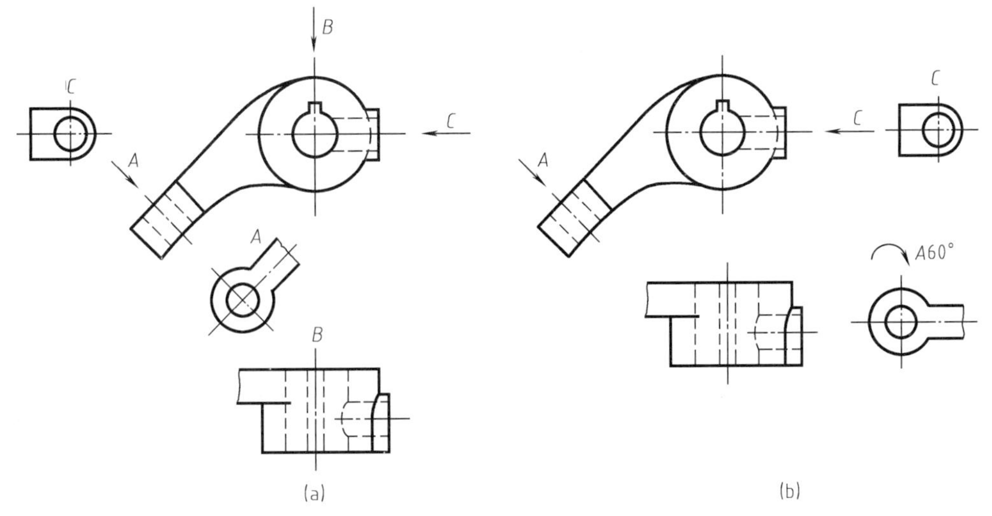

图 2-16　局部视图与斜视图的配置

1. 剖视图的基本概念

假想用剖切平面剖开物体，将处在观察者和剖切面之间的部分移去，而将其余部分向投影面投射所得的图形，称为剖视图，简称剖视，如图 2-17 所示。

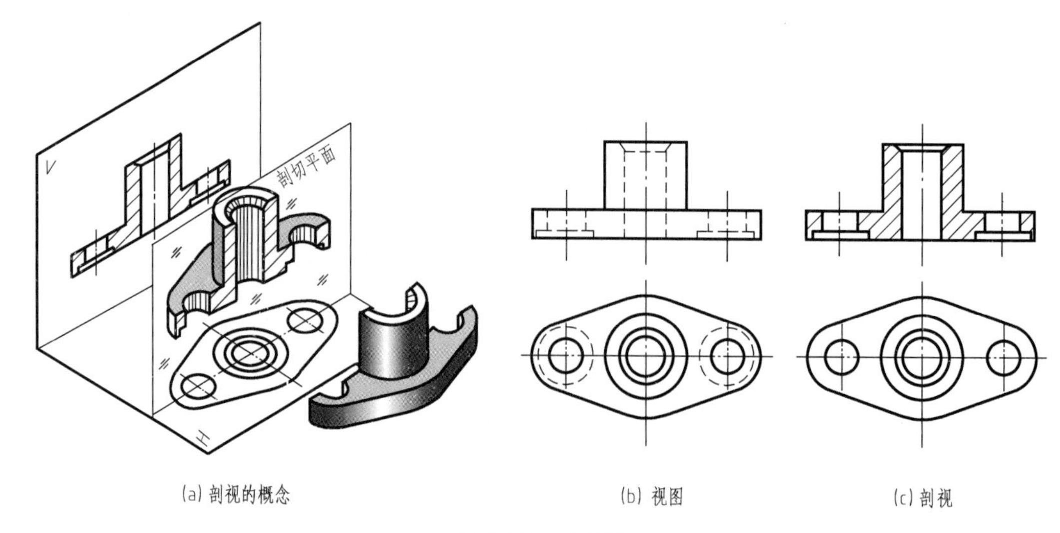

(a) 剖视的概念　　(b) 视图　　(c) 剖视

图 2-17　剖视图

将视图与剖视图比较可以看出，由于主视图采用了剖视，原来不可见的孔成为可见的，视图上的细虚线在剖视中变成粗实线，再加上在剖面区域内画出了规定的剖面符号，使图形层次分明，更加清晰。

假想用剖切面剖开物体，剖切面与物体的接触部分称为剖切区域。为了明显地区分被剖切部分与未剖切部分，增强剖视的层次感，为了识别相邻零件的形状结构及其装配关系，为了区分材料的类别，通常要在剖切区域中画出剖面符号。

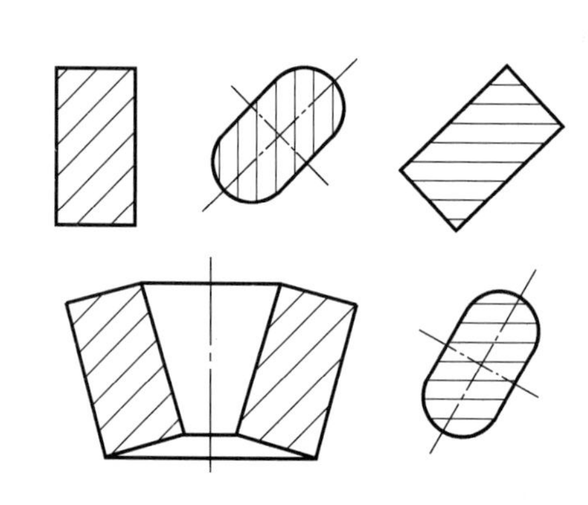

图 2-18　通用剖面线的画法

① 当不需要在剖切区域中表示物体的材料类别时，应按国家标准中的规定，剖面符号用通用的剖面线表示；同一物体的各个剖切区域，其剖面线的方向及间隔应一致。通用剖面线是与图形的主要轮廓线或剖切区域的对称线成 45°角的细实线，如图 2-18 所示。

② 当需要在剖切区域中表示物体的材料类别时，应根据国家标准中的规定绘制，详见表 2-1。

■ 表 2-1　剖面符号（摘自 GB/T 4457.5—1984）

材料类别	剖面符号	材料类别	剖面符号	材料类别	剖面符号
金属材料(已有规定剖面符号者除外)		非金属材料(已有规定剖面符号者除外)		线圈绕组元件	
型砂、填砂、粉末冶金、砂轮、陶瓷刀片、硬质合金刀片等		液体		木材纵剖面	

续表

材料类别	剖面符号	材料类别	剖面符号	材料类别	剖面符号
转子、电枢、变压器和电抗器等叠钢片		玻璃及供观察用的其他透明材料		木材横剖面	
混凝土		砖		木质胶合板(不分层数)	
钢筋混凝土		基础周围的泥土		格网(筛网、过滤网等)	

注：剖面符号仅表示材料的类别，而材料的名称和代号需另行注明。

为了便于判断剖切位置和剖切后的投射方向以及剖视与其他视图之间的对应关系，对剖视应进行标注，具体要求如下。

① 在剖视的上方，用大写拉丁字母标出剖视的名称“×—×”。

② 在相应的视图上，用剖切符号（粗实线，线长5～8mm）指示剖切面的起迄和转折处位置；在剖切符号的两端外侧用箭头指明剖切后的投射方向，并注上同样的字母。

在下列情况下可省略或简化标注。

① 当单一剖切平面通过物体的对称面或基本对称面，且剖视按投影关系配置，中间又没有其他图形隔开时，可以省略标注。

② 当剖视按投影关系配置，中间又没有其他图形隔开时，可以省略箭头。

2. 剖视图的种类

根据剖开物体的范围，可将剖视分为全剖视、半剖视和局部剖视。

① 全剖视：用剖切面完全地剖开物体所得的剖视图，称为全剖视图，简称全剖视。全剖视主要用于表达外形简单、内形复杂而又不对称的物体，如图2-19所示。对于外形简单的对称物体也可采用全剖视，如图2-17（c）所示。

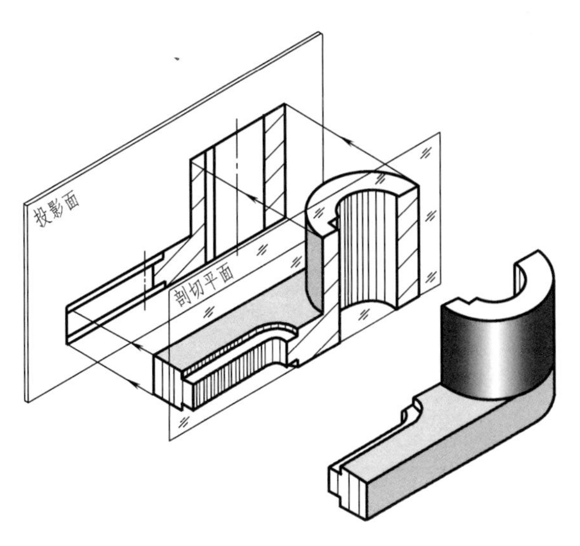

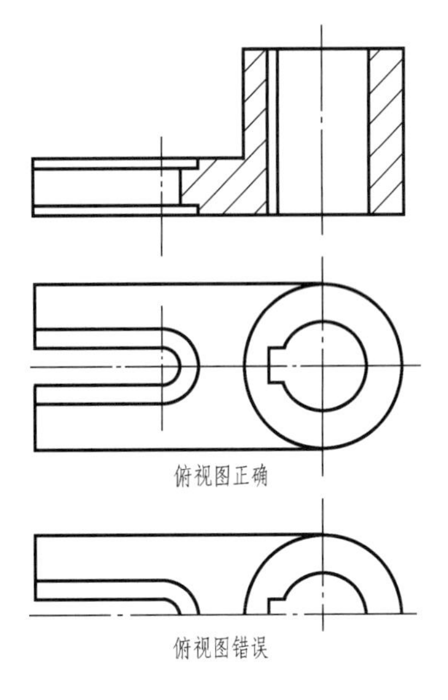

图 2-19 全剖视

② 半剖视：当物体具有垂直于投影面的对称平面时，在该投影面上投射所得的图形，可以对称线为界，一半画成剖视图，另一半画成视图，这种组合的图形称为半剖视图，简称半剖视，如图 2-20 所示。

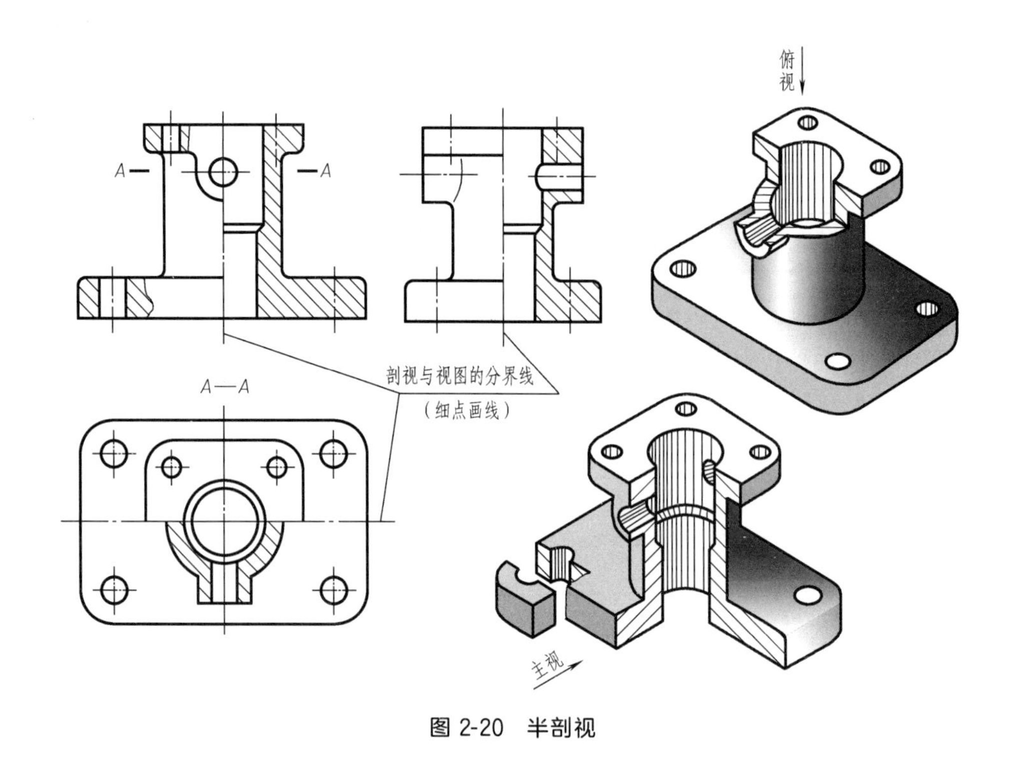

图 2-20 半剖视

③ 局部剖视：用剖切面局部地剖开物体所得的剖视图，称为局部剖视图，简称局部剖视。当物体只有局部内形需要表示，而又不宜采用全剖视时，可采用局部剖视表达，如图 2-21 所示。

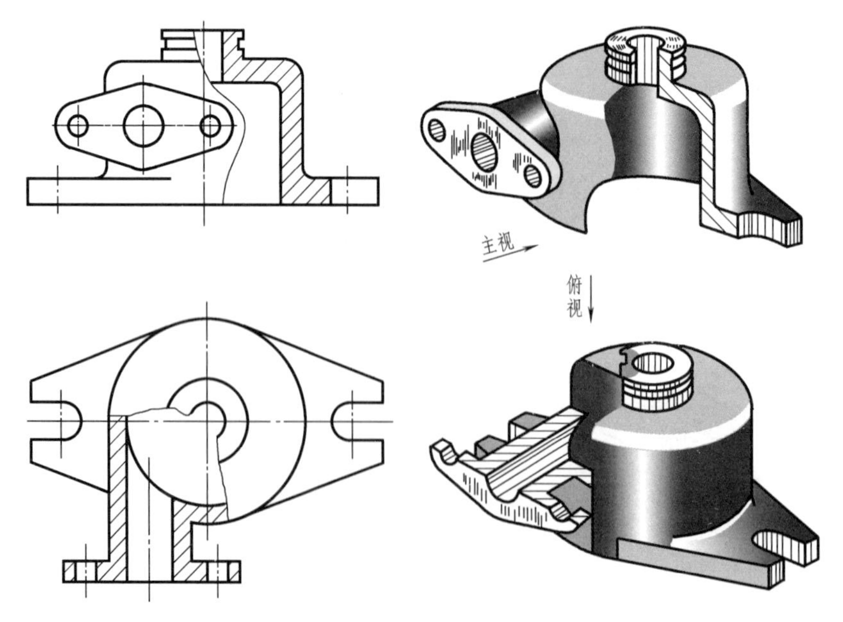

图 2-21 局部剖视

（三）断面图

假想用剖切平面将物体的某处切断，仅画出该剖切面与物体接触部分的图形，称为断面图，简称断面，如图 2-22 所示。切断时，剖切平面应与被截断处的中心线或主要轮廓线垂直。断面与剖视的区别在于：断面仅画出横截面的形状，而剖视除画出横截面的形状外，还要画出剖切面后面物体的完整投影。

断面主要用于表达物体某一局部的横截面形状，如物体上的肋板、轮辐、键槽、小孔及各种型材的横截面形状等。根据断面在图样中的不同位置，可分为移出断面和重合断面。

1. 移出断面

画在视图之外的断面图，称为移出断面图，简称移出断面。移出断面的轮廓线用粗实线绘制，如图 2-22 所示。

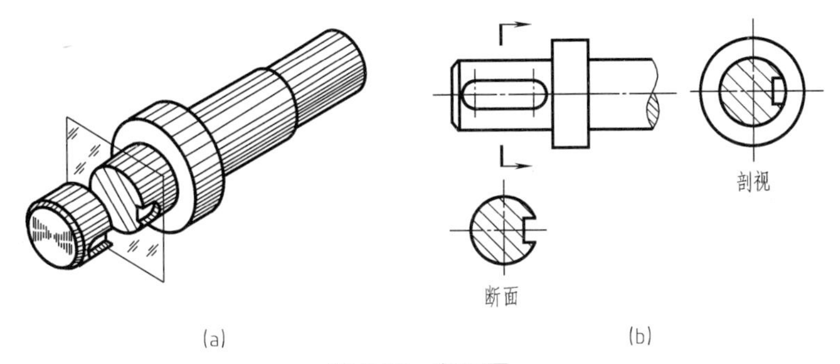

图 2-22 断面图

2. 重合断面

画在视图之内的断面图，称为重合断面图，简称重合断面。重合断面的轮廓线用细实线绘制，如图 2-23 所示。

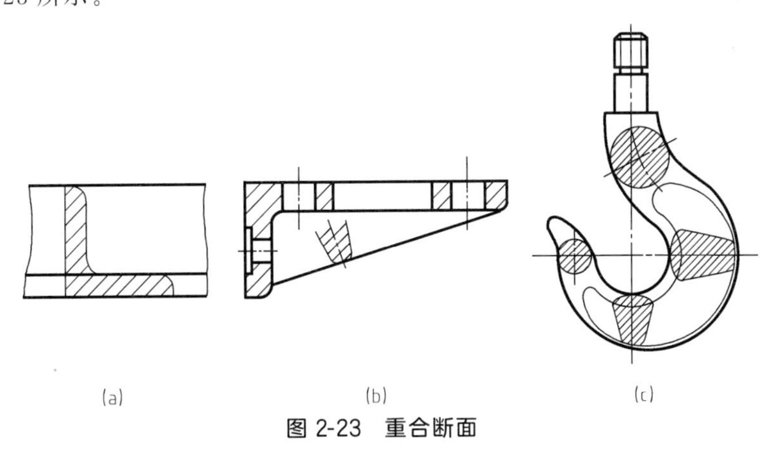

图 2-23 重合断面

（四）局部放大图

将图样中所表示物体的部分结构，用大于原图形所采用的比例画出的图形，称为局部放大图。当物体上的细小结构在视图中表达不清楚，或不便于标注尺寸时，可采用局部放大图。如图 2-24 所示。

局部放大图的比例，是指该图形中物体要素的线性尺寸与实际物体相应要素的线性尺寸之比，而与原图形所采用的比例无关。

局部放大图可以画成视图、剖视和断面，它与被放大部分原图形的表示方式无关。

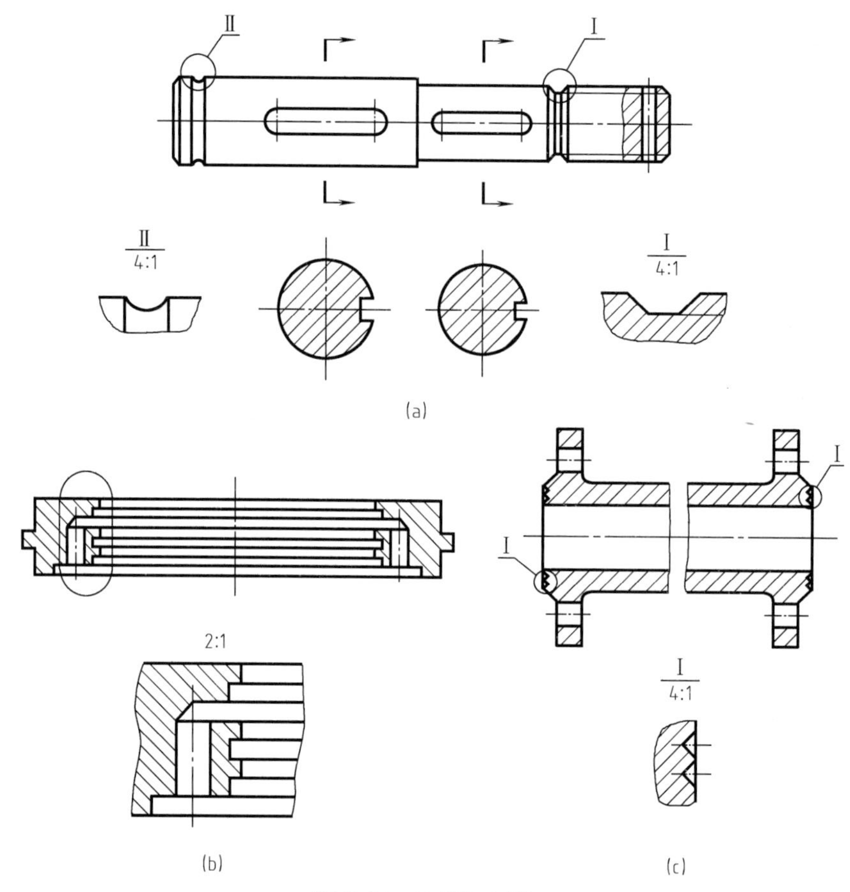

图 2-24 局部放大图

绘制局部放大图时，应用细实线圈出被放大部位，并尽量把局部放大图配置在被放大部位附近。当同一图样上有几个需要放大的部位时，必须用罗马数字依次标明放大的部位，并在局部放大图的上方标注出相应的罗马数字和采用的比例。

（五）简化画法

简化画法是包括规定画法、省略画法、示意画法等在内的图示方法。国家标准规定了一系列的简化画法，其目的是减少绘图工作量，提高制图效率及图样的清晰度，适应技术交流的需要。

① 为了避免增加视图或剖视，对回转体上的平面，可用细实线绘出对角线表示，如图 2-25 所示。

② 较长的零件（轴、杆、型材、连杆等）沿长度方向的形状一致或按一定规律变化时，可断开后（缩短）绘制，其断裂边界用波浪线绘制，如图 2-26 (a)所示。断裂边界也可用双折线或细双点画线绘制，如

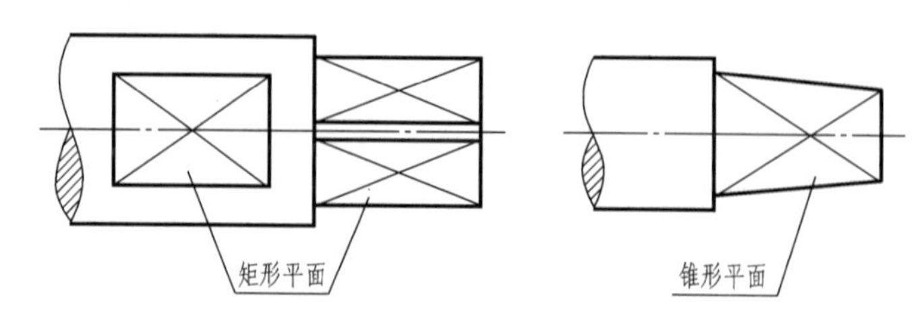

图 2-25 平面的简化画法

图 2-26（b）、（c）所示。但在标注尺寸时，要标注零件的实长。

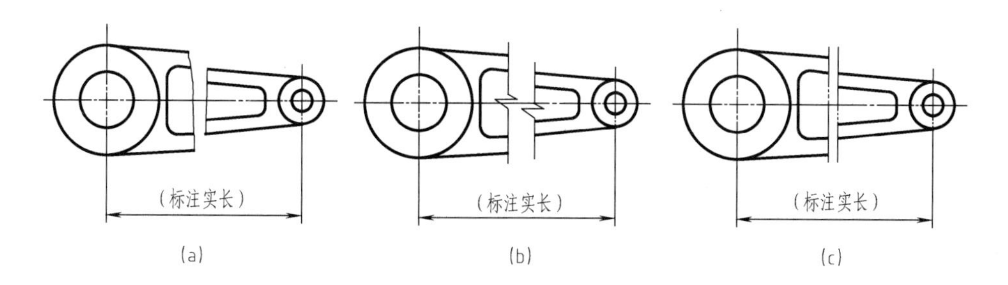

图 2-26 断开视图的画法

③ 在不致引起误解时，图形中的过渡线、相贯线可以简化，如用圆弧或直线代替非圆曲线，也可采用模糊画法，如图 2-27 所示。

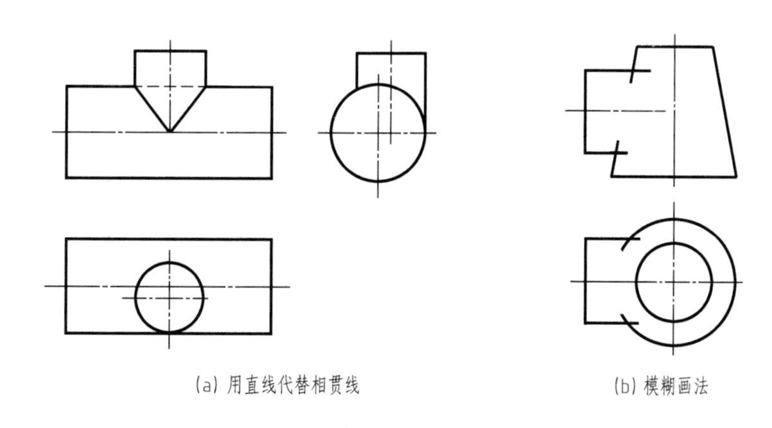

图 2-27 相贯线的简化画法

④ 零件上对称结构的局部视图，可配置在视图上所需表示物体局部结构的附近，并用细点画线将两者相连，如图 2-28 所示。

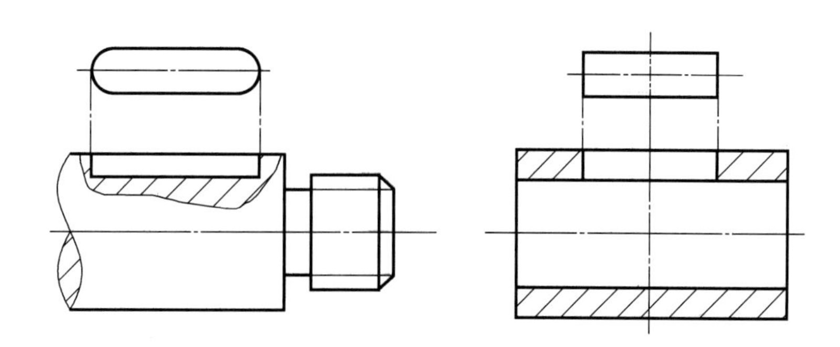

图 2-28 局部视图的简化画法

⑤ 需要表示位于剖切平面前面的结构时，这些结构按假想轮廓线（细双点画线）绘制，如图 2-29 所示。

⑥ 若干直径相同且按规律分布的孔（圆孔、螺孔、沉孔等），可以仅画一个或少量几个，其余只需用细点画线表示其中心位置，但在零件图中要注明孔的总数，如图 2-30 所示。

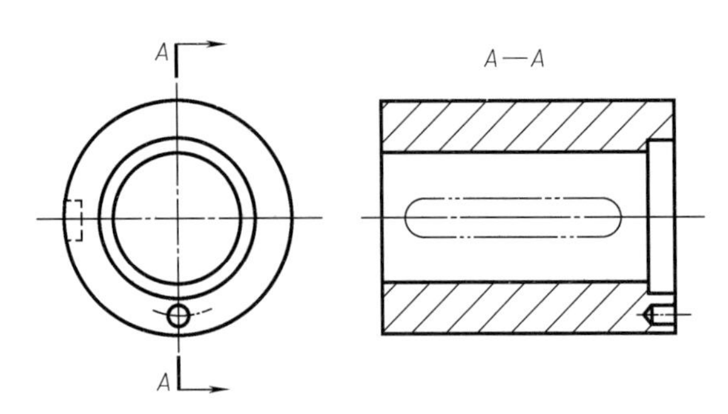

图 2-29　剖切平面前面结构的简化画法

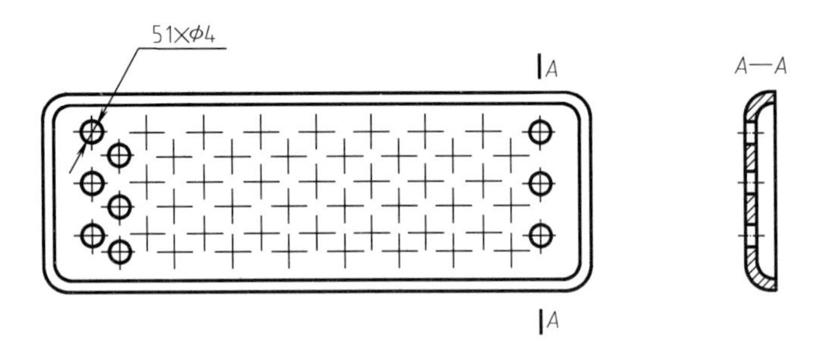

图 2-30　按规律分布的孔的简化画法

⑦ 零件中成规律分布的重复结构，允许只绘制出其中一个或几个完整的结构，并反映其分布情况，并在零件图中注明重复结构的数量和类型。对称的重复结构，用细点画线表示各对称结构要素的位置。不对称的重复结构，则用相连的细实线代替。如图 2-31 所示。

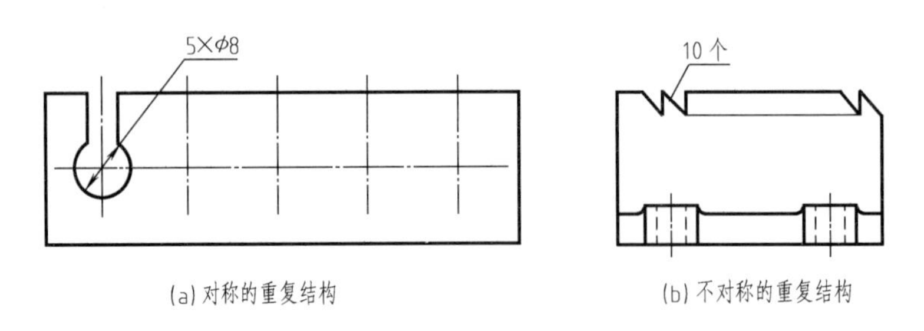

(a) 对称的重复结构　(b) 不对称的重复结构

图 2-31　重复结构的简化画法

⑧ 圆形法兰和类似机件上的均布孔，可按图 2-32 所示绘制。

⑨ 对于机件的肋板、轮辐及薄板等，如按纵向剖切时，这些结构在剖视图中不画剖面符号，而用粗实线将它与邻接部分分开，但当这些结构不按纵向剖切时，则应画上剖面符号，如图 2-33 所示。

⑩ 当回转体上均匀分布的肋、轮辐、孔等结构不处于剖切平面上时，可将这些结构旋转到剖切平面上画出，如图 2-34、图 2-35 所示。

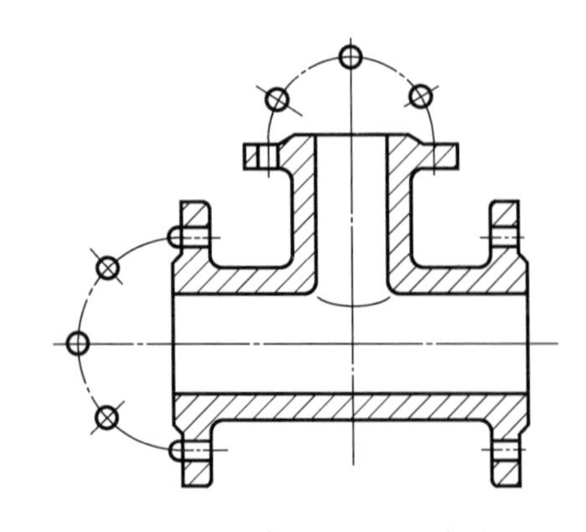

图 2-32　法兰上均匀分布孔

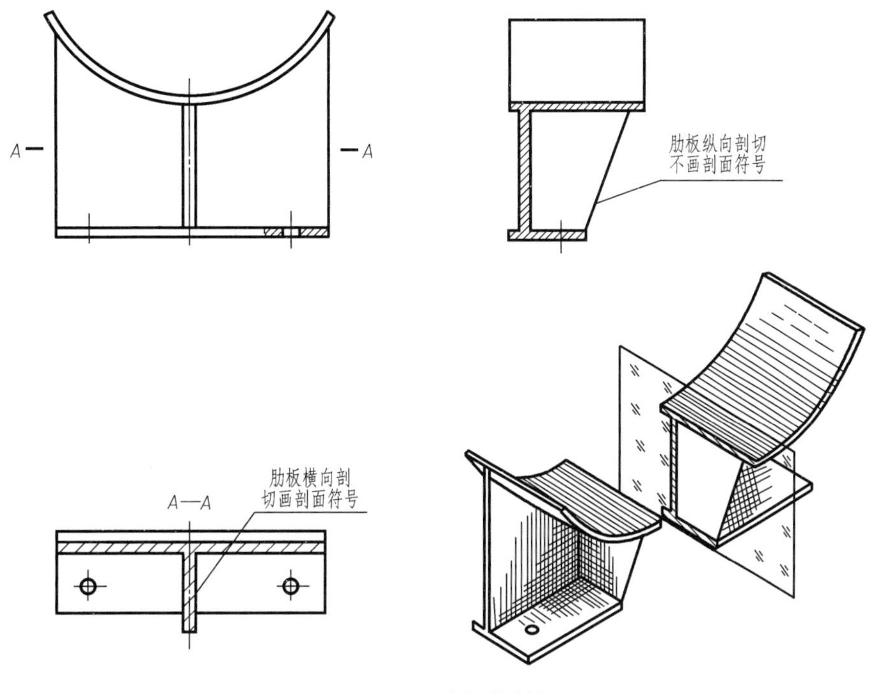

图 2-33　肋板的剖视

图 2-34　均匀分布的轮辐

⑪ 在不致引起误解时，零件图中的移出断面允许省略剖面符号，但剖切符号和断面的名称必须按照断面的标注规则标出，如图 2-36 所示。

⑫ 与投影面倾斜角度小于或等于 30°的圆或圆弧，其投影可用圆或圆弧代替，如图 2-37 所示。

⑬ 在不致引起误解时，零件图中的小圆角、倒角均可省略不画，但必须注明尺寸或在技术要求中加以说明，如图 2-38 所示。

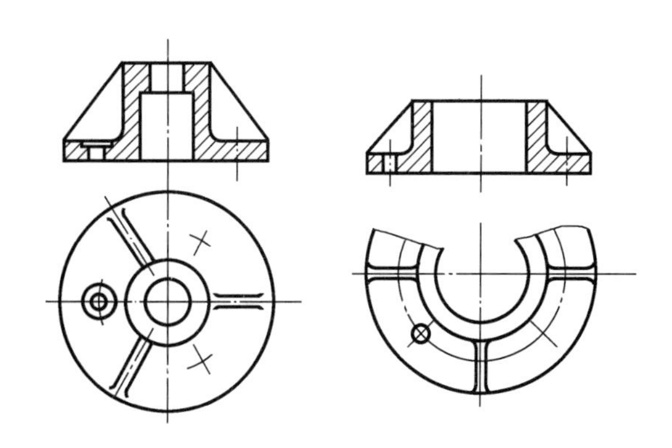

图 2-35　均匀分布的肋与孔

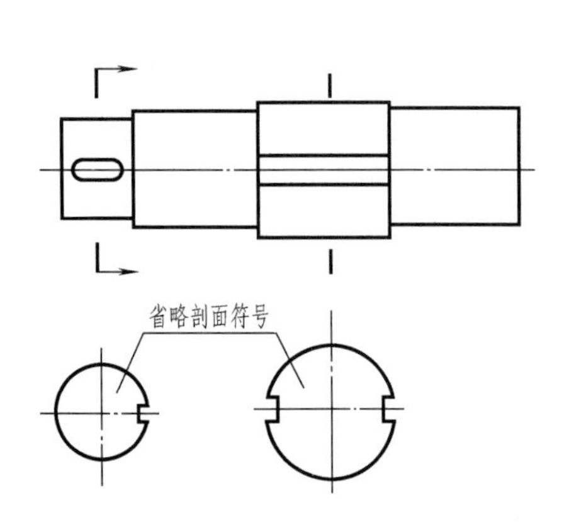

图 2-36 移出断面剖面符号的省略

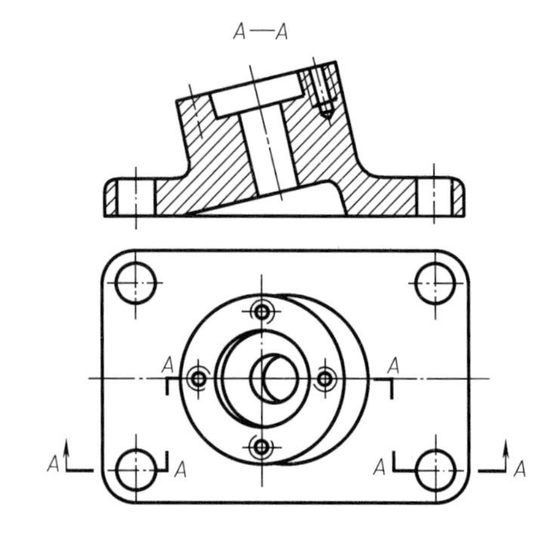

图 2-37 与投影面倾斜角度小于或等于30°圆的简化画法

⑭ 零件上的滚花、槽沟等网状结构，应用粗实线完全或部分地表示出来，并在图中按规定标注，如图 2-39 所示。

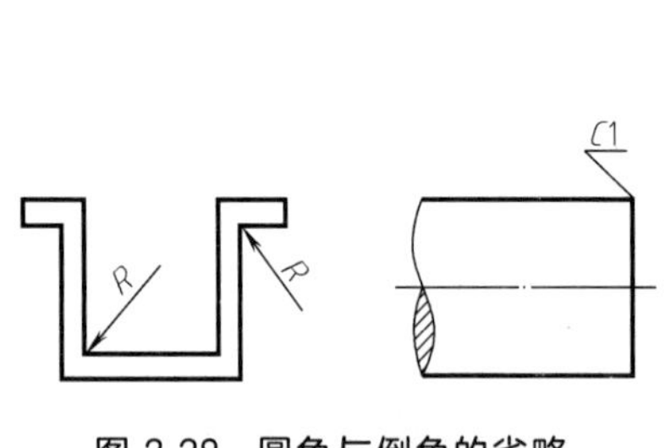

图 2-38 圆角与倒角的省略

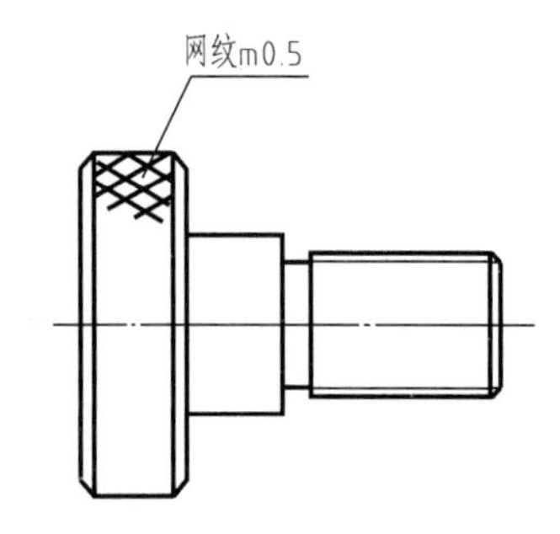

图 2-39 滚花的简化画法

活动三 零件图的技术要求与识读

零件图不仅要表达零件的结构，还要反映它在制造、检验中的技术要求。因此，除了要学习图形的表达外，还要进一步学习零件在制造、检验过程中所要满足的技术要求等相关知识。同时，为了快捷、有效地阅读零件图，还必须掌握零件图的读图方法和步骤。

一、我能做

① 了解零件图技术要求的表达方法。

② 掌握零件图的阅读方法和步骤。

③ 通过阅读，能了解零件的大致结构、形状、大小，所用材料，以及有关技术要求。

二、主要的用具与工具

名 称	数 量	备 注
填料压盖零件图	1 张	如图 2-3 所示

三、活动要求

按零件图的阅读方法和步骤，阅读图 2-3 所示的填料压盖零件图，并完成以下问题。

① 该零件图包括 ______ 个基本视图，所选比例为 ______，填料压盖的材料

是＿＿＿＿＿＿＿＿。

② 主视图采用＿＿＿＿＿剖视，表达了＿＿＿＿＿＿＿＿＿。

③ 对于图中尺寸 2×ϕ11，2 表示＿＿＿＿＿＿＿，ϕ11 表示＿＿＿＿＿＿＿＿＿＿。

④ 图中各表面结构要求不同，要求最高的轮廓算术平均偏差为＿＿＿＿＿＿。

⑤ 图中尺寸 ϕ40f9 中，基本尺寸为＿＿＿＿＿＿，最大极限尺寸为＿＿＿＿＿＿，尺寸公差为＿＿＿＿＿＿＿＿＿。

四、学习形式

① 课堂讲授。

② 个人独立完成。

五、考核标准

项　目	评 分 标 准
阅读填料压盖零件图,完成活动要求中的填空题	每小题 20 分,共 5 小题

六、你知道吗

（一）技术要求

零件图除了要用视图和尺寸表达其结构形状大小外，还应表示出零件在制造和检验中控制产品质量的技术指标，即必须在合理选用的前提下在图样上正确标注表面结构要求、极限与配合、材料及热处理等技术要求。

1. 表面结构

表面结构是指零件表面的微观几何形状。经过加工的零件表面，看起来很光滑，但将其置于放大镜下观察时，则可见其表面具有微小的间隙和峰谷，如图 2-40 所示。零件表面的间隙和峰谷值对零件的摩擦、磨损、疲劳、腐蚀、零件间的配合性能等都有很大的影响。国家标准（GB/T 3505—2009）规定了用轮廓法确定表面结构参数，在评定表面结构要求时，表面评定的流程如图 2-41 所示。由此可知，表面评定可由粗糙度算法、波纹度算法、原始轮廓算法而得出的测定值来进行评定。国家标准（GB/T

图 2-40　表面微观几何形状

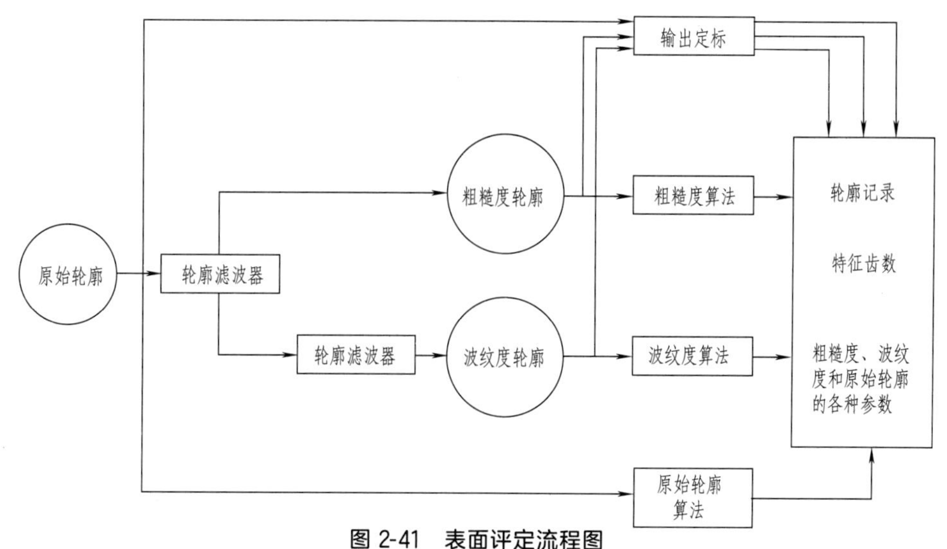

图 2-41　表面评定流程图

131—2006）对表面结构的表示法作了全面的规定。这里只介绍目前我国应用最广的用粗糙度算法所得的极限值在图样中标注表面结构要求的方法。

在图样中，表面结构要求是用表面结构代号来标注的。表面结构代号是在表面结构的完整图形符号上加注参数代号、极限值而成，如图 2-42 所示。

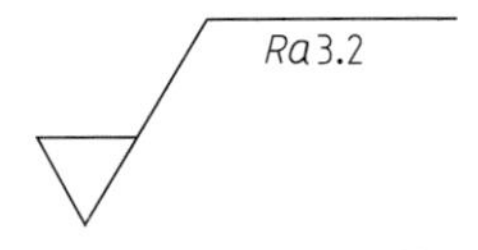

图 2-42　表面结构代号

（1）表面结构的图形符号

表面结构的图形符号分为基本图形符号、扩展图形符号、完整图形符号三种。

基本图形符号表示对表面结构有要求的符号，如图 2-43 所示。

扩展图形符号分要求去除材料和不允许去除材料两种。图 2-44（a）为要求去除材料的扩展图形符号，它是在基本符号上加一短横，表示指定表面是用去除材料的方法获得，如通过机械加工获得的表面。图 2-44（b）为不允许去除材料的扩展图形符号，它是在基本符号上加一圆圈，表示指定表面是用不去除材料的方法获得，如铸、锻等。

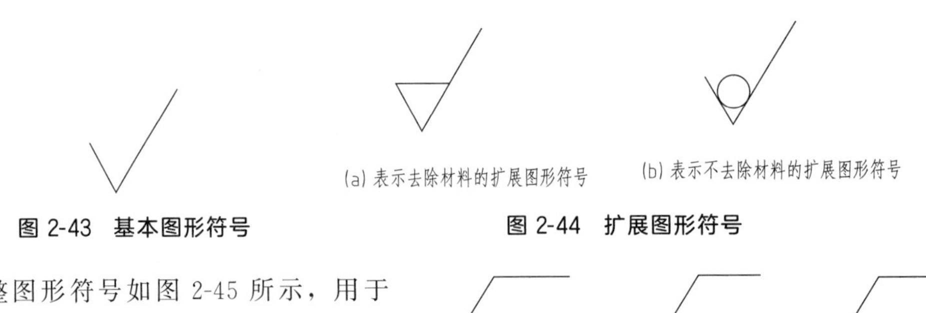

(a) 表示去除材料的扩展图形符号　(b) 表示不去除材料的扩展图形符号

图 2-43　基本图形符号　　图 2-44　扩展图形符号

完整图形符号如图 2-45 所示，用于对表面结构有补充要求的标注。图 2-45（a）、（b）、（c）中分别用于“允许任何工艺”“去除材料”“不去除材料”方法获得的表面的标注。

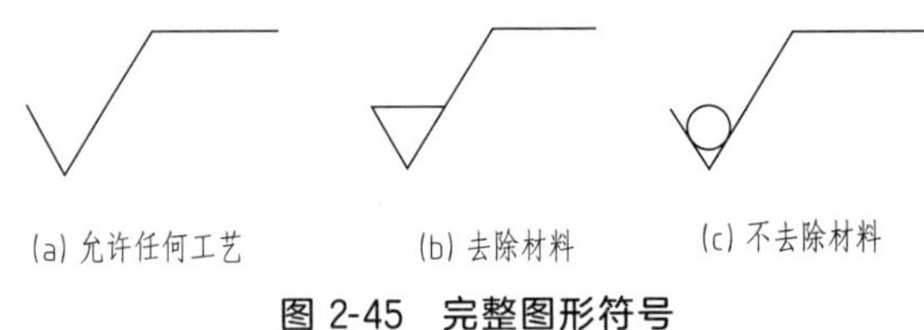

(a) 允许任何工艺　(b) 去除材料　(c) 不去除材料

图 2-45　完整图形符号

（2）参数代号

国家标准（GB/T 3505—2009）中表面结构的评定参数有许多，用粗糙度轮廓算法所得的参数为 R 参数，其中轮廓算术平均偏差的参数代号为 Ra，轮廓最大高度的参数代号为 Rz。

（3）极限值

Ra、Rz 的常用极限值（单位：μm）为 0.4、0.8、1.6、3.2、6.3、12.5、25。数值越小，表面越平滑；数值越大，表面越粗糙。其数值的选用，应根据零件的功能要求，考虑加工工艺的经济性和可能性等。

表面结构代号的画法如图 2-46 所示。√Rz 12.5 表示不允许去除材料，R 轮廓最大高度 12.5μm；√Ra 3.2 表示去除材料，R 轮廓，算术平均偏差 3.2μm。

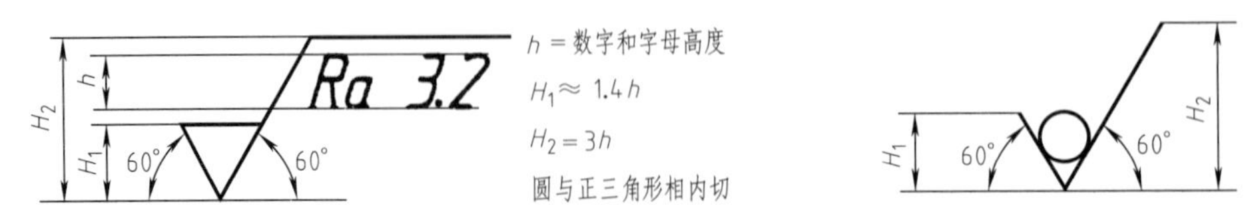

图 2-46　表面结构代号画法

2. 极限尺寸与配合种类

(1) 极限尺寸

① 基本尺寸：设计时给定的、用以确定结构大小或位置的尺寸。如图 2-47 中销轴的直径 ϕ20。

② 实际尺寸：零件加工后实际测量获得的尺寸。

③ 极限尺寸：一个尺寸允许的两个极端。实际尺寸应位于其中，也可达到极限尺寸。允许的最大尺寸称最大极限尺寸，如销轴直径的最大极限尺寸 ϕ20.023；允许的最小尺寸称最小极限尺寸，如销轴直径的最小极限尺寸 ϕ20.002。

(2) 公差与偏差

① 偏差：某一尺寸减其基本尺寸所得的代数差。

② 极限偏差：极限尺寸减其基本尺寸所得的代数差。最大极限尺寸减其基本尺寸之差为上偏差；最小极限尺寸减其基本尺寸之差为下偏差。销轴直径的上偏差为 20.023－20＝＋0.023；下偏差为 20.002－20＝＋0.002。

③ 公差：最大极限尺寸减最小极限尺寸或上偏差减下偏差所得的差称为尺寸公差（简称公差）。它是尺寸允许的变动量。销轴直径的尺寸公差为 20.023－20.002＝0.021。

偏差可能为正、负或零，但上偏差必大于下偏差，因此公差必为正值。

(3) 配合种类

由相同尺寸的孔和轴装配之后的松紧程度不同，分为间隙配合、过盈配合、过渡配合三类。图 2-48 所示为间隙和过盈两种情况。

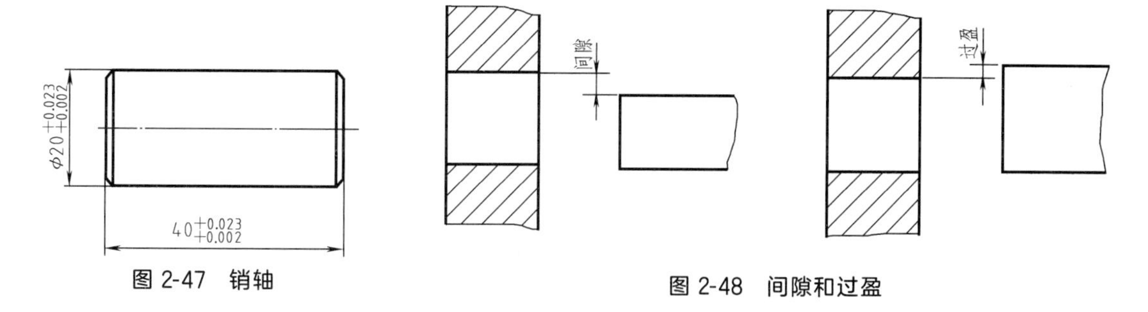

图 2-47　销轴

图 2-48　间隙和过盈

① 间隙配合：具有间隙（包括最小间隙等于零）的配合。

② 过盈配合：具有过盈（包括最小过盈等于零）的配合。

③ 过渡配合：可能具有间隙或过盈的配合。

(二) 阅读零件图的方法与步骤

读零件图是根据零件图想象出零件的结构形状，了解零件的尺寸和技术要求，以便指导生产和解决有关技术问题。为能更好地读懂零件图，下面介绍读图的方法和步骤。

1. 概括了解

① 从标题栏内了解零件的名称、材料、比例等，初步了解零件的用途和形体概貌。

② 从图形配置了解所采用的表达方法，弄清楚零件图上的视图、剖视、断面等的投影方向和相互关系，找出剖视、断面的剖切位置，对零件的结构形状作初步了解。

2. 具体分析

① 分析形体：在概括了解的基础上，根据各视图间的投影关系，按先外部后内部，先

主要结构后细节部分，依次看懂各组成部分的形状，最后进行综合，想象出零件的整体形状。这是读零件图的基本环节。

② 分析尺寸：看尺寸时，先分析零件长、宽、高三个方向的尺寸基准；然后从基准出发，找出各部分的定位尺寸；分析各部分形体，进一步找出各形体的定形尺寸。

③ 分析技术要求：综合分析零件的表面粗糙度、尺寸公差和其他技术要求。

3. 归纳总结

读懂了零件图上述内容后，要把视图、尺寸和技术要求等全面系统地联系起来思考，才能弄清零件的整体结构、尺寸大小和技术要求等。

必须指出，要完全读懂零件图，往往要参考有关的技术资料和图纸，如说明书装配图和相关的零件图等。

（三）读图举例

［**例 2-1**］ 图 2-49 所示为轴的零件图，阅读该零件图。

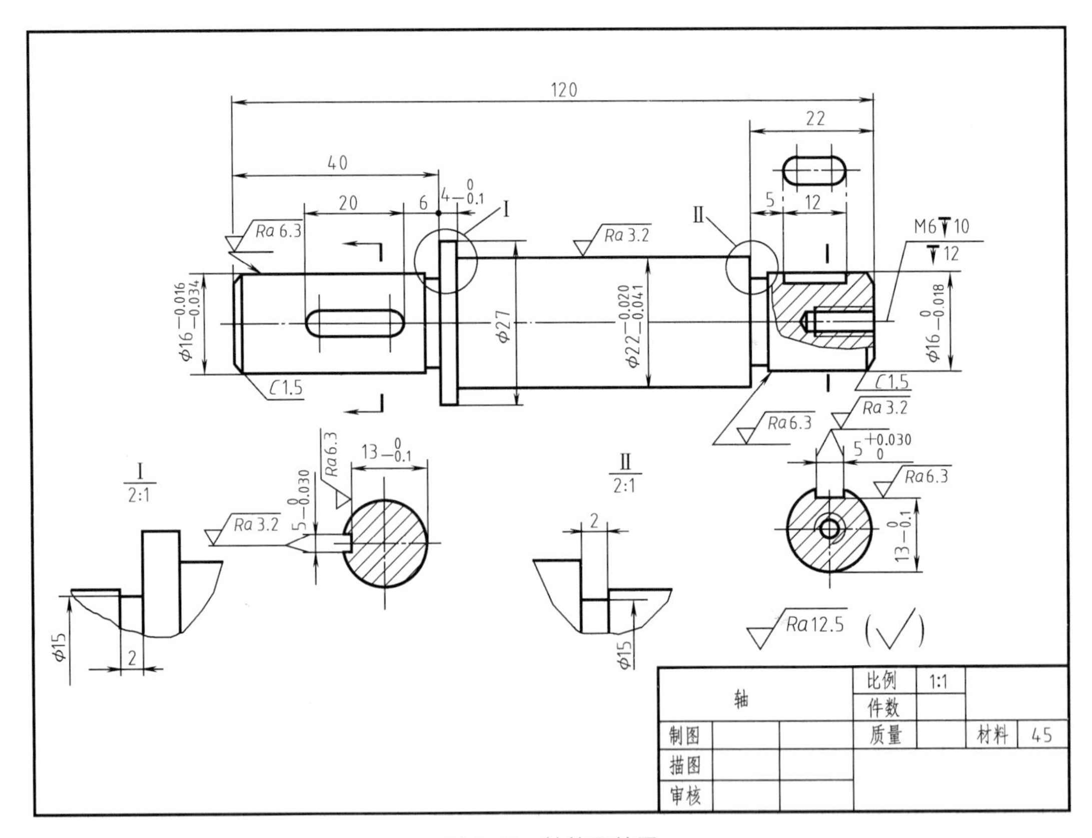

图 2-49 轴的零件图

1. 概括了解

① 从标题栏中可知，零件的名称为轴，比例为 1∶1，说明图形与实物一样大，材料为 45 钢。

② 分析视图关系：这张轴的零件图包括一个主视图，主视图中轴的右端采用了局部剖视；两个移出断面，一个是对称的移出断面，配置在剖切位置的延长线上，不加任何标注，另一个是不对称的移出断面，也配置在剖切位置的延长线上，所以未标注字母，只标注箭头表示投影方向；同时还用了两个局部放大图和一个简化画法的局部视图。

2. 具体分析

① 结构分析：由主视图结合移出断面可看出该轴主要是由不同直径、长度的圆柱构成的；由局部剖视看出轴的右端有螺孔、键槽。键槽的形状结构可由局部剖视图结合移出断面看出；轴左端也有一个键槽，其大小可结合移出断面看出；两个局部放大图详细表明了越程槽的结构。

② 尺寸分析：该轴尺寸的主要基准是以回转轴为径向尺寸基准和以 ϕ27 轴环的左端面为长度方向的主要基准，轴的两端面为辅助基准，尺寸 120、40 都是以轴的左端面为基准标注的，22 则是以轴的右端面为基准标注的，这样标注便于加工测量，四段轴的直径及长度分别为 ϕ16 长 40、ϕ27 长 4、ϕ16 长 22、而 ϕ22 段未直接注出长度（长度=120－40－4－22=54），是因为这段尺寸精度要求不高，加工过程中自然形成，不需测量，所以图中一般不注。

③ 技术要求分析：由于轴要与其他零件（如齿轮、轴承等）相配合，所以径向尺寸除 ϕ27 外，其他三个都有偏差限制。由于各段的配合性质不同，偏差大小、表面结构的要求也不一致。

3. 归纳总结

根据以上分析可知，该轴由四段不同直径的圆柱所构成，右端中心有一螺孔，上面开有一键槽，左端也开有一个键槽，轴在旋转运动中通过键来传递扭矩。由于轴在机构中的作用重要，所以对它的尺寸精度、表面结构的要求都比较高。

[例 2-2]　图 2-50 为管板的零件图，阅读该零件图。

1. 概括了解

① 从标题栏中可知，零件的名称为管板，比例为 1∶5，说明实物是图形的 5 倍，材料为 20 钢。

② 分析视图关系：管板零件图包括一个主视图和一个俯视图，主视图采用全剖，俯视图表达外形，由于管板上钻孔的数量较多，且有规律分布，故采用简化画法来表示，此外还采用了五个局部放大图。

2. 具体分析

① 结构分析：从主、俯视图可看出，该管板为一圆形板。中间开了一矩形槽，矩形槽的尺寸从局部放大图Ⅲ可知；圆板的中间凸起比周围高 4mm，凸起部分有 360 个孔按一定规律分布，孔的结构从局部放大图Ⅱ可知，分布规律从局部放大图Ⅳ可知；管板的底面周边还对称地钻有 4 个 M12 的螺孔，螺孔的深度从局部放大图 $A—A$ 可知；管板的外周均匀地分布了 32 个 ϕ23 的通孔，结构从局部放大图Ⅰ可知，并可知管板底面外周开有两条 $R3$ 的半圆形环槽。

② 尺寸分析：管板的径向（长度和宽度）尺寸以轴线为基准，轴向（高度）尺寸则以底面为基准。

③ 技术要求分析："技术要求 1"限定了管板密封面与轴线的垂直度误差，"技术要求 2"对管孔位置及表面提出要求，以保证管头与管孔连接的密封性，"技术要求 3"限定了管孔中心距的偏差，"技术要求 4"限定了螺栓孔中心距的偏差，另外除管孔表面结构要求为轮廓算术平均偏差 12.5μm 外，其余表面结构要求为轮廓算术平均偏差 25μm。

3. 归纳总结

从上述分析可知，管板的基本形状是一块圆形板，圆板中间按一定规律分布有 360 个孔，用来固定管子，故取名"管板"。

[例 2-3]　图 2-51 为阀体的零件图，阅读该零件图。

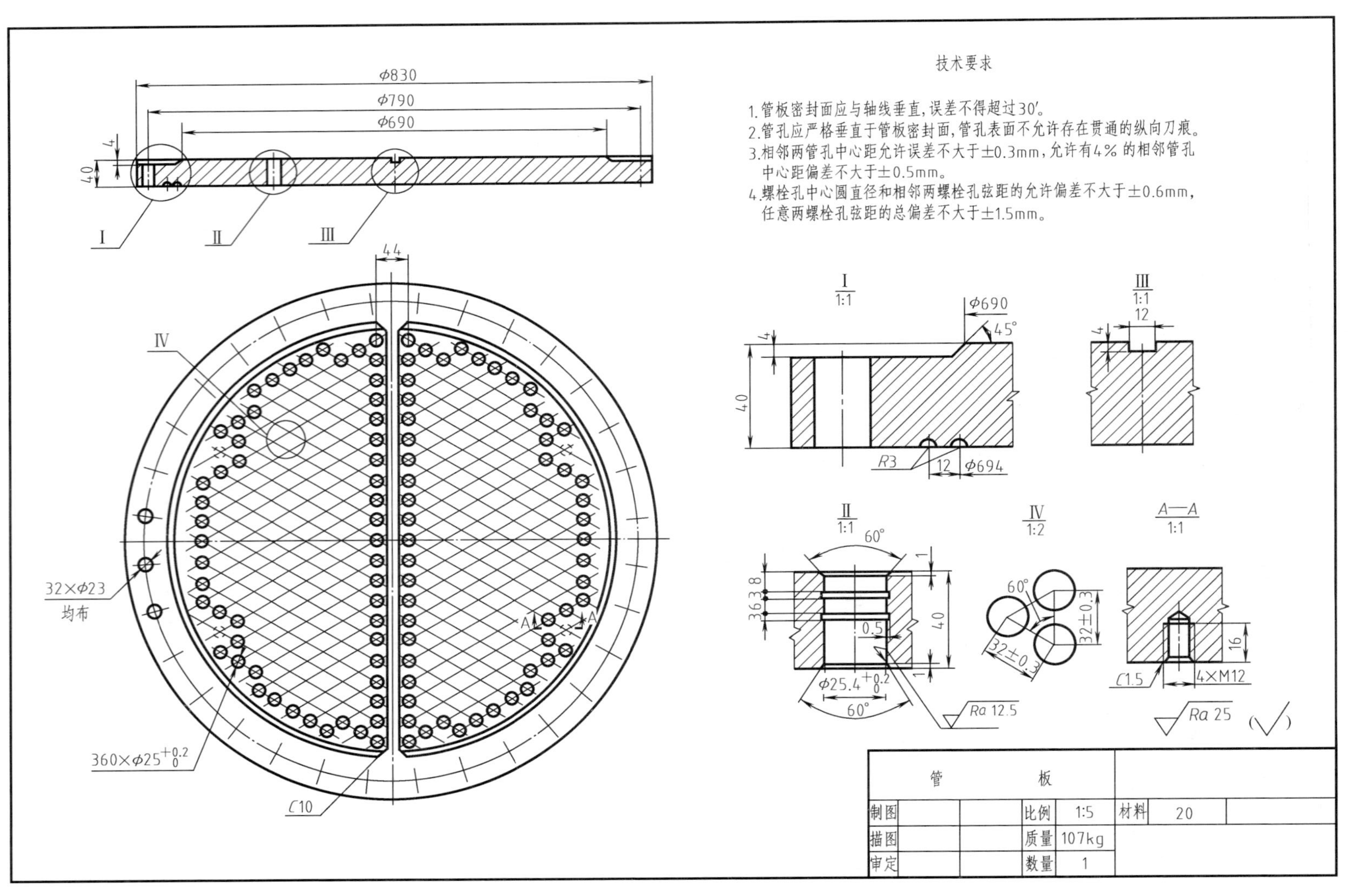

图 2-50 列管式固定管板换热器管板零件图

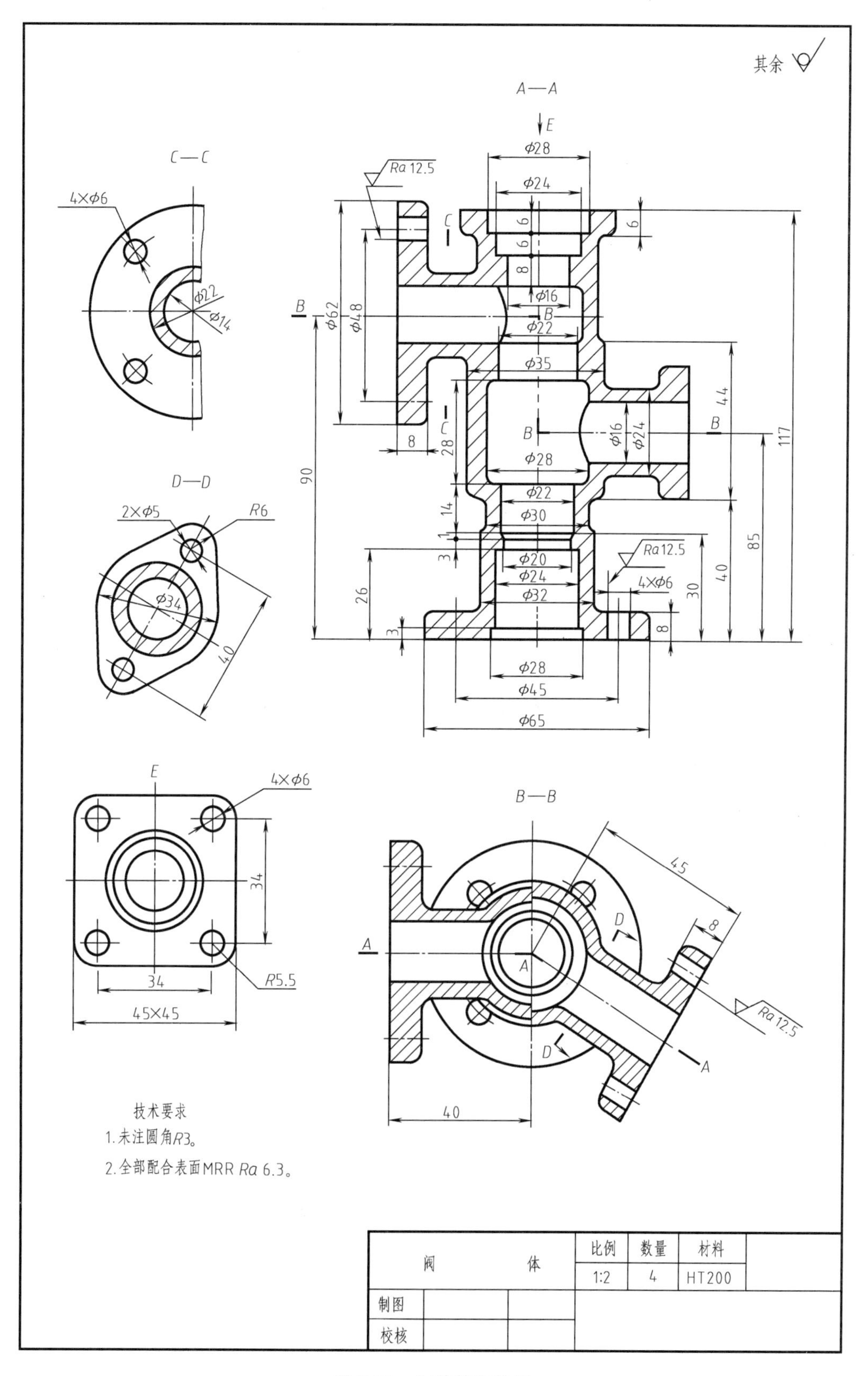
其余
A—A
E
ϕ28
ϕ24
Ra 12.5
C
6
6
8
ϕ16
B
ϕ22
ϕ62
ϕ48
ϕ35
44
ϕ16
ϕ24
117
ϕ28
8
28
90
ϕ22
14
ϕ30
1
3
ϕ20
ϕ24
ϕ32
Ra12.5
4×ϕ6
30
40
85
26
3
8
ϕ28
ϕ45
ϕ65
C—C
4×ϕ6
ϕ22
ϕ14
D—D
2×ϕ5
R6
ϕ34
40
E
4×ϕ6
34
34
R5.5
45×45
B—B
45
8
D
A
Ra 12.5
40
技术要求
1.未注圆角R3。
2.全部配合表面MRR Ra 6.3。
阀　体
比例
数量
材料
1:2
4
HT200
制图
校核

图 2-51　阀体的零件图

1. 概括了解

① 从标题栏可知：零件的名称为阀体，比例为 1∶2，说明实物的大小为图形的 2 倍，材料为铸铁 HT200，因此它具有铸造零件的工艺结构。

② 分析视图关系：阀体零件图包括一个主视图、一个俯视图，主视图采用相交两剖切面剖切的 $A—A$ 全剖视图，俯视图则采用两平行剖切平面剖切的 B—B 全剖视图，此外还采用了一个 E 向局部视图和 $C—C$、$D—D$ 两剖视图。

2. 具体分析

① 结构分析：由主视图和俯视图可知，阀体的主体部分为不同直径的圆筒，主体部分的上面接一法兰，法兰形状由 E 向局部视图可知，主体部分的下端接一圆形法兰，由俯视图可知其形状，主体部分的左上方有一通径为 $\phi14$ 的圆筒和一圆形法兰，由 $C—C$ 剖视图可知其形状，主体部分的右前方接一通径为 $\phi16$ 的圆筒和一个腰形法兰，由 $D—D$ 剖视图可知其形状。

② 尺寸分析：该零件的主要基准是阀体的主体部分的轴线及其下端面，定位尺寸可自行分析。

③ 技术要求分析：图中除了对一些表面提出了表面结构要求之外，对于所有的尺寸均未限定偏差，就是说该零件对尺寸精度未作要求。

3. 归纳总结

通过以上分析，读者可自行归纳总结该零件整体结构、尺寸大小等。

项目二　化工设备图（装配图）的识读

化工设备图是化工设备的装配图，用于表达设备的工作原理、零部件之间的装配关系及设备的主要结构。

活动一　找出填料压盖零件图与贮罐化工设备图的区别

贮罐是化工生产中常用的一种贮存设备，如图 2-52 所示。它主要由筒体、封头、支座、人孔、接管等组成。

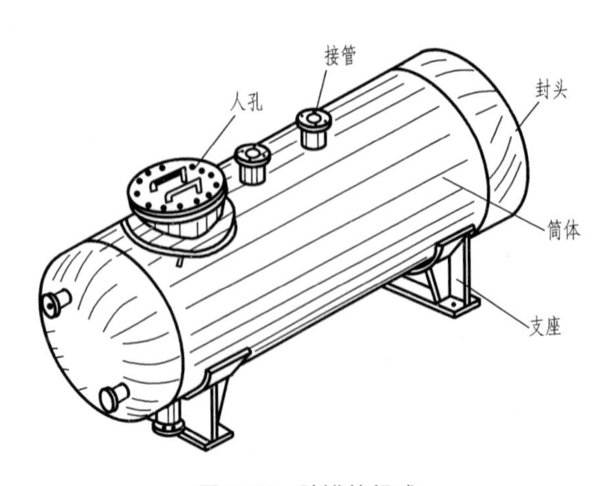

图 2-52　贮罐的组成

图 2-53 所示为贮罐的化工设备图，与图 2-3 所示的填料压盖零件图比较，了解它们的相同与不同之处，对于在学习零件图的基础上，进一步学习化工设备图是很有帮助的。

想一想

① 化工设备图主要表达的内容是什么？

化工设备是由数个零部件组成，因此化工设备图的图形主要是表达各个零部件之间的装配关系、设备与外部的安装关系以及设备的主要结构。

② 化工设备图中的明细栏有什么作用？

标题栏上的表格就是明细栏，它由序号、代号、名称、数量、材料、备注等组成。明细栏中的序号按图中零件的编号排序填写，在明细栏中可以了解每一种零部件的名称、数量、所用材料，代号栏上填有标准代号的为标准件。例如在图 2-53 贮罐中，要了解图中编号 14 零件的情况，可在明细栏中序号 14 一栏中得到：该零件名称为椭圆封头（公称直径 1400、壁厚 6），数量为 2 个，材料为 Q235A，是标准件、标准代号为 JB/T 4737。

一、我能做

① 了解化工设备图的作用和内容。

② 能找出零件图与化工设备图的不同之处。

二、主要的用具与工具

名　称	数　量	备　注	名　称	数　量	备　注
贮罐化工设备图	1 张	如图 2-53 所示	填料压盖零件图	1 张	如图 2-3 所示

三、活动要求

① 以图 2-3 所示的填料压盖零件图和图 2-53 所示的贮罐化工设备图为例，分析零件图和化工设备图的作用、组成。

② 找出零件图与化工设备图的相同点和不同点。

四、学习形式

① 课堂讲授。

② 小组学习（每组 2～4 人）。

五、考核标准

项　目	评分标准	
比较填料压盖零件图与贮罐化工设备图，找出相同点	1～5 个	10 分/个
	5 个及以上	60 分
比较填料压盖零件图与贮罐化工设备图，找出不同点	1～5 个	10 分/个
	5 个及以上	60 分

六、你知道吗

化工设备是指化工产品生产过程中所使用的专用设备，如容器、反应器、塔类、炉类等。表示化工设备的形状、结构、大小、性能和制造、安装等技术要求的图样，称为化工设备装配图，简称化工设备图。图 2-53 为一贮罐的化工设备图，从图中可以看出，化工设备图包括以下几方面内容。

① 一组视图：用以表达设备的结构、形状和零部件之间的装配关系。

② 必要尺寸：用以表达设备的大小、性能、规格、装配和安装等尺寸数据。

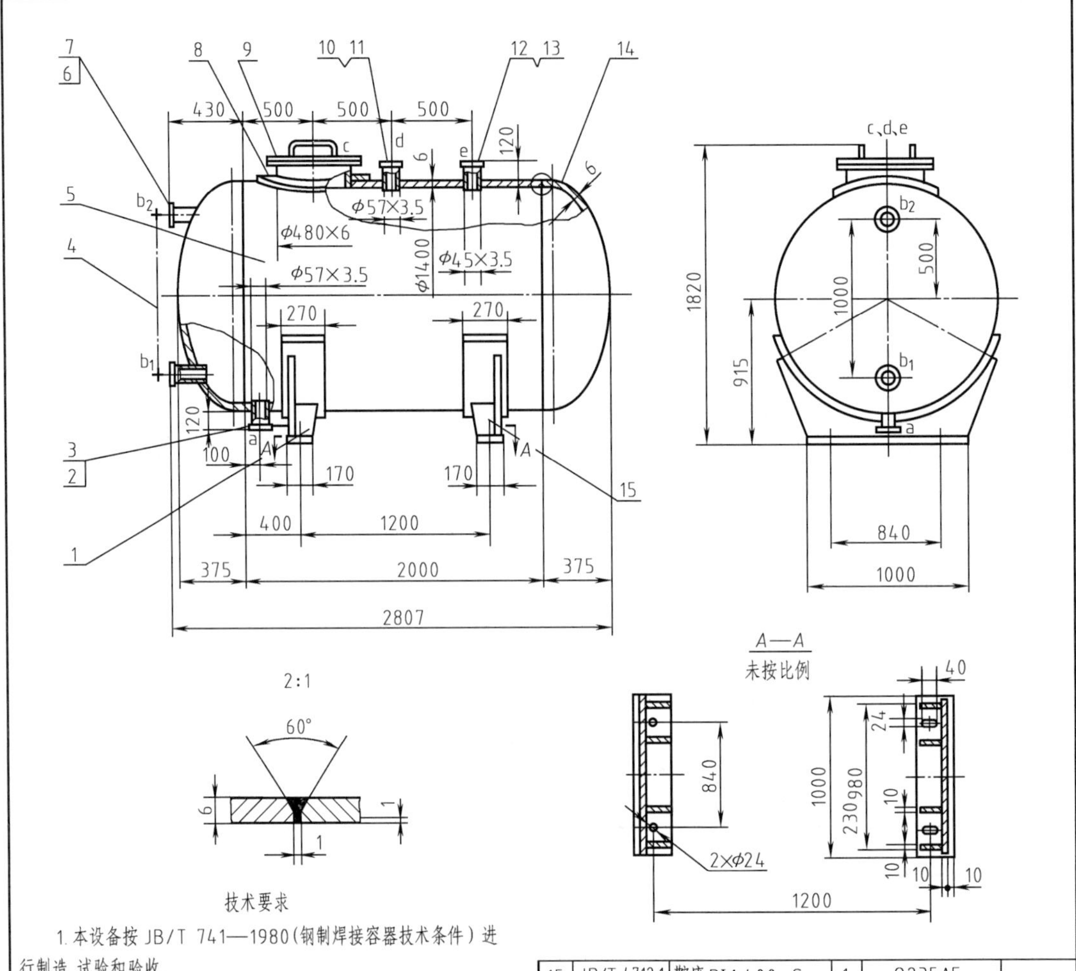

技术要求

1. 本设备按 JB/T 741—1980(钢制焊接容器技术条件)进行制造、试验和验收。

2. 本设备全部采用电焊焊接,焊条型号为 E4303,焊接接头的型式按 GB/T 985—1980 规定,法兰焊接按相应标准。

3. 设备制成后,进行 0.15MPa 的水压试验。

4. 表面涂铁红色酚醛底漆。

技术特性表

工作压力/MPa	常压	工作温度/℃	20～60
设计压力/MPa		设计温度/℃	
物料名称			
焊缝系数φ		腐蚀裕度/mm	0.5
容器类别		容积/m³	3.9

管口表

符号	公称尺寸/mm	连接尺寸,标准	连接面型式	用途或名称
a	50	HG/T 20592—2009	平面	出料口
b_{1-2}	50	HG/T 20592—2009	平面	液面计接口
c	450	HG/T 21515—2014		人孔
d	50	HG/T 20592—2009	平面	进料口
e	40	HG/T 20592—2009	平面	排气口

序号	代号	名称	数量	材料	备注
15	JB/T 4712.1	鞍座BI 1400—S	1	Q235AF	
14	GB/T 25198	椭圆封头DN1400×6	2	Q235A	
13		接管Φ45×3.5	1	10	l=130
12	HG/T 20592	法兰PL40—2.5RF	1	Q235A	
11		接管Φ57×3.5	1	10	l=130
10	HG/T 20592	法兰PL50—2.5RF	1	Q235A	
9	HG/T 21515	人孔 FF450	1	Q235AF	
8	JB/T 4736	补强圈d_N450×6—A	1	Q235A	
7		接管Φ57×3.5	2	10	
6	HG/T 20592	法兰 PL15—1.6RF	2	Q235A	
5		筒体 DN1400×6	1	Q235A	l=2000
4	HG 5—1368	液面计R6—1	1		l=1000
3		接管Φ57×3.5	1	10	l=125
2	HG/T 20592	法兰PL50—2.5RF	1	Q235A	
1	JB/T 4712.1	鞍座BI1400—F	1	Q235AF	

			比例	
			1:5	
制图		贮罐 DN1400 V_N=3.9m³	质量	
设计				
描图				
审核			共1张第1张	

图 2-53 贮罐

③ 管口符号和管口表：对设备上所有的管口用小写拉丁字母按顺序编号，并在管口表中列出各管口有关数据和用途等内容。

④ 技术特性表和技术要求：用表格的形式列出设备的主要工艺特性，如操作压力、温度、物料名称、设备容积等；用文字说明设备在制造、检验、安装等方面的要求。

⑤ 明细表及标题栏：化工设备图的明细栏和标题栏如图 2-53 所示，在设备图上对设备的所有零部件进行编号，并在明细栏中对应填写每一零部件的名称、规格、材料、数量等内容，若是标准零部件，还要在代号一栏填写标准代号；标题栏用于填写设备名称、主要规格、绘图比例、设计单位、图号及责任者等内容。

活动二　了解化工设备中的标准零部件

组成化工设备的零部件中大多为标准零部件，如图 2-53 贮罐中的封头为标准零件、人孔为标准部件。学习化工设备常用的标准零部件，了解标准零部件的标准代号（或标记），对读懂化工设备图是很有必要的。

一、我能做

① 找出化工设备图中的标准零部件。

② 知道常用的标准零部件的标记及其含义。

二、主要的用具与工具

名　称	数　量	备　注
贮罐化工设备图	1 张	如图 2-53 所示

三、活动要求

① 阅读图 2-53 所示的贮罐化工设备图，并由图中的明细栏找出组成贮罐的零部件中有哪些是标准零部件，并用相应序号说明。

② 指出明细栏中序号 1、2、5、9、14 的代号及名称的含义。

序号 1：JB——　　T4712.1——　　1400——　　F——

序号 2：T20592——　　50——　　2.5——　　PL——　　RF——

序号 5：DN1400——　　6——

序号 9：T21515——　　450——　　FF——

序号 14：T25198——　　DN1400——　　6——

四、学习形式

① 课堂讲授。

② 个人独立完成。

五、考核标准

项　目	评　分　标　准	
找出标准零部件种数	1～5 种	2 分/种
	5 种以上	3 分/种
	错误	扣 2 分/种
序号 1	5 分/个，共 20 分	

项　目	评　分　标　准
序号 2	5 分/个，共 25 分
序号 5	5 分/个，共 10 分
序号 9	5 分/个，共 15 分
序号 14	5 分/个，共 15 分

六、你知道吗

由于生产工艺要求不同，各种化工设备的结构形状也各有差异，但其中都会用到一些结构、作用相同的零部件。如图2-54所示容器中的筒体、封头、管法兰、人孔、支座、液面计、补强圈等，都是化工设备中常用的零部件。为给化工设备在设计、制造、维修上带来一定的方便，这些零部件都有相应的标准，并在各种化工设备上通用。这些在化工设备上常用且有相应标准的零部件称为化工设备常用标准零部件。

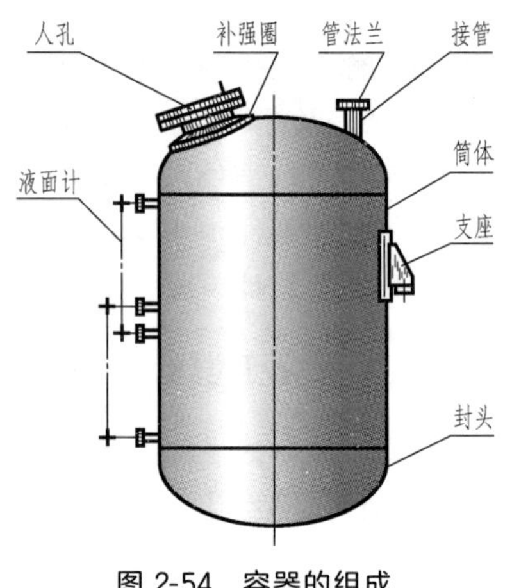

图2-54　容器的组成

1. 筒体

筒体是化工设备的主体部分，以圆柱形筒体应用最广。筒体一般由钢板卷焊而成。筒体的主要尺寸是直径、高度（或长度）和壁厚。当直径小于500mm时，可直接用无缝钢管作为筒体。筒体直径应符合《压力容器公称直径》所规定的尺寸系列（表2-2）。由钢板卷焊而成的筒体，其公称直径是指筒体的内径。采用无缝钢管作为筒体时，其公称直径是指钢管的外径。

■ 表2-2　压力容器公称直径（摘自GB/T 9019—2015）　mm

内径为基准									
公称直径									
300	350	400	450	500	550	600	650	700	750
800	850	900	950	1000	1100	1200	1300	1400	1500
1600	1700	1800	1900	2000	2100	2200	2300	2400	2500
2600	2700	2800	2900	3000	3100	3200	3300	3400	3500
3600	3700	3800	3900	4000	4100	4200	4300	4400	4500
4600	4700	4800	4900	5000	5100	5200	5300	5400	5500
5600	5700	5800	5900	6000	6100	6200	6300	6400	6500
6600	6700	6800	6900	7000	7100	7200	7300	7400	7500
7600	7700	7800	7900	8000	8100	8200	8300	8400	8500
8600	8700	8800	8900	9000	9100	9200	9300	9400	9500
9600	9700	9800	9900	10000	10100	10200	10300	10400	10500
10600	10700	10800	10900	11000	11100	11200	11300	11400	11500
11600	11700	11800	11900	12000	12100	12200	12300	12400	12500
12600	12700	12800	12900	13000	13100	13200			

注：本标准并不限制在本标准直径系列外其他直径圆筒的使用。

外径为基准						
公称直径	150	200	250	300	350	400
外径	168	219	273	325	356	406

某容器的公称直径为1400mm，其标记为

筒体　DN1400　GB/T 9019—2015

某筒体内径 1400mm、壁厚 6mm、高 2000mm 的立式设备，在明细栏中标记为

筒体　DN1400×6　*H*＝2000（卧式设备用 *L* 表示长度）

2. 封头

封头是化工设备的重要组成部分，它与筒体一起构成设备的壳体。封头与筒体可以直接焊接形成不可拆卸的连接；也可以分别焊上法兰，采用螺栓连接构成可拆的连接。封头的型式有球形、椭圆形、碟形、锥形、平板形等。其中最常用的是椭圆形封头，如图 2-55（a）所示。

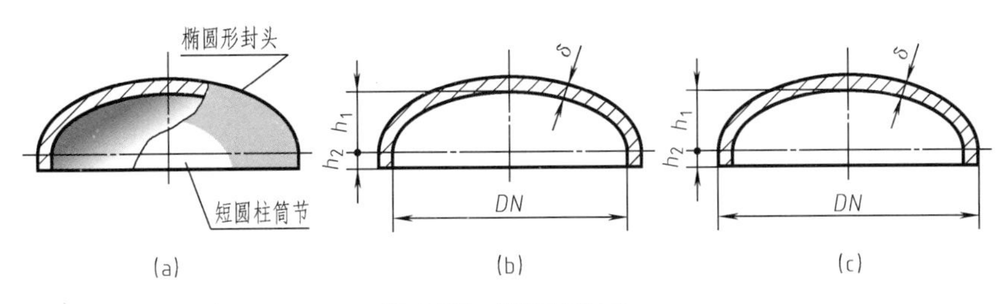

图 2-55　椭圆形封头

由钢板卷制而成的筒体，对应所用封头的公称直径为内径，如图 2-55（b）所示。由无缝钢管制作的筒体，对应所用封头的公称直径为外径，如图 2-55（c）所示。

某椭圆形封头，内径为 1400mm，厚度为 12mm，其标记为

椭圆封头　DN1400×12　GB/T 25198—2010

3. 法兰

法兰是法兰连接中的一个主要零件。法兰连接是由一对法兰、密封垫片和螺栓、螺母、垫圈等零件组成的一种可拆连接，如图 2-56 所示。

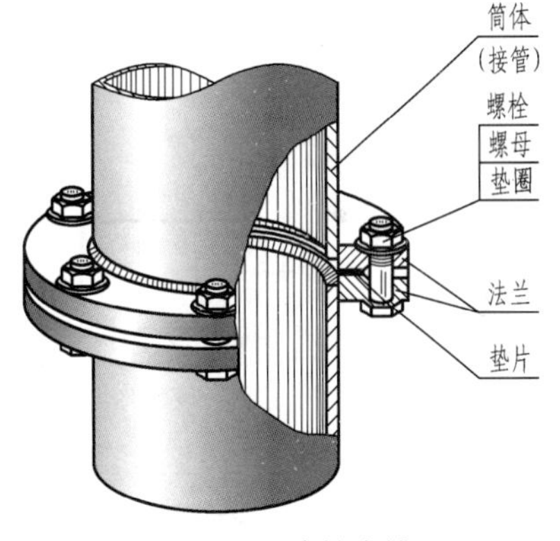

图 2-56　法兰连接

化工设备用的标准法兰有两类：管法兰和压力容器法兰（又称设备法兰）。标准法兰的主要参数是公称直径（*DN*）和公称压力（*PN*）。管法兰的公称直径为所连接管子的公称直径，压力容器法兰的公称直径为所连接筒体（或封头）的内径。

① 管法兰：用于管道与管道或设备上的接管与管道的连接。管法兰类型及代号如图 2-57 所示。管法兰密封面型式及代号如图 2-58 所示。

公称直径 *DN*300、公称压力 *PN*25、配用英制管的凸面带颈平焊钢制管法兰，材料为 20 钢，其标记为

HG/T 20592　法兰　SO 300-25　M　20

公称直径 *DN*100、公称压力 *PN*100、配用公制管的凹面带颈对焊钢制管法兰，材料为 16Mn，钢管壁厚为 8mm，其标记为：

HG/T 20592　法兰　WN100（B)-100　FM　*s*＝8mm　16Mn

② 压力容器法兰：用于设备筒体与封头的连接。压力容器法兰的结构型式有甲型平焊法兰（NB/T 47021)、乙型平焊法兰（NB/T 47022）和长颈对焊法兰（NB/T 47023）三种。压力容器法兰的密封面型式有平密封面、凹凸密封面、榫槽密封面等，密封面型式代号见表 2-3。压力容器法兰结构型式及密封面型式如图 2-59 所示。

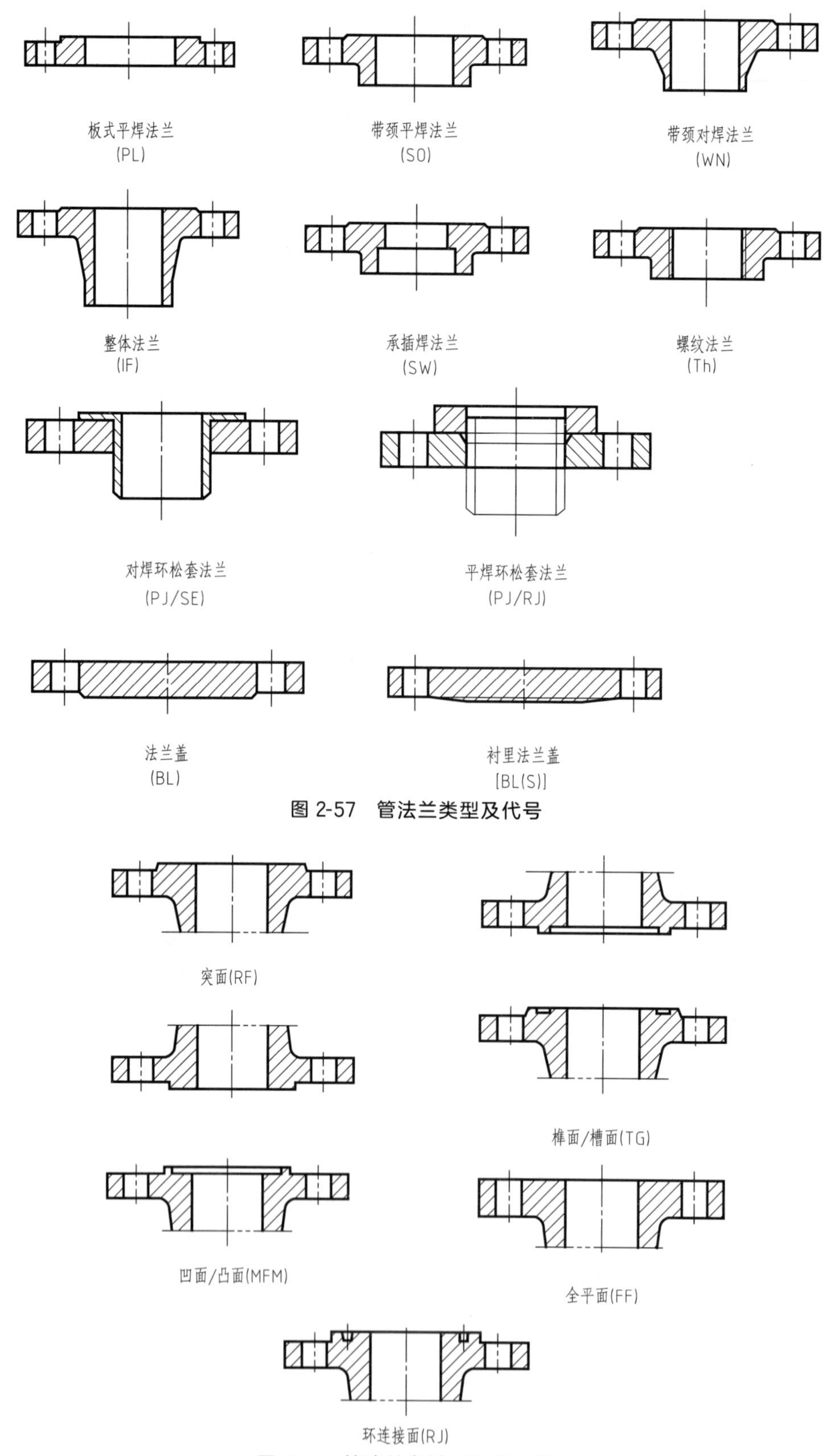

图 2-57 管法兰类型及代号

图 2-58 管法兰密封面型式及代号

■ 表 2-3　压力容器法兰密封面型式代号（摘自 NB/T 47020—2012）

密封面型式		代　号	备注
平面密封面	平面密封面	RF	法兰类型代号： 一般法兰——“法兰” 环衬法兰——“法兰 C”
凹凸密封面	凹密封面	FM	
	凸密封面	M	
榫槽密封面	榫密封面	T	
	槽密封面	G	

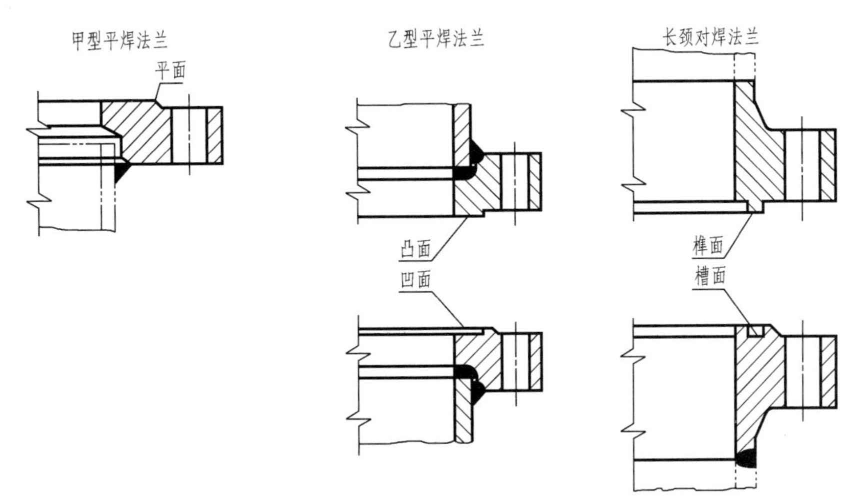

图 2-59　压力容器法兰结构型式及密封面型式

某压力容器甲型平焊法兰，公称直径为 1000mm，公称压力为 1.6MPa，密封面为 PⅡ型平面密封面，其标记为

法兰-RF　1000-1.6　NB/T 47021—2012

4. 人孔与手孔

为了便于安装、拆卸、清洗或检修设备内部的装置，需要在设备上开设人孔和手孔。人孔和手孔的结构基本相同。人孔的结构与组成如图 2-60 所示。

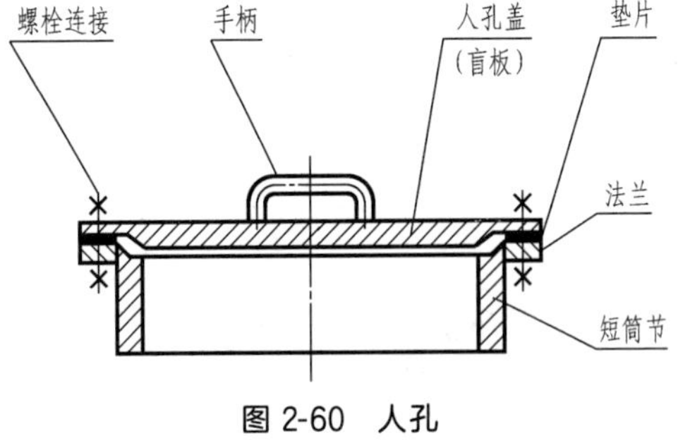

图 2-60　人孔

当设备直径不大时，可开设手孔，手孔的直径应使操作人员戴手套并握有工具的手能顺利通过。手孔的标准直径有 *DN*150 和 *DN*250 两种。

某回转盖快开手孔，公称压力为 6MPa，公称直径为 150mm，榫槽密封面，其标记为：

手孔 TG 150-6　HG/T 21535—2014

当设备的直径超过 900mm 时，应开设人孔。人孔的形状有圆形和椭圆形。人孔的大小，既要考虑人的安全进出，又要尽量减少因开孔过大而过多削弱壳体的强度。圆形人孔的最小直径为 400mm，最大直径为 600mm。压力较高的设备，一般选用直径为 400mm 的人孔；压力不太大的设备，可选用直径 450mm；严寒地区的室外设备或有较大内件要从人孔取出的设备，可选用直径为 500mm 或 600mm 的人孔。

某常压人孔，公称直径为450mm，全平面密封面，其标记为

人孔　FF　　450　HG/T 21515—2014

5. 支座

支座是用来支承设备重量和固定设备位置的。根据支承设备的不同，支座分为立式设备支座、卧式设备支座和球形容器支座三大类。下面介绍用于立式设备的耳式支座和用于卧式设备的鞍式支座。

① 耳式支座：简称耳座，又称悬挂式支座，广泛用于立式设备。它由两块肋板、一块底板（或加垫板）焊接而成，如图2-61所示。支座焊接在设备的筒体上，一般均匀分布四个耳座，小型设备也可用三个或两个耳座，支座的底板放在楼板或钢梁的基础上，用螺栓固定，安装后使设备成悬挂状。

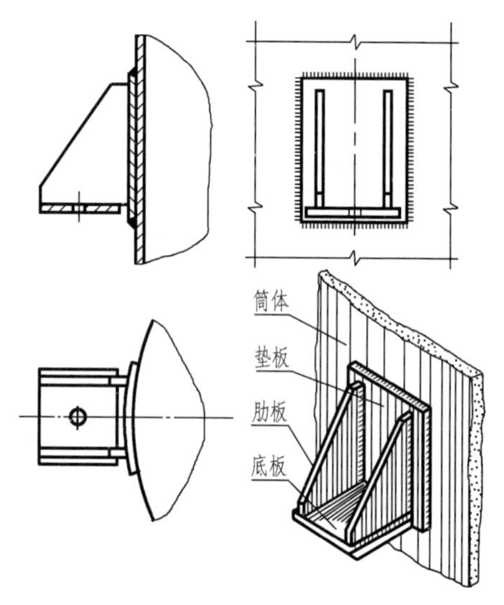

图 2-61　耳式支座

耳式支座有A型（短臂）、B型（长臂）、C型（加长臂）三种型式。A型适用于一般立式设备；B型和C型有较宽的安装尺寸，适用于带保温层的立式设备。耳式支座的主要性能参数为支座允许负荷和支座型式。可根据载荷大小、用途从标准中选用。

某4号B型耳式支座，支座材料为16MnR，垫板材料为0Cr18Ni9，其标记为

JB/T 4712.3—2007　耳式支座B4-Ⅱ　材料：16MnR/0Cr18Ni9

② 鞍式支座：简称鞍座，广泛用于卧式设备。它主要由弧板、竖板、肋板、底板组成，结构如图2-62所示。

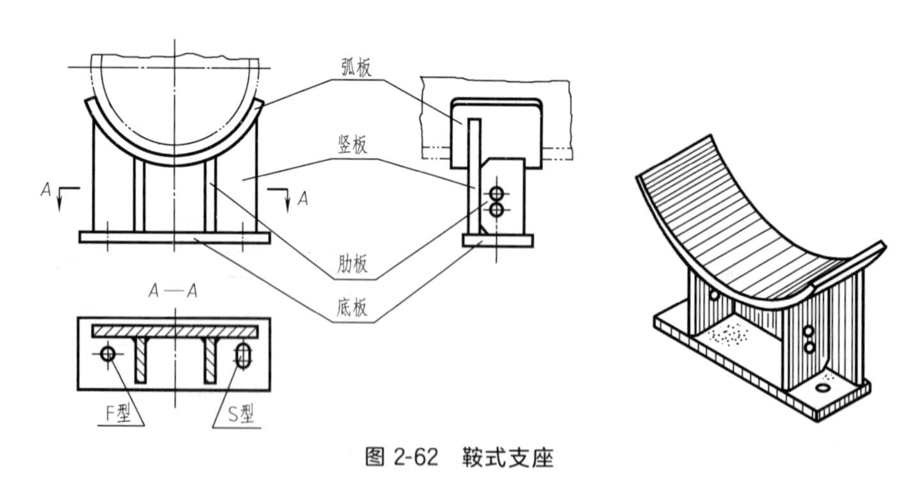

图 2-62　鞍式支座

鞍式支座分为轻型（A型）、重型（B型）两种型式。其中重型鞍座又根据包角、附带垫板等不同情况，分为BⅠ、BⅡ、BⅢ、BⅣ、BⅤ五种型号。

每种型式的鞍式支座又分为固定式（F型）和滑动式（S型）两种安装结构。F型与S型除地脚螺栓孔不同外，其他结构及尺寸均相同，S型的地脚螺栓孔是长圆形的，使鞍座在

基础面上能自由滑动。卧式设备一般用两个鞍座支承，F 型与 S 型配对使用。

某重型带垫板的滑动鞍式支座，公称直径为 900mm，120°包角，其标记为

JB/T 4712.1—2007　鞍座　BⅠ　900-S

活动三　化工设备图的尺寸标注及其他

尺寸标注是化工设备图中的一个组成部分，图 2-63 所示为贮罐的尺寸标注，图中标注了许多尺寸，尺寸标注的基准及各尺寸的作用都是在阅读化工设备图时所关心的问题。

此外，化工设备图中还有管口表、技术特性表、技术要求等，是以列表或文字说明的形式在化工设备图上表达化工设备不能在图形上反映的技术参数和要求。

一、我能做

① 能找出化工设备图尺寸标注的基准。

② 能读懂各尺寸所属种类及作用。

③ 能应用管口表了解图中各管口的数量、名称、规格及作用。

④ 能由技术特性表了解设备的技术特性参数，进而初步了解设备的用途及操作要求。

⑤ 能由技术要求了解不能在图中表达的其他技术要求。

二、主要的用具与工具

名　称	数　量	备　注
反应釜化工设备图	1 张	如图 2-80 所示

三、活动要求

(1) 认真阅读图 2-80 所示的反应釜化工设备图上的尺寸标注。

(2) 找出各方向的尺寸基准。

(3) 分析规格性能尺寸、装配尺寸、外形尺寸、安装尺寸等。

(4) 认真阅读管口表，了解管口的名称、规格、数量、用途。

(5) 认真阅读技术特性表，了解设备的技术特性参数。

(6) 认真阅读技术要求，了解除图中表达的要求外，用文字表达的方式还提出了哪些技术要求。

(7) 回答以下问题。

① 反应釜的外形尺寸：总高______、总宽______、总长______。

② __________是高度基准，________是径向基准。

③ 130 属于______尺寸，ϕ1484 属于______尺寸，ϕ1000 属于______尺寸，650 属于______尺寸，106 属于______尺寸。

④ 反应釜的工作温度为______，工作压力为______，反应釜中搅拌轴的转速为______。

⑤ 反应釜共有管口______个，最大的管口是______，其公称直径为______，出料口与外管的连接方式是______连接，温度计口的连接方式是______连接。

⑥ 制造时夹套要求进行的水压试验压力为________。

⑦ 釜体与夹套的焊缝应进行____________检验。

四、学习形式

1. 课堂讲授。

2. 个人独立完成。

五、考核标准

项　目	评 分 标 准
完成活动要求中的填空题	每空 5 分,20 个空格

六、你知道吗

（一）尺寸标注

化工设备图的尺寸标注，主要反映设备的规格、零部件之间的装配关系及设备的安装定位，是设备制造、装配、安装、检验、维修的重要依据。在尺寸标注中，除遵守技术制图和机械制图国家标准的有关规定外，还要结合化工设备的特点，使尺寸标注做到正确、完整、清晰、合理。

1. 尺寸种类

化工设备图的尺寸种类一般有规格性能尺寸、装配尺寸、外形尺寸、安装尺寸、其他尺寸等，如图 2-63 所示。

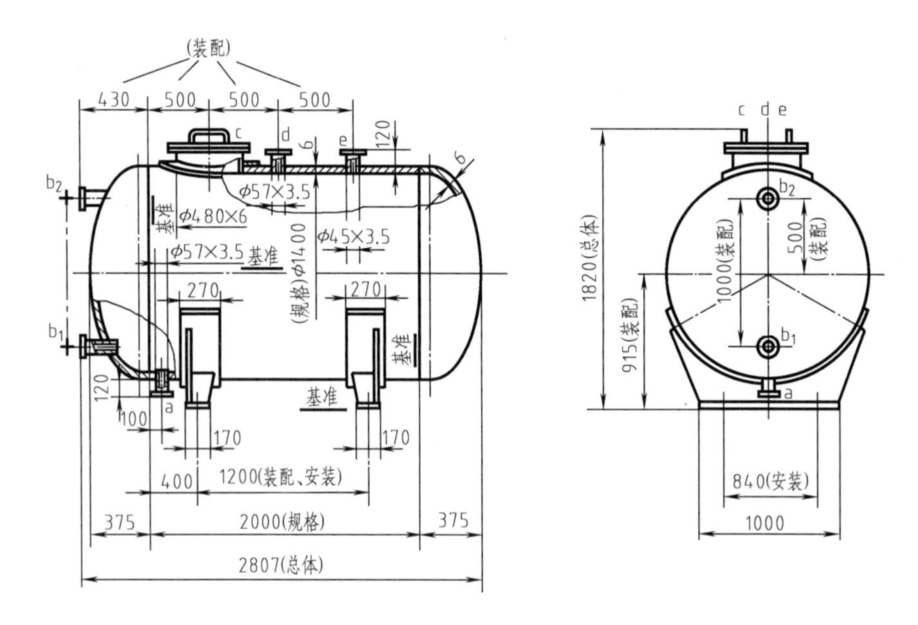

图 2-63 化工设备尺寸种类

① 规格性能尺寸是反映化工设备的规格、性能、特征及生产能力的尺寸，如容器公称直径 $DN1400$、公称容积 $V_N=3.9m^3$。

② 装配尺寸是反映零部件在设备中的装配位置的尺寸，如液面计接管的定位尺寸（1000、500）、伸出长度（430）等。

③ 外形（总体）尺寸是表示设备总长、总高、总宽的尺寸，用于确定设备所占空间，如容器的总长 2807、总高 1820。

④ 安装尺寸是化工设备安装在基础或其他构件上所需要的尺寸，如支座上地脚螺栓孔的相对位置尺寸 840、1200，螺栓孔尺寸 $\phi24$。

⑤ 其他尺寸是根据需要应注出的尺寸，如零部件的规格尺寸（接管 $\phi57\times3.5$）、设计计算确定的尺寸（筒体壁厚 6）、焊缝的结构尺寸等。

2. 尺寸基准

化工设备图中标注尺寸常用的尺寸基准有如下几种：设备筒体和封头的轴线；设备筒体和封头焊接时的环焊缝；设备容器法兰的端面；设备支座的底面。

图 2-64（a）所示的卧式设备，其横向的尺寸基准是封头和筒体的环焊缝，高度方向的尺寸基准是设备的轴线及支座的底面。图 2-64（b）中所示的立式设备，其高度方向的尺寸基准是设备法兰的端面及封头与筒体的环焊缝。

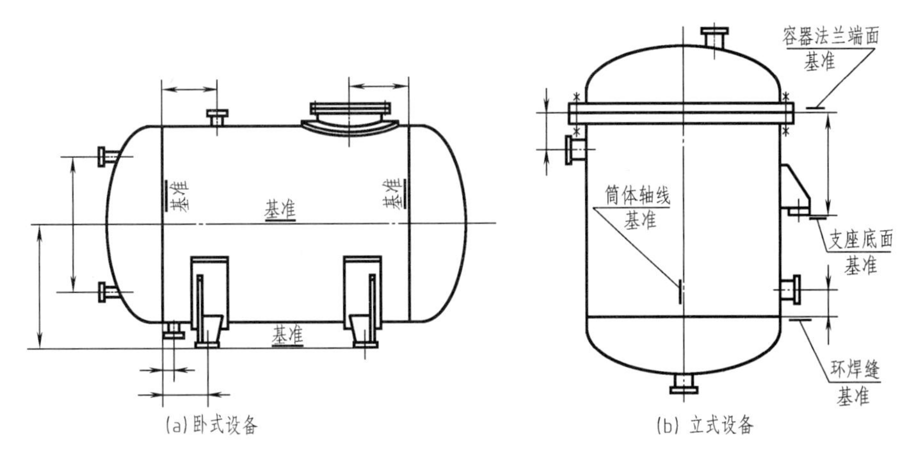

图 2-64　化工设备的尺寸基准

3. 注意事项

① 在化工设备图中，由于零件的制造精度不高，故允许在图上将同方向的尺寸注成封闭的。

② 有局部放大图的结构，其尺寸一般注在相应的局部放大图上。

（二）管口表

管口表是说明设备上所有管口的用途、规格、连接面型式等内容的一种表格，供配料、制造、检验、使用时参阅。管口表的格式如图 2-65 所示。

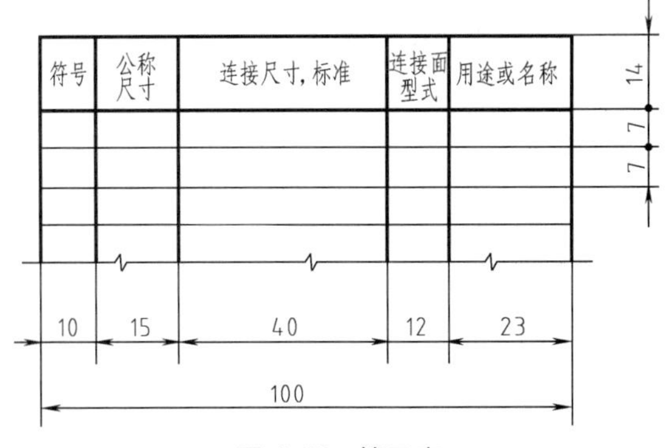

图 2-65　管口表

填写管口表的注意事项如下。

①“符号”栏中的字母符号，应与视图中各管口的符号相同，用小写拉丁字母按顺序自上而下填写。当管口规格、标准、用途、连接面型式完全相同时，可合并成一项，如“b_{1-3}”。在视图中，管口符号在主视图的左下方开始按顺时针方向依次编写，其他视图上的管口符号则应根据主视图中对应的符号进行注写。

②“公称尺寸”栏按管口的公称直径填写。若无公称直径的管口，可按实际内径填写。

③“连接尺寸，标准”栏填写对外连接管口的有关尺寸和标准。

④“连接面型式”栏填写对外连接管口的结构型式，如法兰连接时法兰的密封面型式。

⑤“用途或名称”栏填写管口的用途名称、标准名称或习惯性名称。

(三) 技术特性表

技术特性表是表明该设备重要的技术特性指标的一种表格。其内容包括工作压力、工作温度、容积、物料名称、传热面积、电机型号及功率，以及其他有关表示该设备的重要性能的资料。技术特性表的格式有两种，适用于不同类型的设备，如图 2-66 所示。可根据设备的类型从中选择合适的一种，并增加相应的内容。

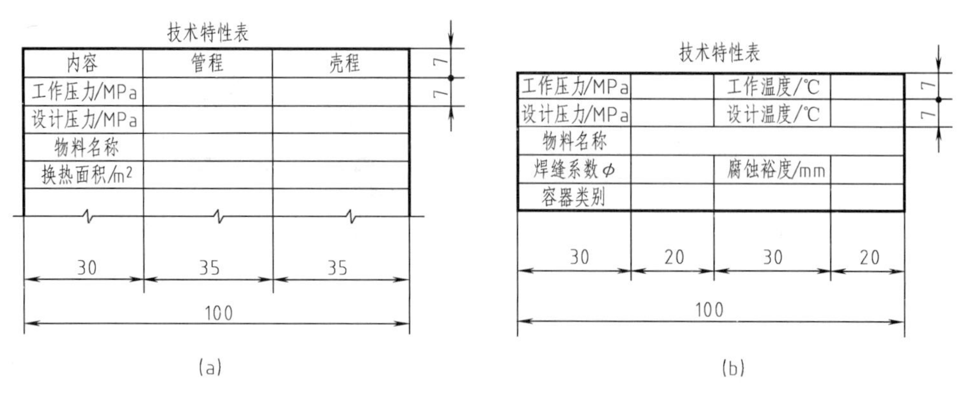

图 2-66 技术特性表

(四) 技术要求

技术要求是用文字说明在图中不能或未表示出来的内容，包括设备在材料、制造、试验、验收、包装、运输等方面的特殊要求，作为制造、装配、验收等过程中的技术依据。技术要求通常包括以下几方面的内容。

① 设备在制造中所依据的通用技术条件。

② 设备在验收中的技术标准、规范或规定，如整体试验、焊缝探伤等对应的技术要求。

③ 设备在施工方面的技术要求，如对焊缝的焊接方法、焊条、焊剂等提出的要求。

活动四 化工设备图图形表达及化工设备图的识读

化工设备图图形表达是化工设备图的关键之处，为了能简单、清晰、完整地表达化工设备的形状和结构，有多种图形表达方法选用。了解化工设备图图形的各种表达方法，能在读图时更好地认识和理解化工设备的形状及结构特点。

同时，为了快捷、有效地阅读化工设备图，还必须掌握化工设备图的读图方法和步骤。

一、我能做

① 了解化工设备图的表达方法。

② 掌握化工设备图的阅读方法及步骤。

③ 通过阅读，能了解设备的大致结构和形状、各零部件之间的装配关系与相对位置、设备的安装尺寸及设备在制造、验收、安装、使用等方面的技术要求。

二、主要的用具与工具

名　称	数　量	备　注
贮罐化工设备图	1 张	如图 2-53 所示

三、活动要求

阅读图 2-53，回答下列问题。

① 本设备的名称是______________，其规格为______________。

② 贮罐共有零部件________种，其中有________种标准零部件，管口有________个。

③ 图中采用了________个基本视图。一个是____________图，该图采用了________剖视和____________表达方法。

④ 贮罐的筒体与封头的连接是________连接，与管子的连接是________连接。

⑤ A—A 剖视图表达了______型和______型鞍式支座，其__________结构不同，是因为________________。

⑥ 物料由管口________进入贮罐，由管口________排出。贮罐工作压力为________。

⑦ 贮罐总高尺寸为____________。500 属于________尺寸，ϕ1400 属于________尺寸。贮罐的安装尺寸为________、________、________。

⑧ 贮罐的筒体材料采用________，接管材料采用________。

⑨ 人孔的作用是______________________________。

⑩ 局部放大图表达了__________与__________连接的焊缝结构。

四、学习形式

① 课堂讲授。

② 个人独立完成。

五、考核标准

项　目	评　分　标　准
完成活动要求中的填空题	每空 3.5 分，29 个空格

六、你知道吗

（一）化工设备图的表达方法

化工设备图主要反映化工设备的结构。因此，了解化工设备的基本结构特点，有助于掌握化工设备图的表达方法。

1. 化工设备结构特点

化工设备的结构型式、形体大小和安装方式虽各有差异，但归纳分析起来具有如下共同特点。

① 壳体以回转体为主。化工设备多为壳体容器，一般由钢板弯卷制成。设备的主体和零部件的结构形状，大部分以回转体（柱、锥、球）为主。图 2-53 所示的贮罐中的筒体（件 5）就是用钢板卷制而成的回转体。

② 尺寸大小相差悬殊。设备的总体尺寸与壳体壁厚或其他细部结构尺寸大小相差悬殊。图 2-53 中贮罐的总长为 2807，但壁厚却只有 6。

③ 有较多的开孔和管口。根据化工工艺的需要，要求在设备壳体上开设较多的开孔和管口，用以安装各种零部件和连接管道。

④ 大量采用焊接结构。焊接结构是化工设备一个突出的特点。不仅设备筒体由钢板卷焊而成，其他结构（封头、管口、支座、人孔）的连接也大多采用焊接的方法。

⑤ 广泛采用标准零部件。化工设备上一些常用的零部件，大多已实现了标准化、系列化和通用化，如封头、支座、设备法兰、管法兰、人（手）孔、视镜、液面计、补强圈等。一些典型设备中，部分常用零部件（如填料箱、搅拌器、膨胀节、浮阀等）也有相应的标准。因此在设计中多采用标准零部件和通用零部件。

⑥ 防漏结构要求高。在处理有毒、易燃、易爆的介质时，要求密封性能好，安全装置

可靠，以免发生事故。因此，除对焊缝进行严格检验外，对各连接面的密封结构也提出了较高要求。

2. 化工设备视图表达方法

① 基本视图的选择与配置。由于化工设备的主体结构多为回转体，其基本视图常采用两个视图。立式设备通常采用主、俯两个基本视图，如图 2-67 所示；卧式设备通常采用主、左两个基本视图，如图 2-53 所示。

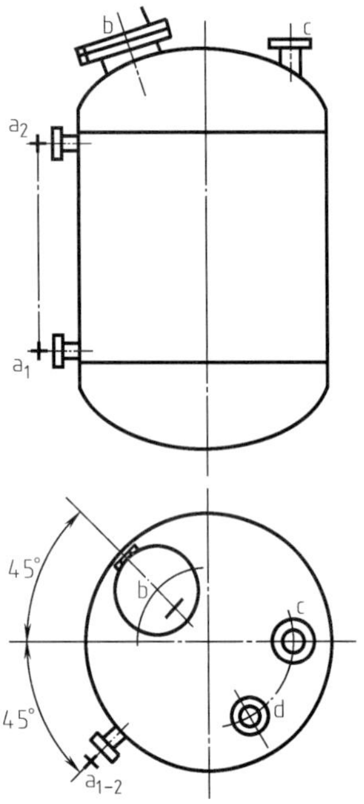

主视图一般应按设备的工作位置选择，并采用剖视的表达方法，以使主视图能充分表达其工作原理、主要装配关系及主要零部件的结构形状。

对于形体狭长的设备，当主、俯（或主、左）视图难于同时安排在基本视图位置时，可以将俯（左）视图配置在图样的其他位置，用向视图的方法表达。某些结构形状简单，在装配图上易于表达清楚的零部件，其零件图可与装配图画在同一张图样上。

② 多次旋转的表达方法。设备壳体周围分布着较多的管口及其他附件，为了在主视图上清楚地表达它们的结构形状及位置高度，主视图可采用多次旋转的表达方法。即假想将设备周向分布的接管及其他附件，分别旋转到与主视图所在的投影面相平行的位置，然后进行投影，得到视图或剖视。如图 2-67 所示，人孔 b 是按逆时针方向旋转 45°、液面计（a_1、a_2）是按顺时针方向旋转 45°之后，在主视图中画出的。

图 2-67　多次旋转的表达方法

必须注意，在应用多次旋转的画法时，不能使视图上出现图形重叠的现象。如图 2-67 中的管口 d 就无法再用多次旋转的方法同时在主视图上表达出来。因为它无论向左或向右旋转，在主视图上都会与管口 b 或管口 c 重叠。在这种情况下，管口 d 需用其他的剖视方法来表达。

为了避免混乱，在不同的视图中，同一接管或附件用相同的小写拉丁字母编号。规格、用途相同的接管或附件可共用同一字母，用阿拉伯数字作为脚标，以示个数，如图 2-67 中两个液面计接管分别用 a_1、a_2 表示。

在化工设备图中采用多次旋转画法时，允许不进行任何标注，这些结构的周向方位必须以管口方位图（或俯视图、左视图）为准。

③ 管口方位的表达方法。化工设备上的管口较多，它们的方位在设备的制造、安装等方面都是至关重要的，必须在图样中表达清楚。管口方位图就是用于表达管口在设备中的周向方位的，如图 2-68 所示。在管口方位图中，以细点画线表明设备管口的轴线或中心位置，用粗实线示意画出设备管口。在主视图和管口方位图上对应的管口用相同的小写拉丁字母标明。

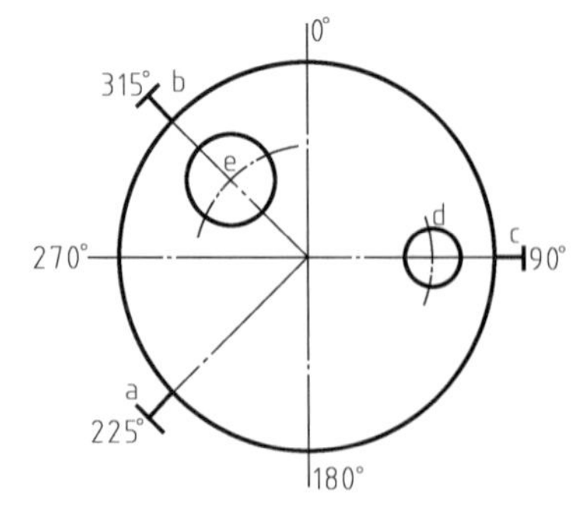

图 2-68　管口方位图

当俯（左）视图已将各管口的周向方位表达清楚了，可不必画出管口方位图。若设备上各管口或附件的结构形状已在主视图（或其他视图）上表达清楚，则设备的俯（左）视图可简化成管口方位图。

④ 局部结构的表达方法。对于设备上的某些细部结构，按总体尺寸所选定的绘图比例无法表达清楚时，可采用局部放大画法。图 2-53 中的 2∶1 局部放大图就是用于表达封头与筒体连接焊缝的细部结构的。

⑤ 夸大的表达方法。对于设备中尺寸过小的结构（如薄壁、垫片、折流板等）无法按所选定的绘图比例画出时，可采用夸大画法，即不按比例，适当夸大地画出它们的厚度或结构。图 2-53 中的壁厚 6，就是未按比例夸大画出的。

⑥ 断开和分段（层）的表达方法。对于过高或过长的化工设备，且沿轴线方向有相当部分的形状和结构相同或按规律变化时，可以采用断开画法，使图形缩短，合理地使用图纸幅面。如图 2-69 所示的填料塔设备，采用了断开的画法，用双点画线将形状和结构完全相同的填料层断开，使填料层的图形缩短。

对于较高的塔设备，又不适于用断开画法时，为了合理地布置图面和选择比例，可采用分段的表达方法，把整个设备分成若干段（层）画出，如图 2-70 所示。

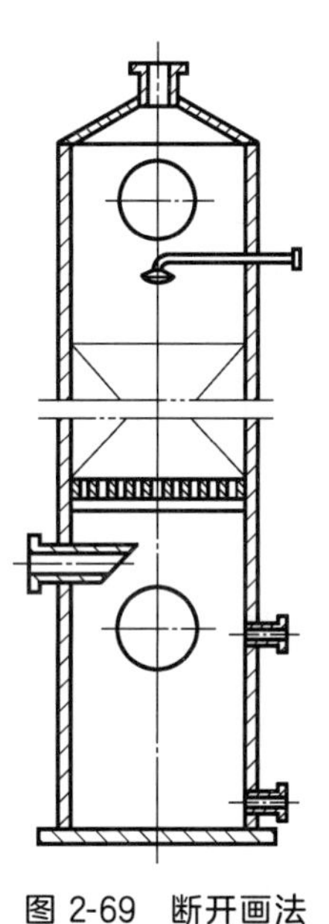

图 2-69　断开画法

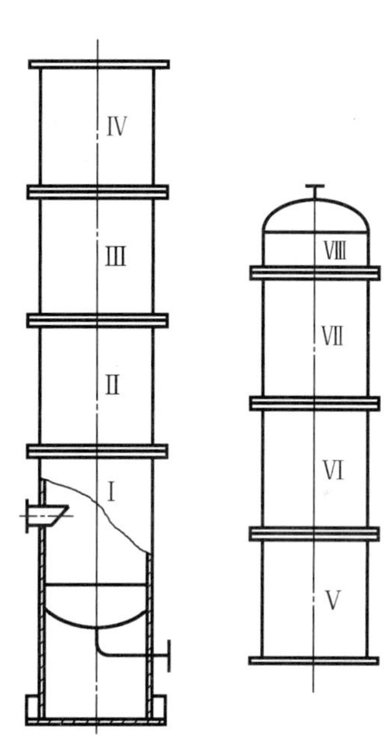

图 2-70　设备分段表示法

3. 化工设备图中的简化画法

（1）标准零部件或外购零部件的简化画法。标准零部件已有标准图，在化工设备图中不必详细画出，可按比例画出反映其外形特征的简图，如图 2-71 所示。

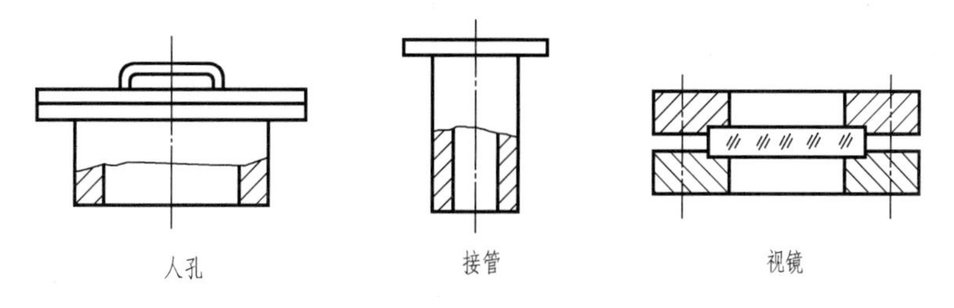

图 2-71　标准零部件的简化画法

外购零部件在化工设备图中，只需根据主要尺寸按比例用粗实线画出其外形轮廓简图，如图 2-72 所示。

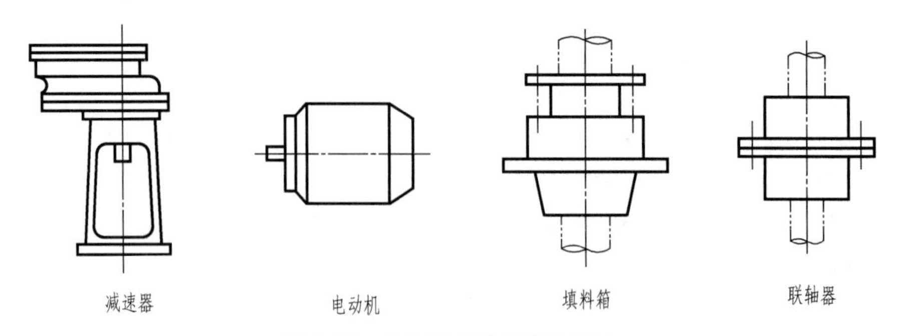

图 2-72 外购零部件的简化画法

（2）重复结构的简化画法。

① 螺栓孔可以省略圆孔的投影，用中心线和轴线表示，如图 2-73（a）所示。

② 装配图中的螺栓连接可用符号“×”和“+”表示，符号用粗实线画出，如图 2-73（b）所示。

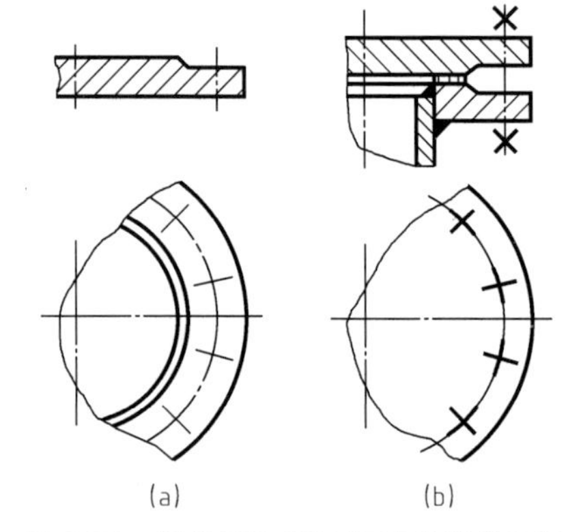

图 2-73 螺栓孔和螺栓连接的简化画法

③ 当设备中装有同种材料、同一规格和同一堆放方法的填充物（瓷环、木格条、玻璃棉、卵石及砂砾等）时，在装配图的剖视中，可用相交的细实线表示，同时注明填充物的堆放方法和规格，如图 2-74（a）所示，其中的“50×50×5”表示瓷环的“直径×高×壁厚”。对装有不同规格或不同堆放方法或两者都不同的填充物时，必须分层表示，分别注明填充物的堆放方法和规格，如图 2-74（b）所示。

④ 当设备中的管子按一定的规律排列或成管束时（如列管式换热器中的换热管），在装配图中可只画一根或几根，其余管子均用细点画线表示，如图 2-75 所示。

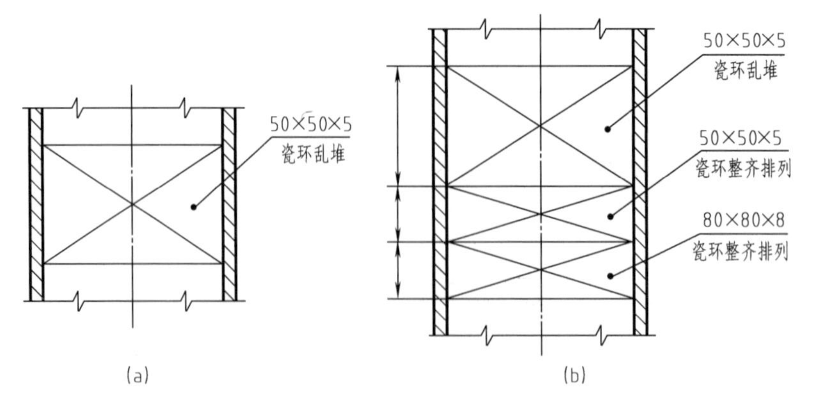

图 2-74 填充物的简化画法

⑤ 当多孔板的孔径相同且按一定的角度规则排列时，用细实线按一定的角度交错来表示孔的中心位置，用粗实线画出钻孔的范围，同时画出几个孔并标明孔数和孔径，如图

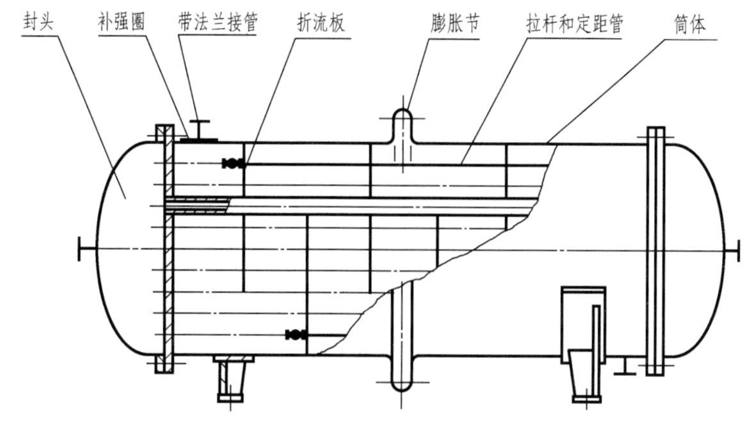

图 2-75 管束的简化画法

2-76（a)所示；若孔径相同且以同心圆的方式排列时，其简化画法如图 2-76（b）所示；若多孔板画成剖视时，则只画出孔的中心线，省略孔的投影，如图 2-76（c）所示。

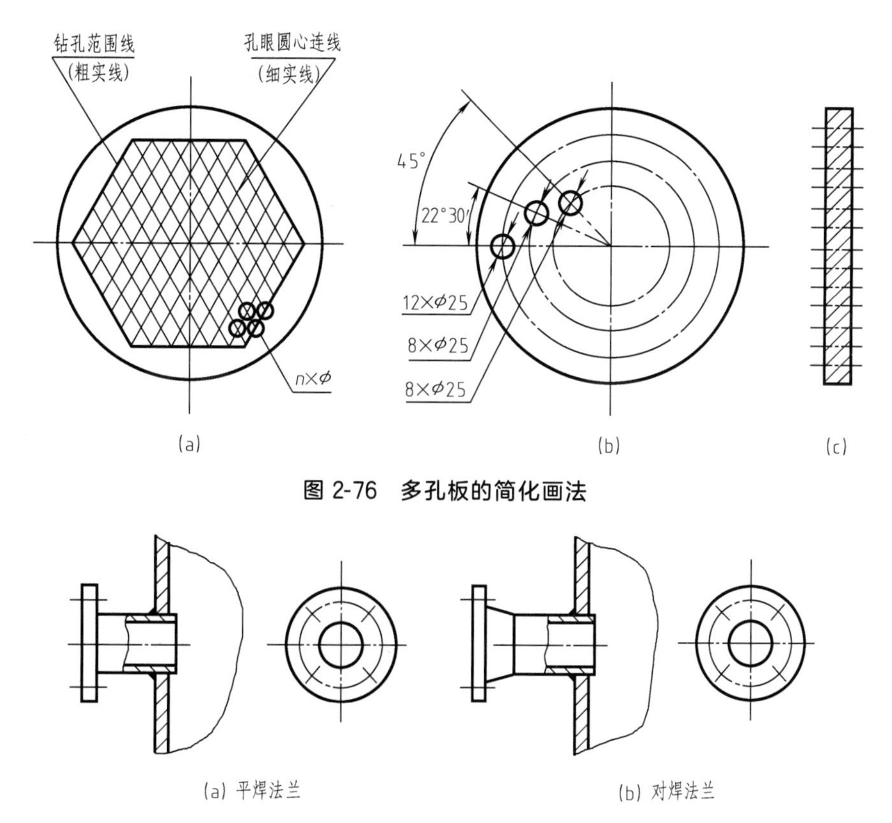

图 2-76 多孔板的简化画法

图 2-77 管法兰的简化画法

（3）管法兰的简化画法。在装配图中，无论管法兰的连接面是何型式（凸面、凹凸面、榫槽面)，管法兰的画法均可简化，如图 2-77 所示。连接面型式在管口表中注明。

（4）设备结构用单线表示的简化画法。设备上的某些结构，在已有零部件图或另用剖视、断面、局部放大图等方法表达清楚时，装配图上允许用单线表示，如图 2-78 中的塔盘、设备上的悬臂吊钩，图 2-75 中的折流板、挡板、拉杆和定距管、膨胀节等。

（5）液面计的简化画法。在装配图中，带有两个接管的玻璃管液面计，可用细点画线和符号“+”（粗实线）示意画出，如图 2-79 所示。在明细栏中要注明液面计的名称、规格、数量及标准号等。

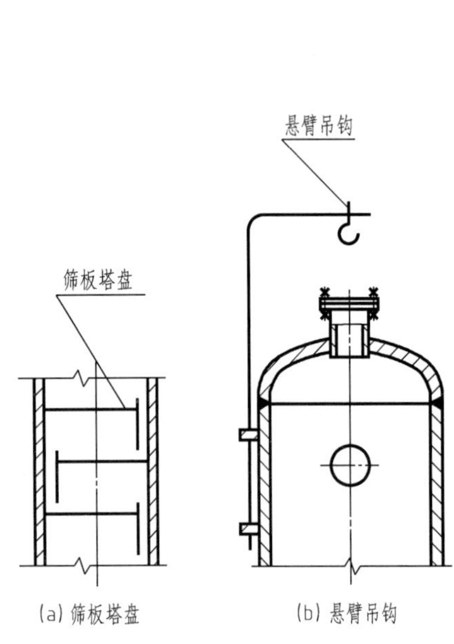

图 2-78 设备结构用单线表示的简化画法

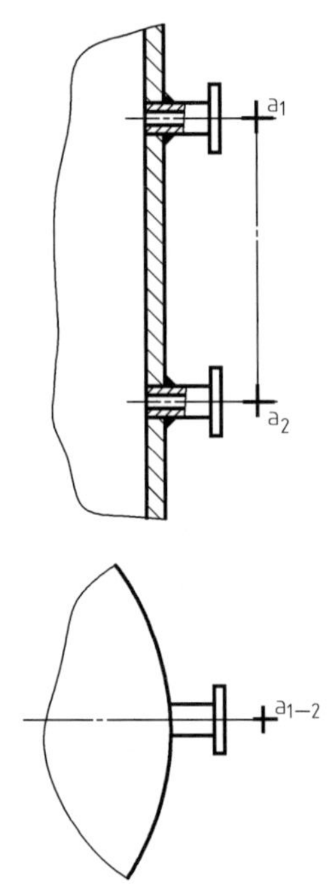

图 2-79 液面计的简化画法

（二）读化工设备图

1. 读化工设备图的要求

在化工设备的制造、检验、安装、使用、维修过程中，都要阅读化工设备图。在阅读化工设备图过程中，应由化工设备的结构特点、各种表达方法、简化画法及技术要求等方面入手，阅读时应达到以下要求。

① 了解设备的用途、工作原理和结构特点。

② 了解各零部件的作用、装配关系，进而了解整个设备的结构。

③ 了解设备上的开口方位以及制造、检验、安装等方面的技术要求。

2. 读化工设备图的方法和步骤

① 概括了解：由标题栏可了解设备的名称、规格、绘图比例等内容；由明细栏可了解设备各零部件的数量、材料、规格及了解哪些是标准件和外购件；概括了解设备的管口表、技术特性表及技术要求。

② 视图分析：通过读图，了解设备图上视图的数量，分析哪些是基本视图、哪些是其他视图，各视图采用的表达方法及所起的作用等，进一步分析设备的结构特点。

③ 零部件分析：以设备的主视图为主，结合其他视图，对照明细栏中的序号，将零部件逐一从视图中找出，了解其名称、数量、材料、在设备图中的位置，分析其结构、在设备中所起的作用、与主体或其他零部件的装配关系，对标准零部件还应查阅相关的标准。

④ 尺寸分析及其他：找出设备在长、宽、高三个方向的尺寸基准；对设备图上的规格性能尺寸、外形尺寸、装配尺寸、安装尺寸进行分析，搞清它们的作用和含义；了解设备上

所有管口的结构、形状、数目、大小和用途，以及管口的周向方位、轴向距离、外接法兰的规格和型式等。

⑤ 归纳总结：通过对视图、零部件及尺寸的分析，了解每一零部件在设备中的位置及其相互之间的装配关系，从而对设备有一个较为完整的认识，结合标题栏、明细栏、管口表、技术特性表、技术要求及有关技术资料，进一步了解设备的结构特点、工作特性、操作原理及物料的进出流向。

（三）读图举例

[例 2-4]　读反应釜装配图（图 2-80）。

1. 概括了解

① 从标题栏可知，该图所表达的设备名称为反应釜，其公称直径为 $DN1000$，设备容积为 $1m^3$，绘图比例为 1∶10。

② 从明细栏可知，反应釜由 46 种零部件组成，其中有 30 种标准零部件，均附有 GB/T、JB/T、HG/T 等标准号以及各种零部件对应的数量及所用的材料。

③ 由技术要求可知，设备釜体的用材要求，焊缝结构、焊条选用、焊缝检验的有关规定和相应标准，组装后试运行要求，夹套的水压试验要求等。

④ 由技术特性表可知，釜内工作压力为常压，工作温度为 40℃，物料是酸、碱溶液；夹套工作压力为 0.3MPa，工作温度为－15℃，物料是冷冻盐水；换热面积 $4m^2$；电动机型号为 $Y100L_1$-4、功率为 2.2kW，搅拌轴转速为 200r/min。

⑤ 由管口表可知，共有 12 个管口，除手孔接法兰盖、温度计口与温度计螺纹连接外，其余管口均与外接管为法兰连接，密封面型式为平面。

2. 视图分析

从视图配置可知，图中采用了主视图、俯视图两基本视图。主视图采用全剖视和管口多次旋转的画法表达反应釜主体的结构形状、装配关系及管口的轴向位置。俯视图采用拆卸画法，即拆去传动装置，表达上、下封头上各管口的位置、壳体器壁上各管口的周向方位以及耳式支座的周向分布。

另有八个局部放大图，分别表达主要接管的装配结构、设备法兰与釜体的装配结构和复合钢板上焊缝的焊接结构。

3. 零部件及尺寸分析

设备由带夹套的釜体和传动装置两大部分组成。

设备的釜体（件 11）与下部封头（件 6）焊接，与上部封头（件 16）采用设备法兰连接，由此组成设备的主体。主体的侧面和底部外焊有夹套。夹套的筒体（件 10）与封头（件 5）采用焊接。另有一些标准零部件（如手孔、支座等）及接管，都采用焊接方法固定在设备的釜体、夹套、封头上。

主视图左面的尺寸 106mm，确定了夹套在设备主体上的轴向位置。主视图右面的尺寸 650mm，确定了耳式支座焊接在夹套壁上的轴向位置。

由于反应釜内的物料（酸和碱）对金属有腐蚀作用，为了保证产品质量、延长设备的使用寿命和降低成本，设备主体的材料在设计时选用了碳素钢（Q235A）与不锈钢（1Cr18Ni9Ti）两种材料的复合钢板制作。从局部放大图Ⅳ、Ⅴ中可以看出，碳素钢板厚 8mm，不锈钢板厚 2mm，总厚度为 10mm。冷却降温用的夹套采用碳素钢制作，其钢板厚度为 10mm。釜体与上封头的连接，为防腐蚀而采用了“衬环平密封面乙型平焊法兰”（件 15）的结构，局部放大图Ⅳ表示了连接的结构情况。

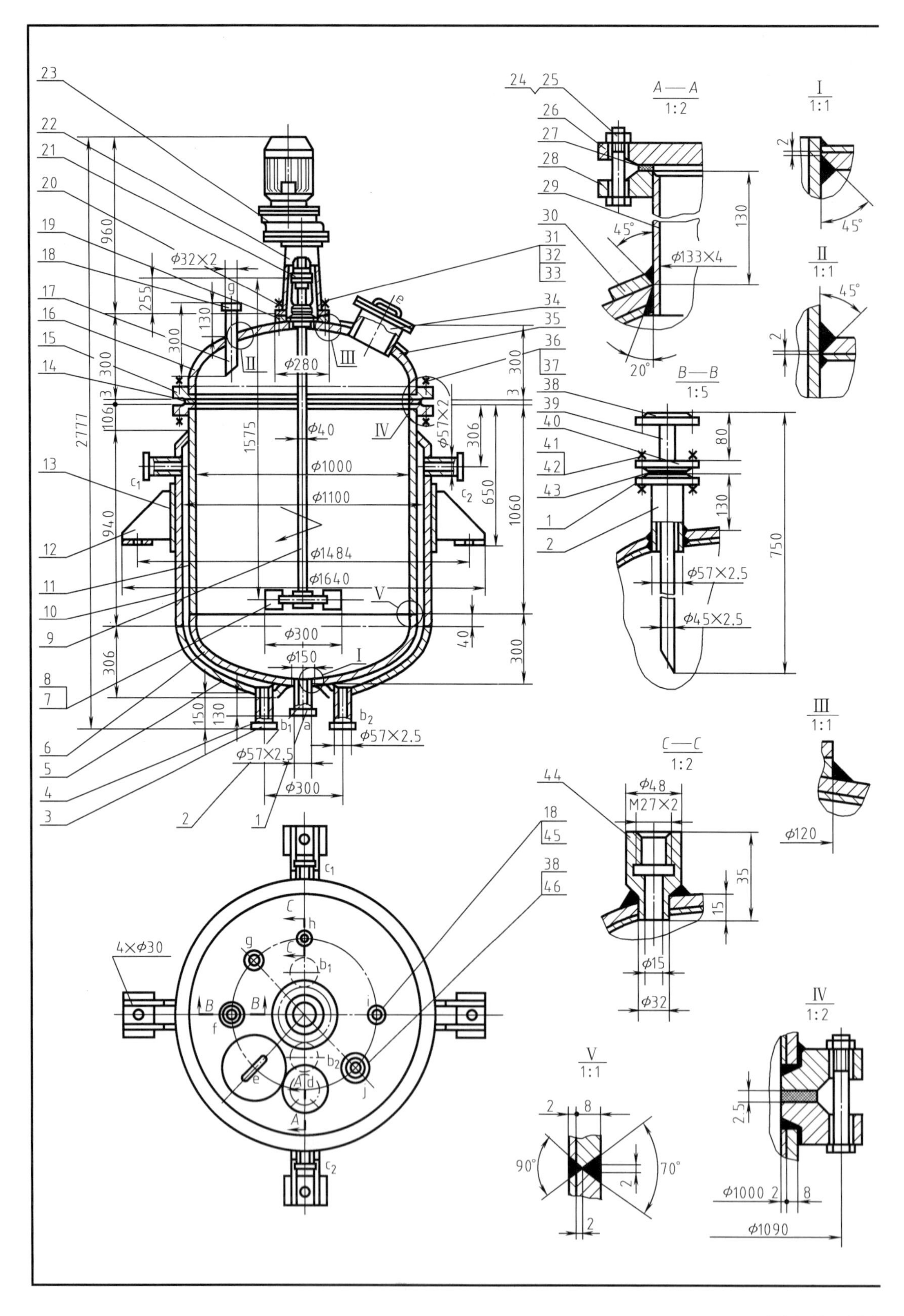
A—A
1:2
B—B
1:5
C—C
1:2
I
1:1
II
1:1
III
1:1
IV
1:2
V
1:1
ϕ32×2
ϕ280
ϕ40
ϕ1000
ϕ1100
ϕ1484
ϕ1640
ϕ300
ϕ150
ϕ57×2.5
ϕ57×2
ϕ133×4
ϕ45×2.5
ϕ48
M27×2
ϕ15
ϕ32
ϕ120
ϕ1090
4×ϕ30
2777
960
1575
1060
940
750
650
306
300
255
130
150
106
80
40
35
15
45°
20°
90°
70°

图 2-80 反应

技术要求

1.本设备的釜体用不锈复合钢板制造，复层材料为1Cr18Ni9Ti，其厚度为2mm。

2.焊缝结构除有图示以外，其他按GB/T 985—1988的规定，对接接头采用V形，T形接头采用△形，法兰焊接按相应标准。

3.焊条的选用：碳钢与碳钢焊接采用EA4303焊条；不锈钢与不锈钢焊接、不锈钢与碳钢焊接采用E1-23-13-160 JFHIS。

4.釜体与夹套的焊缝应进行超声波和X射线检验，其焊缝质量应符合有关规定，夹套内应进行0.5MPa水压试验。

5.设备组装后应试运转，搅拌轴转动轻便自如，不应有不正常的噪声和较大的振动等不良现象。搅拌轴下端的径向摆动量不大于0.75mm。

6.釜体复层内表面应进行酸洗钝化处理。釜体外表面涂铁红色酚醛底漆。并用80mm厚软木作保冷层。

7.安装所用的地脚螺栓直径为M24。

技术特性表

内容	釜内	夹套内
工作压力/MPa	常压	0.3
工作温度/℃	40	−15
换热面积/m^2	4	
容积/m^3	1	
电动机型号及功率	Y100L_1−4 2.2kW	
搅拌轴转速/$r\cdot min^{-1}$	200	
物料名称	酸、碱溶液	冷冻盐水

管口表

符号	公称尺寸	连接尺寸，标准	连接面型式	用途或名称
a	50	HG/T 20592—2009	平面	出料口
b_{1-2}	50	HG/T 20592—2009	平面	盐水进口
c_{1-2}	50	HG/T 20592—2009	平面	盐水出口
d	120	HG/T 20592—2009	平面	检测口
e	150	HG/T 21533—2014	/	手孔
f	50	HG/T 20592—2009	平面	酸液进口
g	25	HG/T 20592—2009	平面	碱液进口
h	/	M27×2	螺纹	温度计口
i	25	HG/T 20592—2009	平面	放空口
j	40	HG/T 20592—2009	平面	备用口

序号	代号	名称	数量	材料	备注
46		接管ϕ45×2.5	1	1Cr18Ni9Ti	l=145
45		接管 ϕ32×2	1	1Cr18Ni9Ti	l=145
44		接口 M27×2	1	1Cr18Ni9Ti	
43	JB/T 87	垫片 50−2.5	1	石棉橡胶板	
42	GB/T 41	螺母 M12	8		
41	GB/T 5780	螺栓 M12×45	8		
40	HG/T 20592	法兰盖PL50−2.5RF	1	1Cr18Ni9Ti	钻孔ϕ46
39		接管ϕ45×2.5	1	1Cr18Ni9Ti	l=750
38	HG/T 20592	法兰 PL40−2.5RF	2	1Cr18Ni9Ti	
37	GB/T 41	螺母 M20	36		
36	GB/T 5780	螺栓 M20×110	36		
35	JB/T 4736	补强圈d_N150×8	1	Q235A	
34	HG/T 21533	手孔RF150	1	1Cr18Ni9Ti	
33	GB/T 93	垫圈 12	6		
32	GB/T 41	螺母 M12	6		
31	GB/T 898	螺柱 M12×35	6		
30	JB/T 4736	补强圈d_N125×8−C	1	Q235A	
29		接管 ϕ133×4	1	1Cr18Ni9Ti	l=145
28	HG/T 20592	法兰 PL120−2.5RF	1	Q235A	
27	JB/T 87	垫片 120−2.5	1	石棉橡胶板	
26	HG/T 20592	法兰盖PL120−2.5RF	1	1Cr18Ni9Ti	
25	GB/T 41	螺母 M16	8		
24	GB/T 5780	螺栓 M16×65	8		
23		减速器LJC−250−23	1		
22		机架	1	Q235A	
21		联轴器	1		组合件
20	HG/T 5019	填料箱DN40	1		组合件
19		底座	1	Q235A	
18	HG/T 20592	法兰PL25−2.5RF	2	1Cr18Ni9Ti	
17		接管 ϕ32×2	1	1Cr18Ni9Ti	
16	GB/T 25198	椭圆封头DN1000×10	1	1Cr18Ni9Ti(里)	Q235(外)
15	NB/T 47022	法兰−RF1000−2.5	2	1Cr18Ni9Ti(里)	Q235(外)
14	JB/T 4704	垫片1000−2.5	1	石棉橡胶板	
13		垫板 280×180	4	Q235A	t=10
12	JB/T 4712.3	耳座 B3−I	4	Q235AF	
11		釜体DN1000×10	1	1Cr18Ni9Ti(里)	Q235(外)
10		夹套DN1100×10	1	Q235 A	l=970
9		轴 ϕ40	1	1Cr18Ni9Ti	
8	JB/T 1096	键 12×45	1	1Cr18Ni9Ti	
7	HG/T 5−221	搅拌器300−40	1	1Cr18Ni9Ti	
6	GB/T 25198	椭圆封头DN1000×10	1	1Cr18Ni9Ti(里)	Q235(外)
5	GB/T 25198	椭圆封头DN1100×10	1	Q235A	
4		接管 ϕ57×2.5	4	10	l=155
3	HG/T 20592	法兰PL50−2.5RF	4	Q235A	
2		接管 ϕ57×2.5	2	1Cr18Ni9Ti	l=145
1	HG/T 20592	法兰PL50−2.5RF	2	1Cr18Ni9Ti	

			比例	
			1:10	
制图		反应釜 DN1000 V_N=1m^3	质量	1100kg
设计			S55−3−31	
描图				
审核			共 张第 张	

釜装配图

从 B—B 局部放大图中可知，接管 f 是套管式的结构。由内管（件 39）穿过接管（件 2）插入釜内，酸液即由内管进入釜内。

传动装置用双头螺柱固定在上封头的底座（件 19）上。搅拌器穿过填料箱（件 20）伸入釜内，带动搅拌器（件 7）搅拌物料。从主视图中可看出搅拌器的大致形状。搅拌器的传动方式：由电动机带动减速器（件 23），经过变速后，通过联轴器（件 21）带动搅拌轴（件 9）旋转，搅拌物料。减速器是标准化的定型传动装置，其详细结构、尺寸规格和技术说明可查阅有关资料和手册。为了防止釜内物料泄漏出来，由填料箱（件 20）将搅拌轴密封。主视图中的折线箭头表示了搅拌轴的旋转方向。

该设备通过焊在夹套上的四个耳式支座（件 12），用地脚螺栓固定在基础上。

4. 归纳总结

反应釜的工作情况是：物料（酸和碱）分别从顶盖上的接管 f 和 g 流入釜内，进行中和反应；为了提高物料的反应速度和改善反应效果，釜内的搅拌器以 200r/min 的速度进行搅拌；−15℃的冷冻盐水由底部接管 b_1 和 b_2 进入夹套内，再由夹套上部两侧的接管 c_1 和 c_2 排出，将物料中和反应时所产生的热量带走，起到降温的作用，保证釜内物料的反应正常进行；在物料反应过程中，打开顶部的接管 d，可随时测定物料反应的情况（酸碱度）；当物料反应达到要求后，即可打开底部的接管 a 将物料放出。

设备的上封头与釜体采用设备法兰连接，可整体打开便于检修和清洗。夹套外部用厚 80mm 的软木保冷。

随堂练习

1. 指出下图所示的支架的视图表达方案。

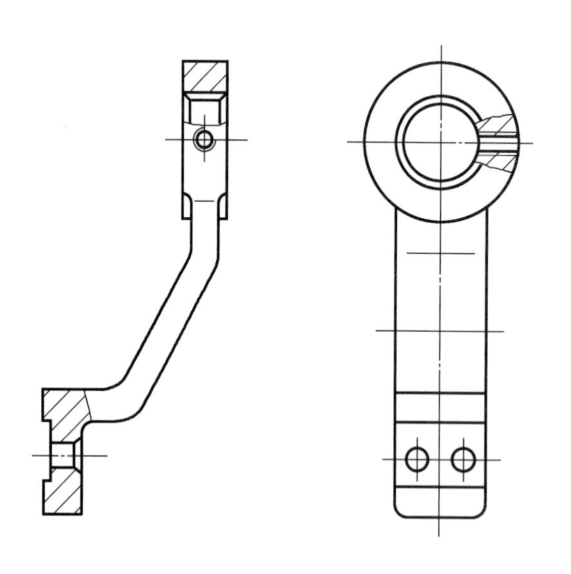

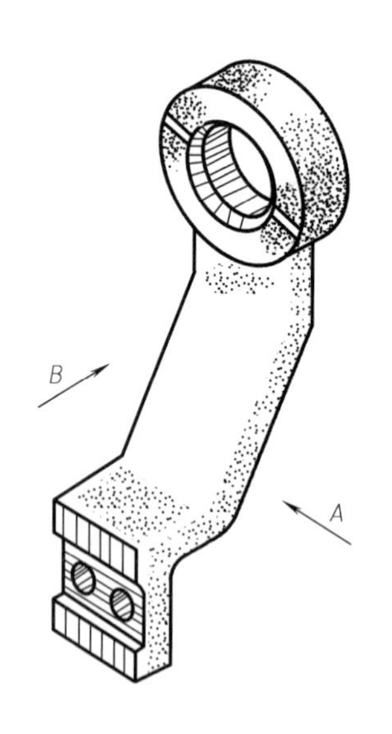

2. 如下图所示的阀体，其两种表达方案如图（a）、（b）所示，请回答以下问题。

① 图（a）所示的方案中，主视图采用两相交平面剖切的“A—A”________剖视，表达了阀体的内部结构及左上方接管与右前方接管相通的关系，同时用______________表达了法兰 Ⅳ 上的小通孔；俯视图是用两个平行平面剖切的“B—B”全剖视，表达了______________________________；为表达______的形状及其上的孔位，采用了“C—C”

剖视，该图还显示出接管的直径；用单一斜剖切平面获得“$D—D$”剖视，则表达了____________________。

② 图（b）所示的方案中，俯视图采用____剖视，表达法兰Ⅱ上通孔及接管的方向，并同时表达出法兰____和法兰____的形状及其上的孔位；用“C”向______和“B”向______，分别表达出法兰Ⅱ和法兰Ⅴ的形状及孔位。

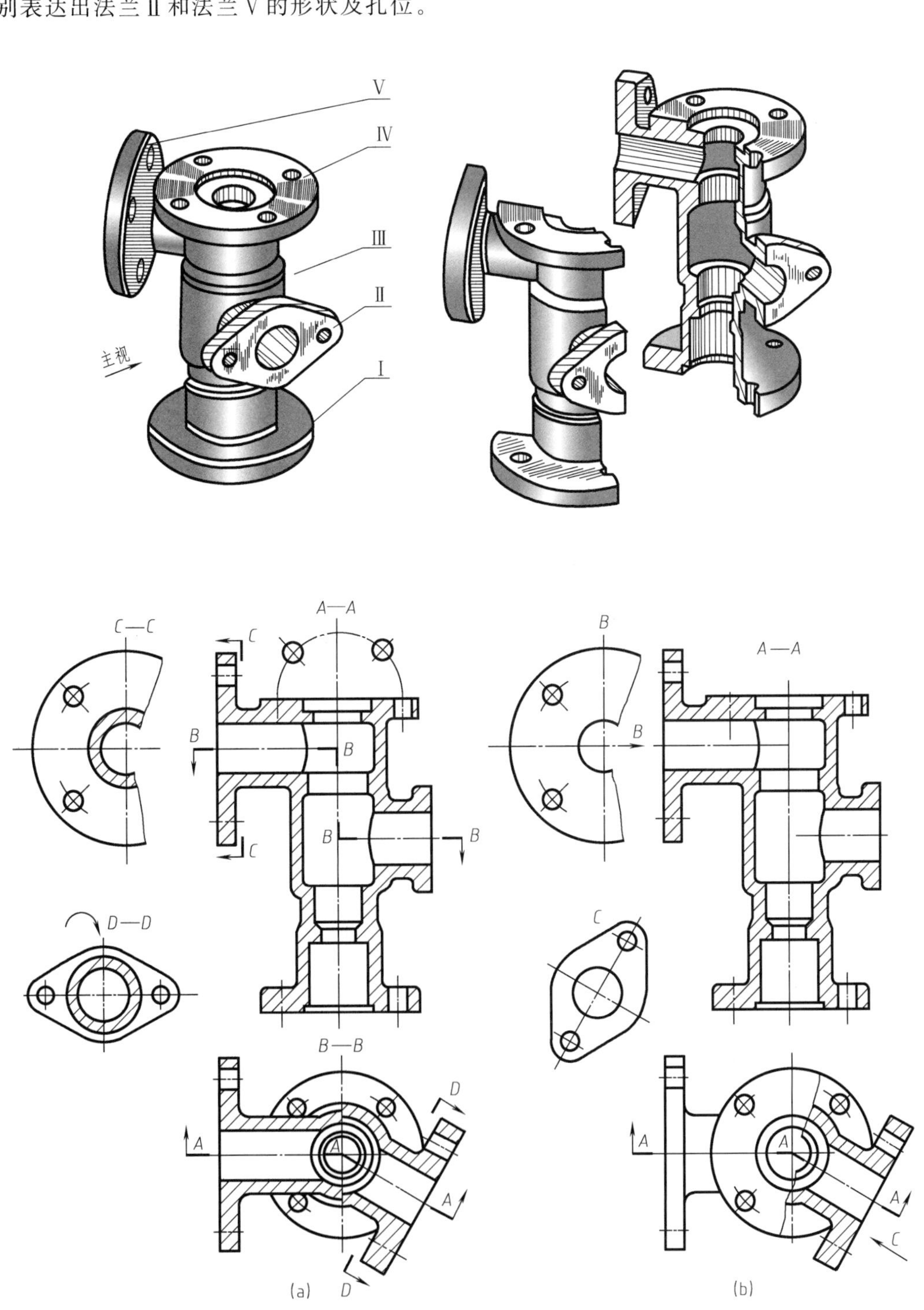

3. 读管板零件图，并回答下列问题。

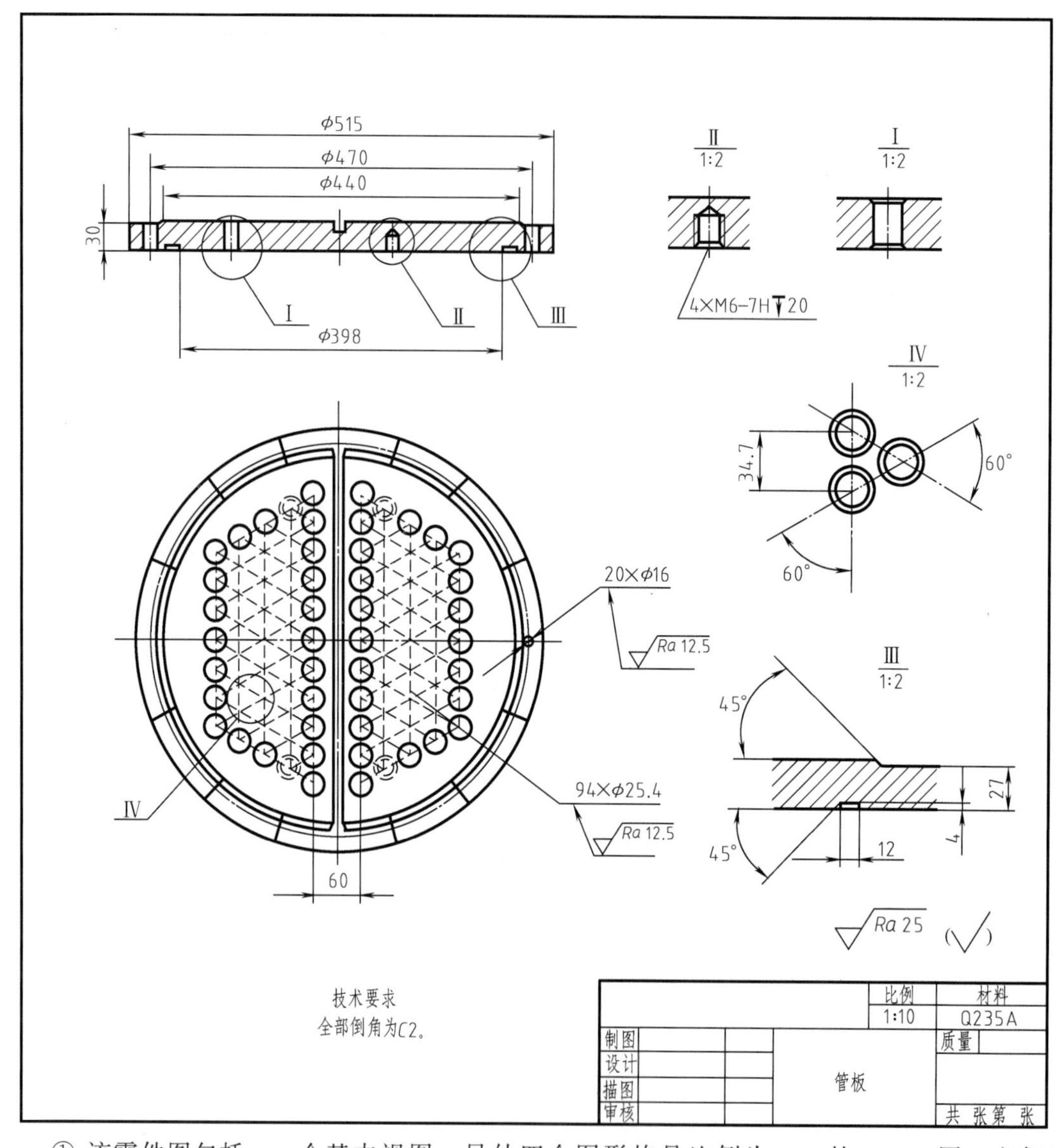

① 该零件图包括____个基本视图；另外四个图形均是比例为____的______图，它们比基本视图放大了____倍。

② 主视图采用了______剖视，表达了_____________________。

③ 俯视图采用了______画法来表示直径相同且成规律分布的孔；其直径为________的管孔有______个。

④ 管板的材料为________，多数的表面结构要求为______。

⑤ 看懂四个局部放大图所表达的部位并分析结构形状，说明放大内容：Ⅰ______________________；Ⅳ______________________。

4. 读轴承盖零件图，并回答下列问题。

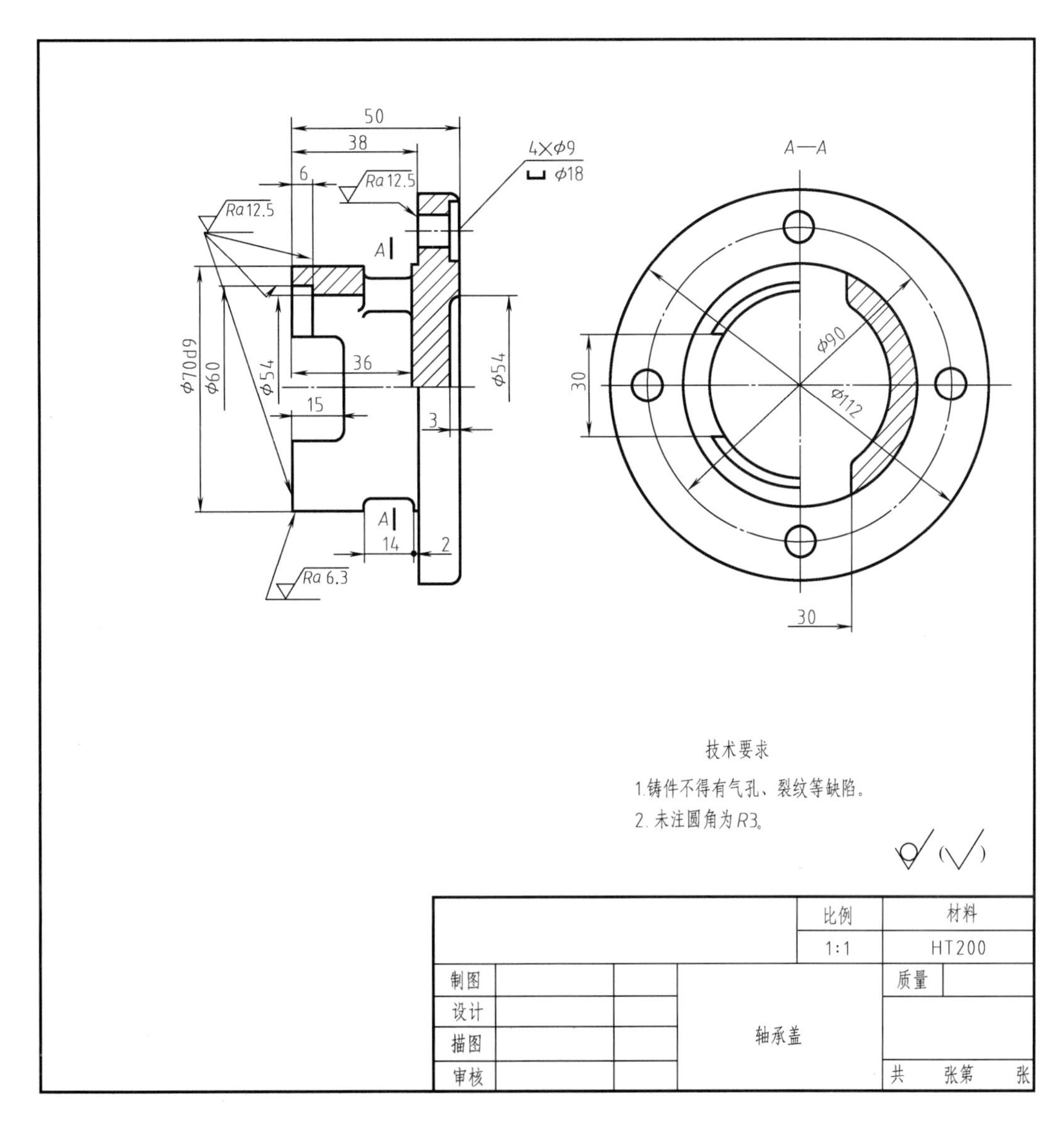

① 零件图的名称是＿＿＿＿＿＿，该零件图用了＿＿＿＿＿个视图，分别为＿＿＿＿＿和＿＿＿＿＿。

② 主视图采用了半剖视，左视图采用了＿＿＿剖视，表达了＿＿＿＿＿＿＿＿＿＿。

③ 图中＿＿＿＿＿表面的表面结构要求最高，该表面结构要求为＿＿＿＿＿＿＿＿。

④ 图中轴承盖所用材料是＿＿＿＿＿。

⑤ 在图中指出长、宽、高三个方向的主要基准：＿＿＿＿＿＿＿＿＿＿＿＿；＿＿＿＿＿＿＿＿＿＿＿＿；＿＿＿＿＿＿＿＿＿＿＿＿。

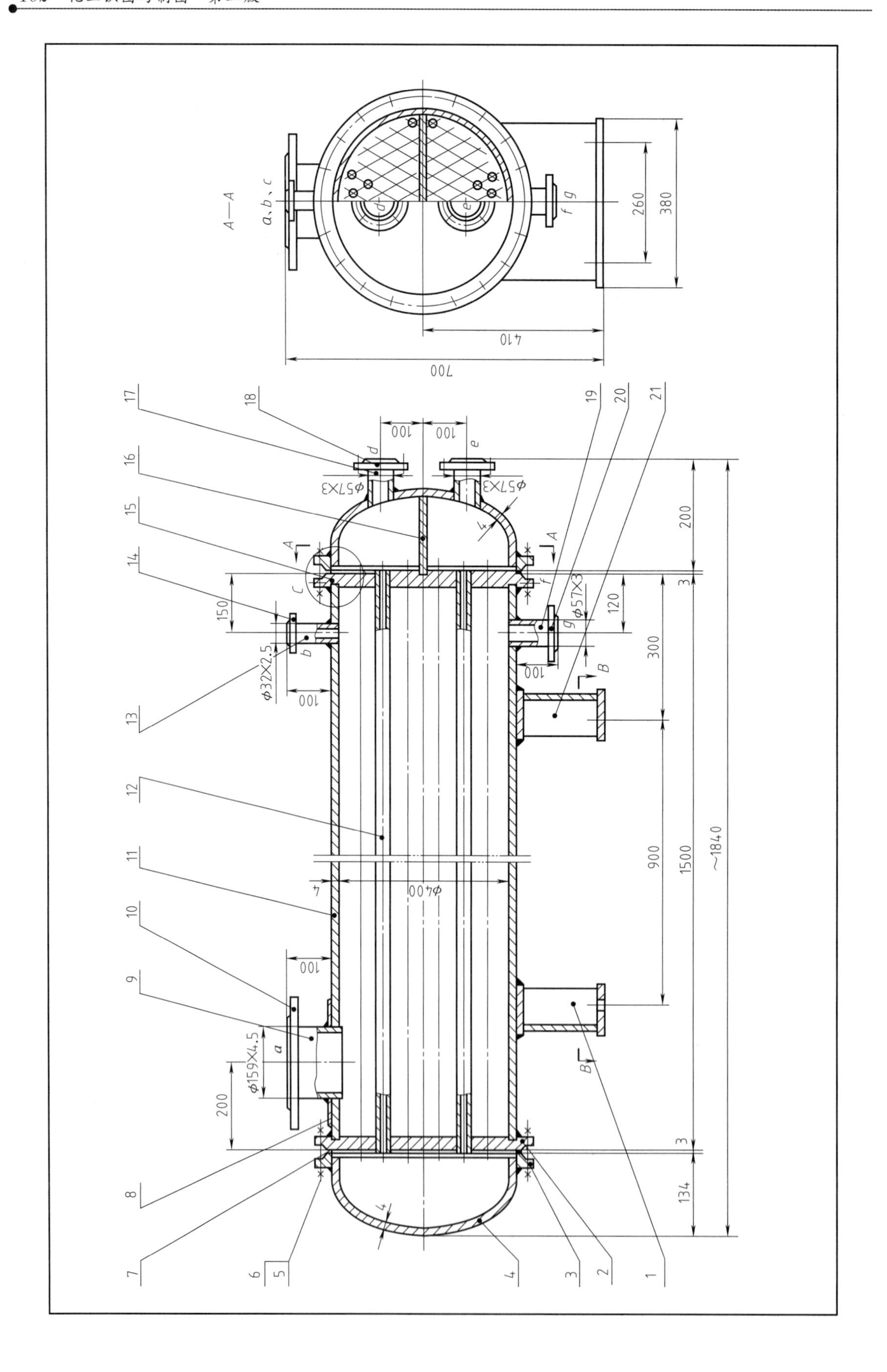
A—A
a、b、c
d
e
f g
260
380
410
700
1
2
3
4
5
6
7
8
9
10
11
12
13
14
15
16
17
18
19
20
21
100
100
φ57×3
φ57×3
200
3
3
120
150
300
900
1500
~1840
134
φ32×2.5
φ159×4.5
φ400
200
4
C
A
A
B
B

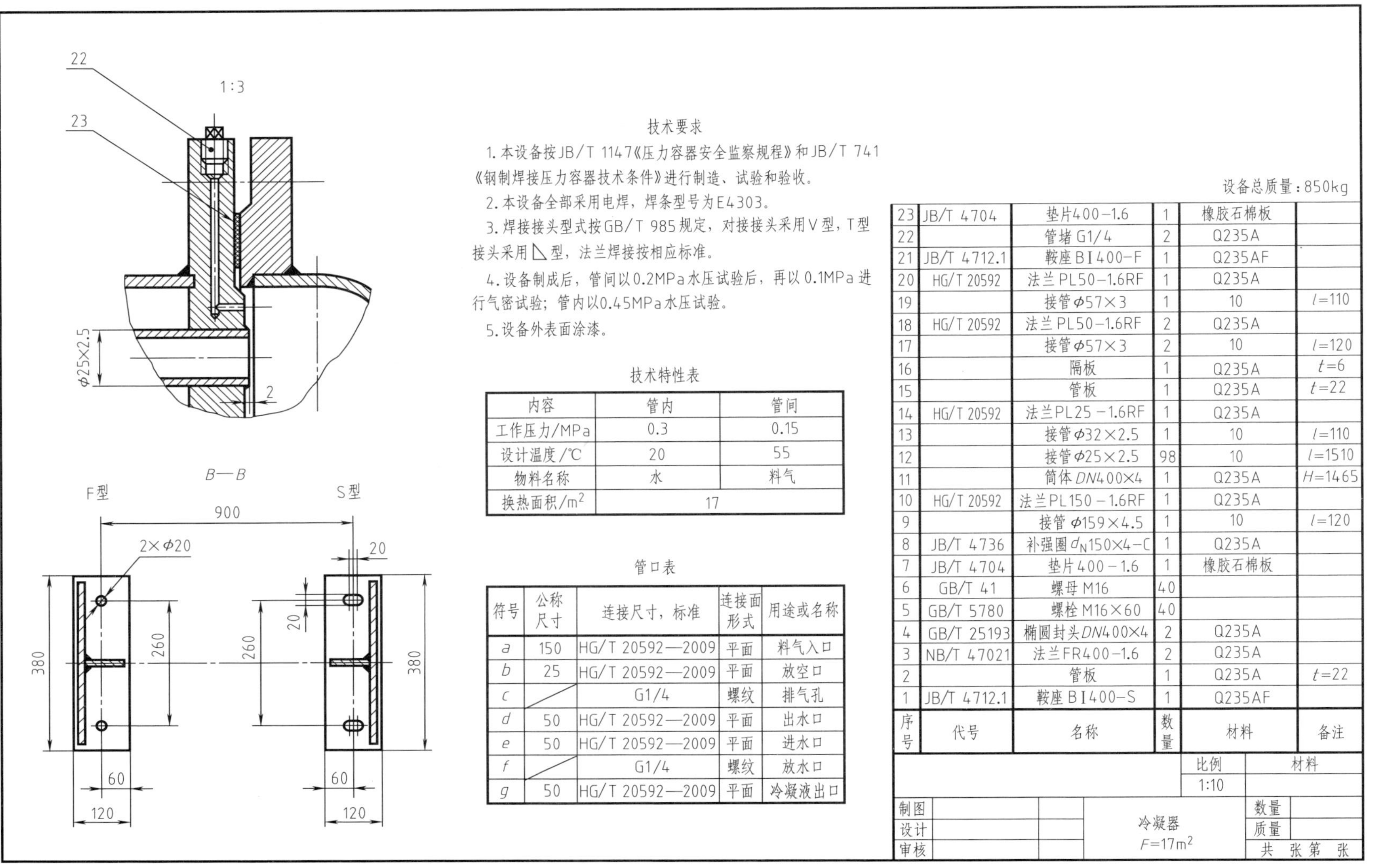

技术要求

1. 本设备按JB/T 1147《压力容器安全监察规程》和JB/T 741《钢制焊接压力容器技术条件》进行制造、试验和验收。

2. 本设备全部采用电焊，焊条型号为E4303。

3. 焊接接头型式按GB/T 985规定，对接接头采用V型，T型接头采用◺型，法兰焊接按相应标准。

4. 设备制成后，管间以0.2MPa水压试验后，再以0.1MPa进行气密试验；管内以0.45MPa水压试验。

5. 设备外表面涂漆。

技术特性表

内容	管内	管间
工作压力/MPa	0.3	0.15
设计温度/℃	20	55
物料名称	水	料气
换热面积/m^2	17	

管口表

符号	公称尺寸	连接尺寸，标准	连接面形式	用途或名称
a	150	HG/T 20592—2009	平面	料气入口
b	25	HG/T 20592—2009	平面	放空口
c		G1/4	螺纹	排气孔
d	50	HG/T 20592—2009	平面	出水口
e	50	HG/T 20592—2009	平面	进水口
f		G1/4	螺纹	放水口
g	50	HG/T 20592—2009	平面	冷凝液出口

序号	代号	名称	数量	材料	备注
23	JB/T 4704	垫片400−1.6	1	橡胶石棉板	
22		管堵 G1/4	2	Q235A	
21	JB/T 4712.1	鞍座 BⅠ400−F	1	Q235AF	
20	HG/T 20592	法兰 PL50−1.6RF	1	Q235A	
19		接管 φ57×3	1	10	*l*=110
18	HG/T 20592	法兰 PL50−1.6RF	2	Q235A	
17		接管 φ57×3	2	10	*l*=120
16		隔板	1	Q235A	*t*=6
15		管板	1	Q235A	*t*=22
14	HG/T 20592	法兰 PL25−1.6RF	1	Q235A	
13		接管 φ32×2.5	1	10	*l*=110
12		接管 φ25×2.5	98	10	*l*=1510
11		筒体 *DN*400×4	1	Q235A	*H*=1465
10	HG/T 20592	法兰 PL150−1.6RF	1	Q235A	
9		接管 φ159×4.5	1	10	*l*=120
8	JB/T 4736	补强圈 d_N150×4−C	1	Q235A	
7	JB/T 4704	垫片400−1.6	1	橡胶石棉板	
6	GB/T 41	螺母 M16	40		
5	GB/T 5780	螺栓 M16×60	40		
4	GB/T 25193	椭圆封头 *DN*400×4	2	Q235A	
3	NB/T 47021	法兰 FR400−1.6	2	Q235A	
2		管板	1	Q235A	*t*=22
1	JB/T 4712.1	鞍座 BⅠ400−S	1	Q235AF	

制图		冷凝器 F=17m^2	比例 1:10	材料
设计			数量	
审核			质量	
			共　张　第　张	

图 2-81　冷凝器装配图

5. 看下列标记，回答问题：

(1) 标记：HG/T 20592 法兰 PL40-2.5RF

含义：名称__________，类型__________，公称直径__________，公称压力__________，密封面型式__________。

(2) 标记：手孔 MFM150-1.6 HG/T 21535—2014

含义：名称__________，公称直径__________，公称压力__________，密封面型式__________。

(3) 标记：JB/T 4712.1—2007 鞍座 BⅢ 1000-F

含义：名称：__________，公称直径__________，安装结构__________，承载型式__________。

6. 看懂图 2-80 所示的反应釜装配图，回答下列问题。

① 本设备的名称为________，其规格为________、________。该图采用的比例为________。

② 图中采用了________个基本视图：一个是________图，该图采用了________剖视和________表达方法；另一个是________图，从图中可了解各管口在________方向上的位置。

③ 夹套是用于________（加热、冷却），换热面积是________，夹套内的介质是________。

④ 设备共用零部件________种，其中________种是标准零部件。耳座的材料是________。

⑤ 该图共用________个局部放大图，其中用于表达上封头与釜体的法兰连接结构是________局部放大图，采用的比例是________；Ⅴ号局部放大图主要表达了________和________的焊接结构及尺寸。

⑥ 该设备的安装尺寸是________、________，支座的装配尺寸是________，盐水进口管的装配尺寸是________、________。

⑦ 酸液从接管________进入反应釜内，碱液从接管________进入釜内，中和后的溶液从接管________排出。为提高反应速度和效果，使用________对物料进行搅拌。

⑧ 该设备的电动机型号为________，功率为________。

7. 读图 2-81 冷凝器装配图，回答下列问题。

冷凝器的工作原理：换热器是进行热量交换的通用设备。在化工生产中，对流体加热或冷却、以及液体气化或蒸汽冷凝等过程都需要使用换热器进行热量交换。用于蒸汽冷凝时的换热器称为冷凝器。本图的冷凝器是列管式换热器，它主要由固定在管板上的管子、管板和壳体组成。工作时，一种介质走管内（管程），另一种介质走管间（壳程），通过管壁进行热量的交换。

① 图上零件共有________种，标准化零部件有________种。接管口有________个。

② 设备管间工作压力为________，管内工作压力为________，管间的设计温度为________，管内设计温度为________，换热面积为________。

③ 主视图采用了________剖视和________、________、________的表达方法；另一个视图采用了________剖视和________的表达方法。

④ *B—B* 剖视图表达了________型和________型鞍式支座，两种支座的________结构不同，是为了________________。

⑤ 该图中采用了________个局部放大图，主要表达了管板与筒体的连接方式是________，法兰与封头的连接方式是________，筒体与封头的连接方式是________，同时也表达了管子与管板的连接结构、管板与法兰的密封结构以及________________的结构。

⑥ 该冷凝器共有________根换热管，管子的长度为________，壁厚为________。管程走________，壳程走________。

⑦ 冷凝器的内径为________，该设备总长为________，总高为________。

⑧ 冷凝器的安装尺寸是________、________、________，料气入口管的装配尺寸是________、________。

课题三

化工工艺流程图的识读与绘制

在炼油、化工、纤维、合成塑料与合成橡胶、化肥等石油化工产品的生产过程中，有着相同的基本操作单元，如蒸发、冷凝、精馏、吸收、干燥、混合、反应等。化工工艺流程图是用来表达化工生产过程与联系的图样，如物料的流程顺序和操作顺序等。它不仅是化工工艺人员进行工艺设计的主要内容，也是进行工艺安装和指导生产的技术文件。化工工艺图主要有方框图、首页图、方案流程图、物料流程图、工艺管道及仪表流程图等。由于使用要求不同，它们在表达的重点、深度、广度、内容详略等方面也各有不同。

项目一　化工工艺流程图的初步认识

一、我能做

① 了解各种化工工艺图的作用。

② 能找出它们之间的联系。

二、主要的用具与工具

名　称	数量	备　注
空压站的方框图	1 张	如图 3-1 所示
空压站的方案流程图	1 张	如图 3-3 所示
空压站的物料流程图	1 张	如图 3-4 所示
空压站的工艺管道及仪表流程图(PID 图)	1 张	如图 3-5 所示

三、活动要求

① 观察并分析空压站的方框图、方案流程图、物料流程图、工艺管道及仪表流程图。

② 总结各种流程图的作用和它们相互之间的联系。

四、学习形式

① 课堂讲授。

② 小组讨论（每组 2～4 人）。

③ 个人独立完成。

五、考核标准

项　目	评分标准	项　目	评分标准
比较四种图，找出相同点	5 分/个	比较四种图，找出不同点	5 分/个

六、你知道吗

（一）方框图

某个化工产品可以通过几种方法制造获取，所采用的方案可以是多种多样的，到底采用哪一种方案可以通过方框图来表达。通过方框图可以了解到该方案的生产原理和处理过程。

每一个方框可以是一个工序或工段，一个或几个工段组成一个车间，通过线条和箭头将各个工段连接起来。方框图属于原理图，是用来简单描述一个生产过程的基本原理及所用方案的图纸。用方框表示一个处理步骤，箭头表示原料、辅料、产品、能源、废物等物料的流向，基本上可以将生产的主要过程表达清楚。

例如，许多化工厂都需要使用压缩空气给气动仪表、气动阀门等提供动力，则需要制备、储存高压洁净的压缩空气，制备压缩空气的方法有多种，采用压缩机对空气进行压缩以提高空气压力，得到高温高压的压缩空气，经过冷却设备冷却后除去压缩空气中的水汽，再除去压缩空气中的粉尘，进入高压贮气罐进行贮存，其方框图如图 3-1 所示。

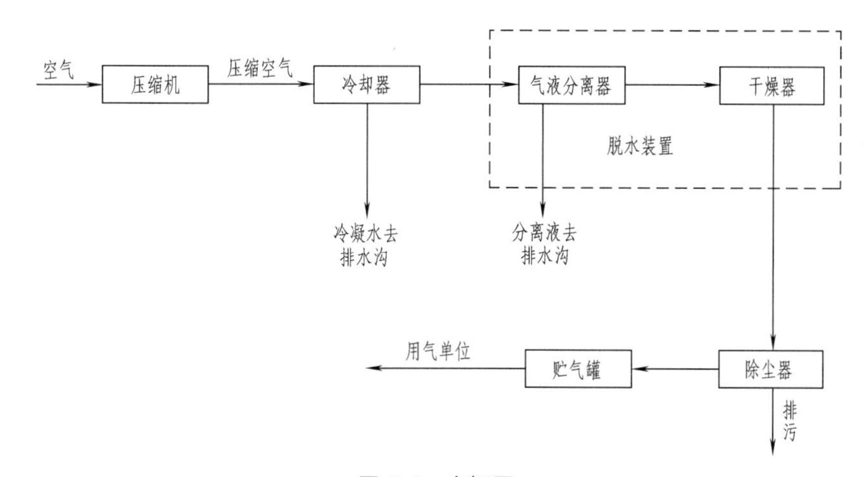

图 3-1 方框图

（二）首页图

在工艺设计施工图中，将所采用部分的规定以图表形式绘制成首页图，以便于识图和更好地使用设计文件。一般将整套工艺流程图编制成册，首页图放在第一页，以供查阅图纸相关说明。首页图如图 3-2 所示，它包括如下内容。

① 工艺管道及仪表流程图中所采用的图例、符号、设备位号、物料代号和管道编号等。

② 装置及工段的代号和编号。

③ 自控（仪表）专业在工艺过程中所采用的检测和控制系统的图例、符号、代号等。

④ 其他有关需要说明的事项。

（三）方案流程图

方案流程图是设计之初提出的一种示意图，也称为流程简图。它是用来表达整个工厂、车间或工序的生产过程概况的图样，即主要表达物料由原料转变为成品或半成品的来龙去脉，以及采用何种化工过程及设备。

方案流程图是提供审查的资料，也是作为进一步设计的依据。图 3-3 所示为某化工厂空压站的方案流程图。方案流程图一般包括如下主要内容。

① 图形：生产用设备的示意图形和工艺流程线。

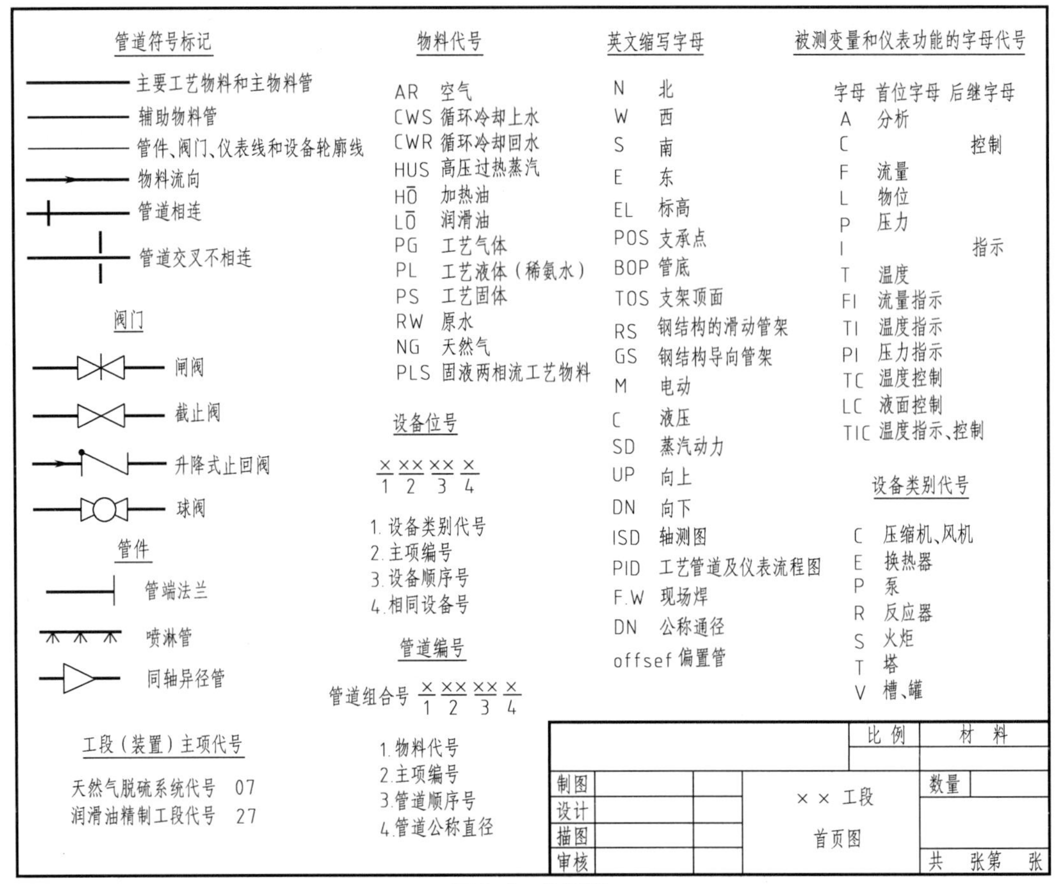

图 3-2 首页图

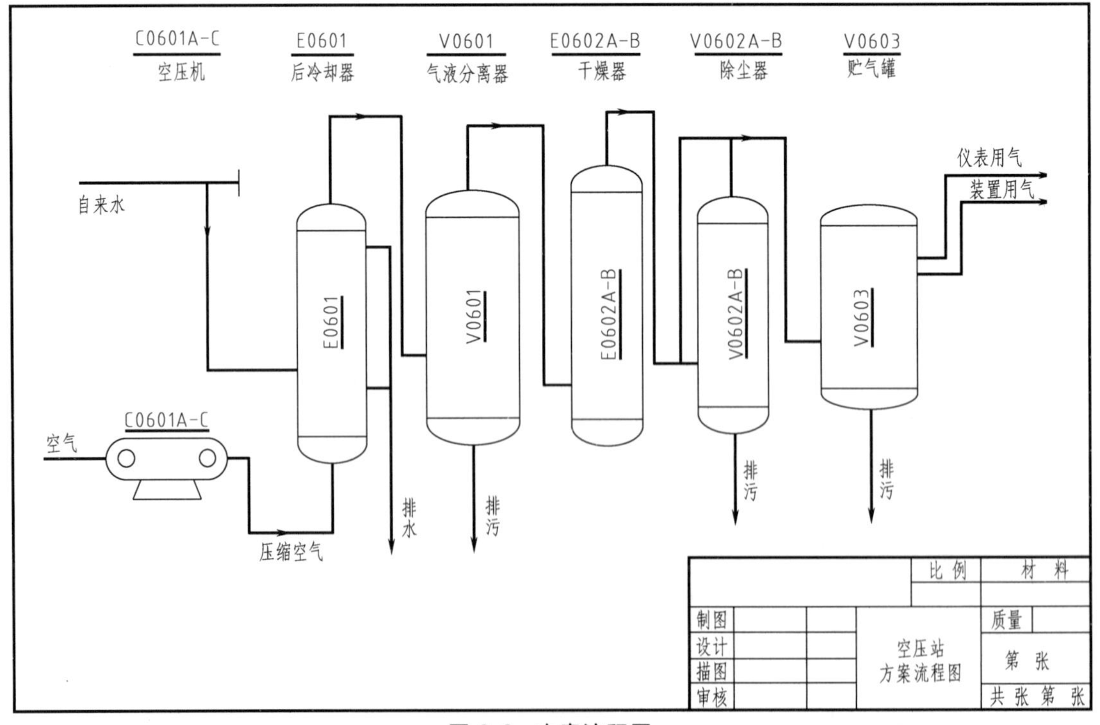

图 3-3 方案流程图

② 标注：设备的位号、名称；物料来源去处的说明。

③ 标题栏：注写图号、图名、设计阶段、签名等。

（四）物料流程图

物料流程图是初步设计阶段中，完成物料衡算、热量衡算时绘制的。它是在方案流程图的基础上，采用图形与表格相结合的形式，来反映设计计算某些结果的图样，可供生产操作时参考。图 3-4 所示为空压站的物料流程图，从图中可以看出，物料流程图的内容、画法和标注等与方案流程图基本一致，只是增加了以下内容。

① 在有些设备的位号、名称下方，注明一些特性数据或参数，如换热器的传热面积、塔的直径与高度、贮罐的容积等。

② 流程的起始部位和物料发生变化的设备之后，用细实线的表格列表表示物料变化前后组分的名称、千摩尔流量（kmol/h）、摩尔分数（y/%）和每项的总和等。具体项目可以按需要增减。物料在流程中的某些参数（如温度、压力），可以在流程线旁注出。

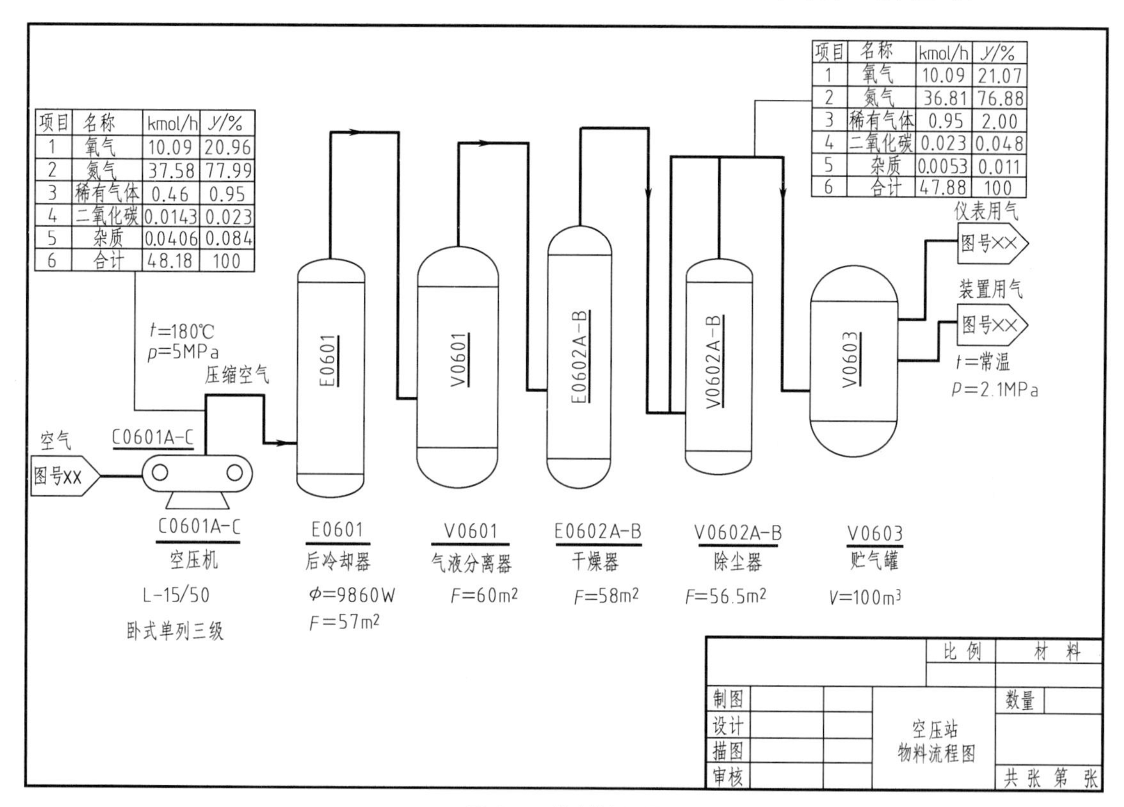

图 3-4　物料流程图

（五）工艺管道及仪表流程图

管道及仪表流程图分为工艺管道及仪表流程图、辅助及公用系统管道及仪表流程图。

工艺管道及仪表流程图（也称 PID、施工流程图、生产控制流程图、带控制点的工艺流程图），是在方案流程图基础上绘制的，是内容更为详细的工艺流程图，如图 3-5 所示。工艺管道及仪表流程图要绘出所有生产设备、机器和管道，以及各种仪表控制点和管件、阀门等有关图形符号。它是经物料平衡、热平衡、设备工艺计算后绘制的，是设备布置、管道布置的原始依据，也是施工的参考资料和生产操作的指导性技术文件。工艺管道及仪表流程图一般以工艺装置的工段或工序为单元绘制，也可以装置为单元绘制。

辅助系统包括正常生产和开、停车过程中所用的仪表空气、工业空气、加热用的燃料（气或油）、脱吸及置换用的惰性气、机泵的润滑油及密封油、放空系统等。一般按介质类型分别绘制，如辅助系统管道图、仪表控制系统图、蒸汽伴热系统图及消防水、汽系统图等。

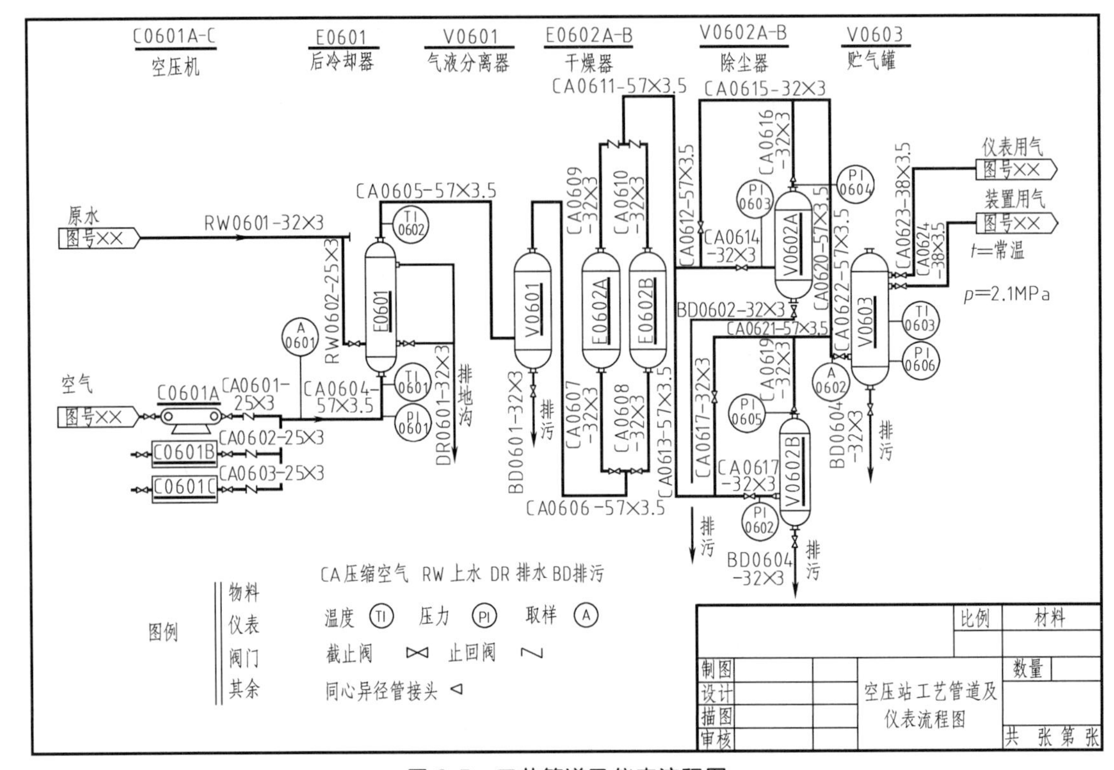

图 3-5 工艺管道及仪表流程图

项目二 化工工艺流程图的深入认识及绘制

一、我能做

① 按化工工艺管道及仪表流程图相关标准的规定，应用粗实线、中粗实线、细实线绘制工艺流程图图样。

② 按化工工艺管道及仪表流程图相关标准的规定，对工艺流程图进行标注。

③ 能按工艺管道及仪表流程图相关标准的规定绘制图例，填写标题栏。

二、主要的用具与工具

名称	数量	备 注	名称	数量	备注
工艺管道及仪表流程图	1张	如图 3-5 所示	绘图工具	1套	
绘图纸	1张	A2			

三、活动要求

根据给出的工艺管道及仪表流程图抄画一张 A2（便于作业，可考虑 A3）图幅的图纸。

四、学习形式

① 课堂讲授。

② 个人独立完成。

五、考核标准

项　目	评　分　标　准	
设备及线条	正确	20 分
	1～2 处错误	18 分
	3～4 处错误	15 分
	4 处以上错误	10 分
主物料流程线	正确	25 分
	1～2 处错误	20 分
	3～4 处错误	15 分
	4 处以上错误	8 分
辅助物料流程线	正确	10 分
	1～2 处错误	8 分
	3～4 处错误	5 分
	4 处以上错误	3 分
阀门及仪表	正确	10 分
	1～2 处错误	8 分
	3～4 处错误	5 分
	4 处以上错误	3 分
标注	正确	25 分
	错标、多标、少标 1～3 处	23 分
	错标、多标、少标 4～6 处	20 分
	错标、多标、少标 7～8 处	15 分
	错标、多标、少标 8 处以上	10 分
图线清晰准确，设备布置合理，阀门、箭头大小一致，标注准确，图面整洁美观	好	10 分
	较好	8 分
	差	5 分

六、你知道吗

工艺管道及仪表流程图一般以工艺装置的工段或工序为单元绘制，也可以装置为单元绘制。

1. 比例与图幅

工艺管道及仪表流程图不按比例绘制。采用标准规格的 A1 图幅，横幅绘制。流程简单的可用 A2 图幅。

2. 设备的画法

① 用细线（0.25mm）根据流程顺序从左至右逐个绘制出能够显示其形状特征的主要轮廓（常用设备的图形画法，参见附表 1）。设备图形不按比例画，但要保持它们的相对大小及位置高低，相互间高低相对位置要与设备实际布置相吻合。如有可能，设备、机器上全部接口（包括人孔、手孔、卸料口等）均应画出，其中与配管有关以及与外界有关的管口（如直连阀门的排液口、排气口、放空口及仪表接口等）必须画出。

② 设备上物料进、出管口的位置，应大致符合实际情况。需大致反映物料从设备的何处进、出，在何处连接。

③ 设备、机器的位置安排应保留适当距离，以便于布置流程线和标注。

④ 两个或两个以上的相同设备，可以只画一套，备用设备可以省略不画。

3. 设备的标注

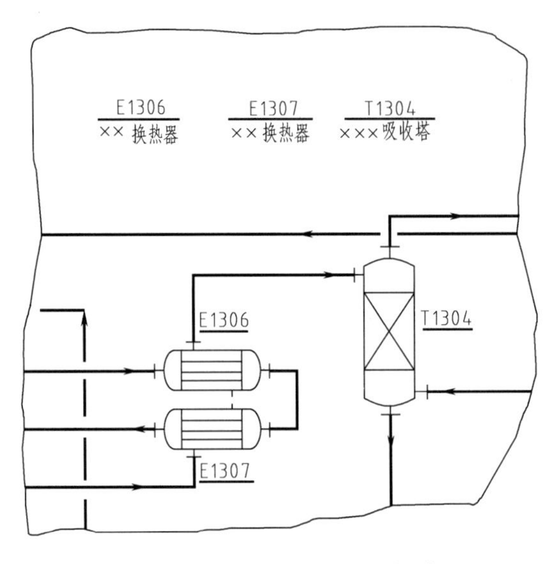

图 3-6 设备的位号和名称标注

设备上应标注设备位号和名称，标注的设备位号在整个车间内不得重复，两台或两台以上相同设备并联时，在位号尾部加注 A、B、C 等字样作为设备的尾号。一般要在两个地方标注设备位号：第一是在图的上方或下方，要求排列整齐，并尽可能正对设备，用粗线画一水平位号线，在位号线的上方注写设备位号，在位号线的下方标注设备名称；第二是在设备内或其近旁，用粗线画一水平位号线，在位号线的上方注写设备位号，此处仅注位号，不注名称。当几个设备或机器为垂直排列时，它们的位号和名称可以由上而下按顺序标注，也可水平标注。设备的位号和名称标注如图 3-6 所示。

① 将设备的名称和位号，在流程图上方或下方靠近设备示意图的位置排成一行，如图 3-4、图 3-5 所示。

② 标注设备位号和名称时，在水平线（粗线）的上方注写设备位号，下方注写设备名称，如图 3-7 所示。

③ 设备位号由设备分类代号（表 3-1）、工段号（两位数字）、同类设备顺序号（两位数字）和相同设备数量尾号（大写拉丁字母）四部分组成，如图 3-7 所示。

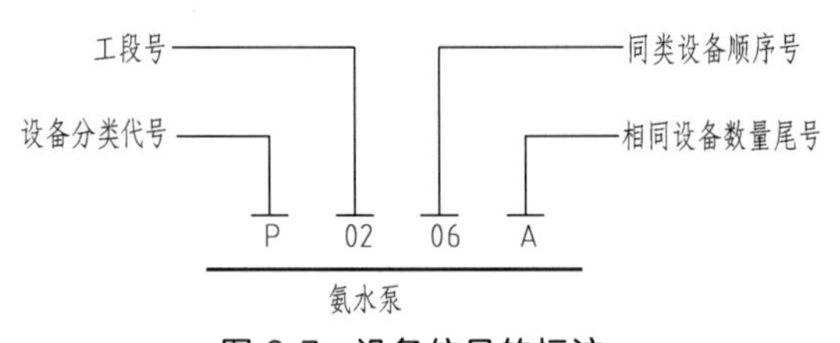

图 3-7 设备位号的标注

■ 表 3-1 设备分类代号（摘自 HG/T 20519—2009）

设备类别	塔	泵	工业炉	换热器	反应器	起重设备	压缩机	火炬烟囱	容器	其他机械	其他设备	计量设备
代号	T	P	F	E	R	L	C	S	V	M	X	W

4. 管道流程线的画法

管道图例见表 3-2。

① 用粗线（d，0.6～0.9mm）画出各设备之间的主要物料流程线。

② 用中粗线（$d/2$，0.3～0.5mm）画出其他辅助物料的流程线。

■ 表 3-2　工艺管道及仪表流程图的管道图例（摘自 HG/T 20519—2009）

名　称	图　例	名　称	图　例
主要工艺物料管道		夹套管道	
辅助管道		管道绝热层	
蒸汽伴热管道		喷淋管	
电伴热管道		原有管道	
流向箭头	d　3d　12d	坡度	i=

③ 流程线一般画成水平线和垂直线（不用斜线），转弯一律画成直角。

④ 流程线之间或流程线与设备之间发生交叉时，应将其中一线断开或绕弯通过，断开处的间隙应是线粗的 5 倍左右。同一物料线交错，按流程顺序一般都将后一流程线断开，即“先不断、后断”；不同物料线交错时，主物料线不断，辅助物料线断，即“主不断、辅断”。

⑤ 在两设备之间的流程线上，至少应有一个流向箭头。

⑥ 平行线之间的距离至少应大于 1.5mm，以保证复制件上的图线不会区分不清或重叠。

5. 管道的标注

(1) 图上的管道与其他图样有关时，一般都将其端点绘在图的左方或右方，以图纸接续标志标出物流方向（入或出）。图纸接续标志内填写接或续的图纸编号，在其上方注明来或去的设备位号或管道号或仪表位号。图纸接续标志用细线绘制。进、出不同装置或工段的管道或仪表信号线的图纸接续标志如图 3-8（a）所示；进、出同一装置或工段内的管道或仪表信号线的图纸接续标志如图 3-8（b）所示。

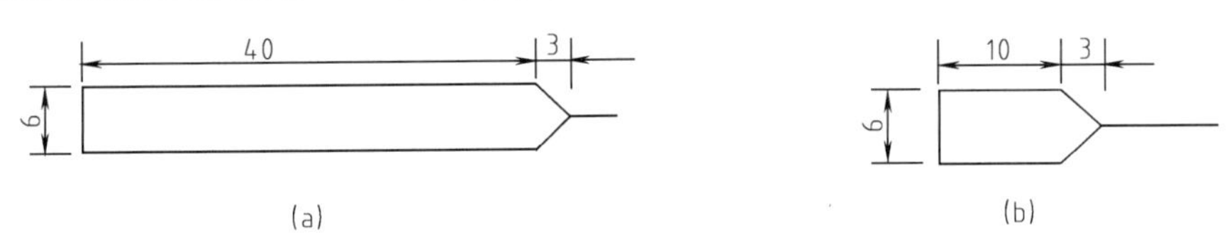

图 3-8　图纸接续标志

(2) 工艺管道及仪表流程图中全部管道都要标注管道组合号。横向管道标注在管道的上方，竖向管道标注在管道的左方，也可用指引线引出标注。管道组合号由管道号（包括物料代号、工段号、管段序号）、管径、管道等级和绝热或隔声四部分组成。管道号和管径为一组，用短横线隔开；管道等级和绝热或隔声为另一组，用短横线隔开，两组间留适当的空隙，如图 3-9（a）所示。也可将管道等级和绝热或隔声标注在管道下方，如图 3-9（b）所示。

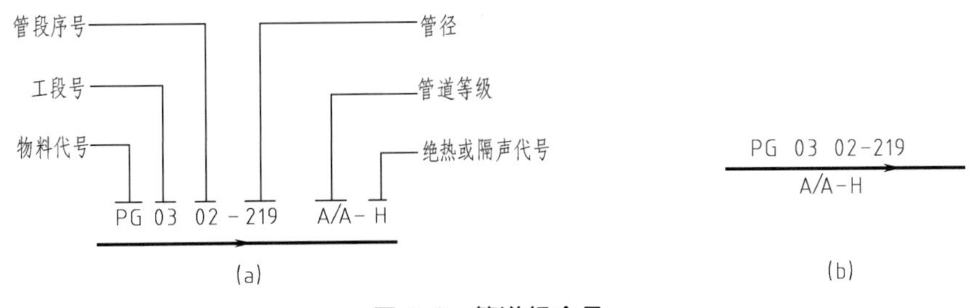

图 3-9　管道组合号

（3）管道号由物料代号、工段号和管段序号组成。物料代号，按物料的名称和状态取其英文名词的字头组成，见表 3-3。工段号与设备的工段号相同，管段序号按工艺生产流程输送同种物料管段依次编号，用两位数字 01、02 等表示。

（4）管道尺寸一般标注公称直径，不标注单位。无缝钢管标注外径×壁厚。

（5）工艺流程简单、管道品种规格不多时，管道等级和隔热或隔声可以省略。

（6）管道编号注意事项如下。

① 在满足设计、施工和生产方面的要求，并不会产生混淆和错误的前提下，管道号的数量应尽可能少。

② 同一根管道在进入不同工段时，其管道组合号中的工段编号和顺序号均要变更。在图纸上要注明变更处的分界标志。

③ 装置外供给的原料，其工段号以接受方的工段号为准。

④ 放空和排液管道若有管件、阀门和管道，则要标注管道组合号。若放空和排液管道是排入工艺系统自身，其管道组合号按工艺物料编制。

■ 表 3-3 物料名称及代号（摘自 HG/T 20519—2009）

工艺物料代号	物料名称	空气、蒸汽物料代号	物料名称	工业用水物料代号	物料名称
PA	工艺空气	AR	空气	BW	锅炉给水
PG	工艺气体	CA	压缩空气	CWR	循环冷却回水
PGL	气液两相流工艺物料	IA	仪表空气	CWS	循环冷却上水
PGS	气固两相流工艺物料	HS	高压蒸汽	DNW	脱盐水
PL	工艺液体	LS	低压蒸汽	DW	饮用水
PS	工艺固体	MS	中压蒸汽	FW	消防水
PLS	液固两相流工艺物料	HUS	高压过热蒸汽	RW	原水、新鲜水
PW	工艺水	LUS	低压过热蒸汽	SW	软水
		TS	伴热蒸汽	WW	生产废水
		SC	蒸汽冷凝水	CSW	化学污水
燃料、油物料代号	物料名称	制冷剂物料代号	物料名称	其他物料代号	物料名称
FG	燃料气	AG	氨气	DR	排液、导淋
FL	液体燃料	AL	液氨	FV	火炬排放气
FS	固体燃料	ERG	气体乙烯或乙烷	HO	加热油
NG	天然气	ERL	液体乙烯或乙烷	IG	惰性气
DO	污油	FRG	气体丙烯或丙烷	SG	合成气
FO	燃料油	FRL	液体丙烯或丙烷	TG	尾气
RO	原油	PRG	氟里昂气体	VE	真空排放气
SO	密封油	PRL	氟里昂液体	VT	放空

⑤ 一个设备管口到另一个设备管口之间的管道，无论其规格或尺寸改变与否，要编一个号；一个设备管口与一个管道之间的连接管道也要编一个号；两个管道之间的连接管道也要编一个号。

⑥ 一根管道与多个并联设备相连时，若此管道作为总管出现，则总管编一个号，总管到各设备的连接支管也要分别编号；若此管不作为总管出现，一端与设备直连（允许有异径管），则此管到离其最远设备的连接管编一个号，与其余各设备间的连接管也分别编号。

⑦ 界外管道作为厂区外管或另有单独工段号，其编号中的工段号要按界外管道工段为准。

6. 阀门、管件、仪表控制点的画法

① 阀门、管件。管道上所有的阀门和管件（如视镜、流量计、异径接头等），用细实线按标准规定的图形符号（见表 3-4）在相应处画出。阀门图例尺寸一般为长 6mm、宽 3mm，或长 4mm、宽 2mm。

■ 表 3-4 管道系统常用阀门、管件的图形符号（摘自 HG/T 20519—2009）

名称	符号	名称	符号
截止阀		旋塞阀	
闸阀		球阀	
蝶阀		隔膜阀	
旋启式止回阀		减压阀	
升降式止回阀		节流阀	
角式截止阀		角式球阀	
角式节流阀		三通截止阀	
角式弹簧安全阀		疏水阀	
放空帽(管)	(帽) (管)	阻火器	
同心异径管		偏心异径管	
文氏管		喷射器	

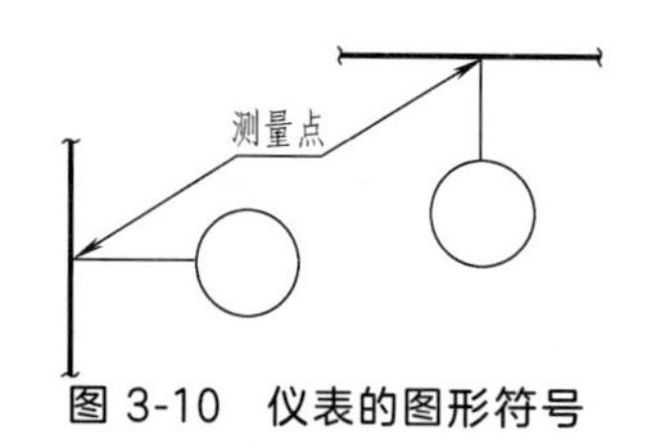

图 3-10　仪表的图形符号

② 仪表、控制点。流程图中需用细线在相应的管道上用符号将仪表及控制点正确地绘出。符号包括图形符号和表示被测变量、仪表功能的字母代号。仪表的图形符号如图 3-10 所示，细线圆直径为 10mm，并用细线连到工艺设备的轮廓线或工艺管道上的测量点。表示仪表安装位置的图形符号见表 3-5。

■ 表 3-5　仪表安装位置的图形符号（摘自 HG/T 20505—2014）

序号	共享显示、共享控制		C	D	安装位置与可接近性
	A	B			
	首选或基本过程控制系统	备选或安全仪表系统	计算机系统及软件	单台（单台仪表设备或功能）	
1					• 位于现场 • 非仪表盘、柜、控制台安装 • 现场可视 • 可接近性-通常允许
2					• 位于控制室 • 控制盘/台正面 • 在盘的正面或视频显示器上可视 • 可接近性-通常允许
3					• 位于控制室 • 控制盘背面 • 位于盘后的机柜内 • 在盘的正面或视频显示器上不可视 • 可接近性-通常不允许
4					• 位于现场控制盘/台正面 • 在盘的正面或视频显示器上可视 • 可接近性-通常允许
5					• 位于现场控制盘背面 • 位于现场机柜内 • 在盘的正面或视频显示器上不可视 • 可接近性-通常不允许

7. 仪表及仪表位号的标注

在检测控制系统中构成一个回路的每个仪表（或元件），都应有自己的仪表位号。仪表位号由字母代号组合与阿拉伯数字编号组成：第一位字母表示被测变量，后继字母表示仪表的功能（可一个或多个组合，最多不超过五个），字母的组合示例见表 3-6；用两位数字表示工段号，用两位数字表示仪表序号。仪表序号编制按工艺生产流程同种仪表依次编号，如图 3-11 所示。

■ 表 3-6　被测变量及仪表功能字母组合示例

被测变量 仪表功能	温度 T	温差 TD	压力 P	压差 PD	流量 F	物位 L	分析 A	密度 D	未分类的量 X
指示 I	TI	TDI	PI	PDI	FI	LI	AI	DI	XI
记录 R	TR	TDR	PR	PDR	FR	LR	AR	DR	XR
控制 C	TC	TDC	PC	PDC	FC	LC	AC	DC	XC
变送 T	TT	TDT	PT	PDT	FT	LT	AT	DT	XT
报警 A	TA	TDA	PA	PDA	FA	LA	AA	DA	XA
开关 S	TS	TDS	PS	PDS	FS	LS	AS	DS	XS

续表

被测变量 仪表功能	温度 T	温差 TD	压力 P	压差 PD	流量 F	物位 L	分析 A	密度 D	未分类的量 X
指示、控制	TIC	TDIC	PIC	PDIC	FIC	LIC	AIC	DIC	XIC
指示、开关	TIS	TDIS	PIS	PDIS	FIS	LIS	AIS	DIS	XIS
记录、报警	TRA	TDRA	PRA	PDRA	FRA	LRA	ARA	DRA	XRA
控制、变送	TCT	TDCT	PCT	PDCT	FCT	LCT	ACT	DCT	XCT

在工艺管道及仪表流程图中，仪表位号中的字母代号填写在圆圈的上半圆中，数字编号填写在圆圈的下半圆中，如图 3-12 所示。

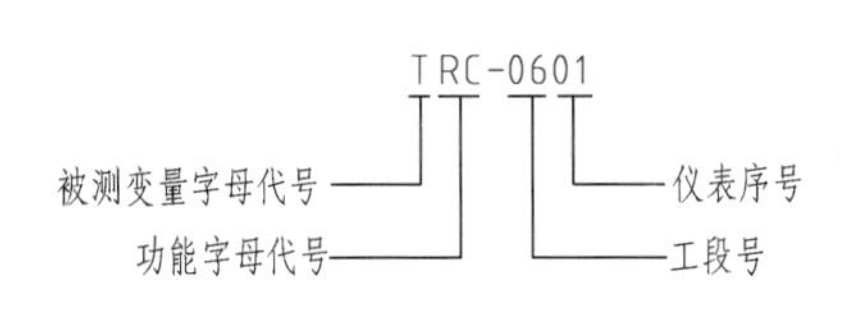

图 3-11　仪表位号的组成

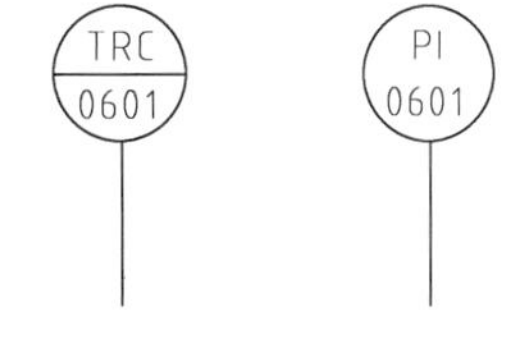

图 3-12　仪表位号的标注

8. 画出图例、注写标题栏

工艺管道及仪表流程图中所采用的管件、阀门、仪表控制点的图例、符号、代号及其他标注（如管道编号、物料代号）等说明，应以图表的形式单独绘制成首页图。若流程比较简单，所用图例不多，也可将其放在图形的下方或右方空白处。

项目三　工艺管道及仪表流程图的识读

一、我能做

① 了解设备名称、位号及数量，大致了解设备的用途。

② 了解图样名称和图形符号、代号等的意义。

③ 了解物料介质的流向、工艺过程。

④ 了解阀门、仪表控制点的情况。

二、主要的用具与工具

名　称	数　量	备　注
工艺管道及仪表流程图	2 张	如图 3-13、图 3-14 所示

三、活动要求

根据给出的工艺管道及仪表流程图回答问题。

（一）阅读图 3-13 所示的配酸岗位管道及仪表流程图，并回答问题。

① 阅读标题栏及图例，从中了解图样名称和图形符号、代号等的意义。看图中的设备，了解设备名称、位号及数量，大致了解设备的用途。

② 设备位号 V0301 的名称为________，V0302 的名称为________，V0303 的名称为________，R0301 的名称为____________，E0301 的名称为____________，该流程有静设备____________台，动设备____________台。

③ 读流程图，了解主物料介质的流向。

浓酸与来自____________的软水在________________中混合，并利用____________冷却得到稀释后的稀酸去____________。浓酸来自________，软水由室外来的蒸汽经____________冷凝成软水进入____________。

④ 了解阀门、仪表控制点的情况。

各段管道上都装有阀门，它们是____________阀，共有____________个。

（二）阅读图 3-14 所示的润滑油精制工段工艺管道及仪表流程图，并回答问题。

① 看图中的设备，了解设备名称、位号及数量，大致了解设备的用途。

该工段共有设备____台，自左到右分别为________、________、________、________、________、________、________、________、________、________、________、________、________、________、________。其中静设备____台，动设备____台。

② 阅读流程图，了解主物料介质流向。

其主流程是，原料油与介质____在________设备内混合搅拌后，去圆筒炉加热。混合前，原料在________设备与________油通过热量交换进行预热。

对影响润滑油使用性能的轻质组分，在塔顶通过设备抽入集油槽进行回收。

③ 看其他介质流程线，了解各种介质与主物料如何接触和分离。

白土与润滑油混合后，吸附了润滑油原料中的机械杂质、胶质、沥青质等，再通过________设备进行分离。

④ 看动力系统流程，了解蒸汽、水、电的用途。

精馏塔底吹入________介质，有利携带轻质馏分到塔顶进入冷凝器________。循环冷却水来自________，然后分为________路，其中一路去________设备进行喷淋，另一路经过________设备后去____________塔。

⑤ 看仪表控制系统，了解各种仪表安装位置以及测量和控制参量。

在往复泵出口，就地安装有________仪表，在离心泵出口，就地安装有________仪表。原料油与白土混合后，在________设备内部和出口，通过仪表测量并控制其________参量。

四、学习形式

① 课堂讲授。

② 个人独立完成。

五、考核标准

项　目	评 分 标 准
完成活动要求中的填空题	每空 2 分，50 个空格

六、你知道吗

阅读工艺管道及仪表流程图的目的是了解和掌握物料的工艺流程，设备的数量、名称和位号，管道的编号和规格，阀门及仪表控制点的部位和名称等，以便在管道安装和工艺操作中，做到心中有数，为选用、设计、制造各种设备提供工艺条件，为管道安装提供方便。对照工艺管道及仪表流程图，可以帮助熟悉现场流程，掌握开、停工顺序，维护正常生产操作。还可根据工艺管道及仪表流程图，判断流程控制操作的合理性，进行工艺改革和设备改造及挖潜。通过工艺管道及仪表流程图还能进行事故设想，提高操作水平和预防、处理事故的能力。

现以两例介绍阅读工艺管道及仪表流程图的方法与步骤。

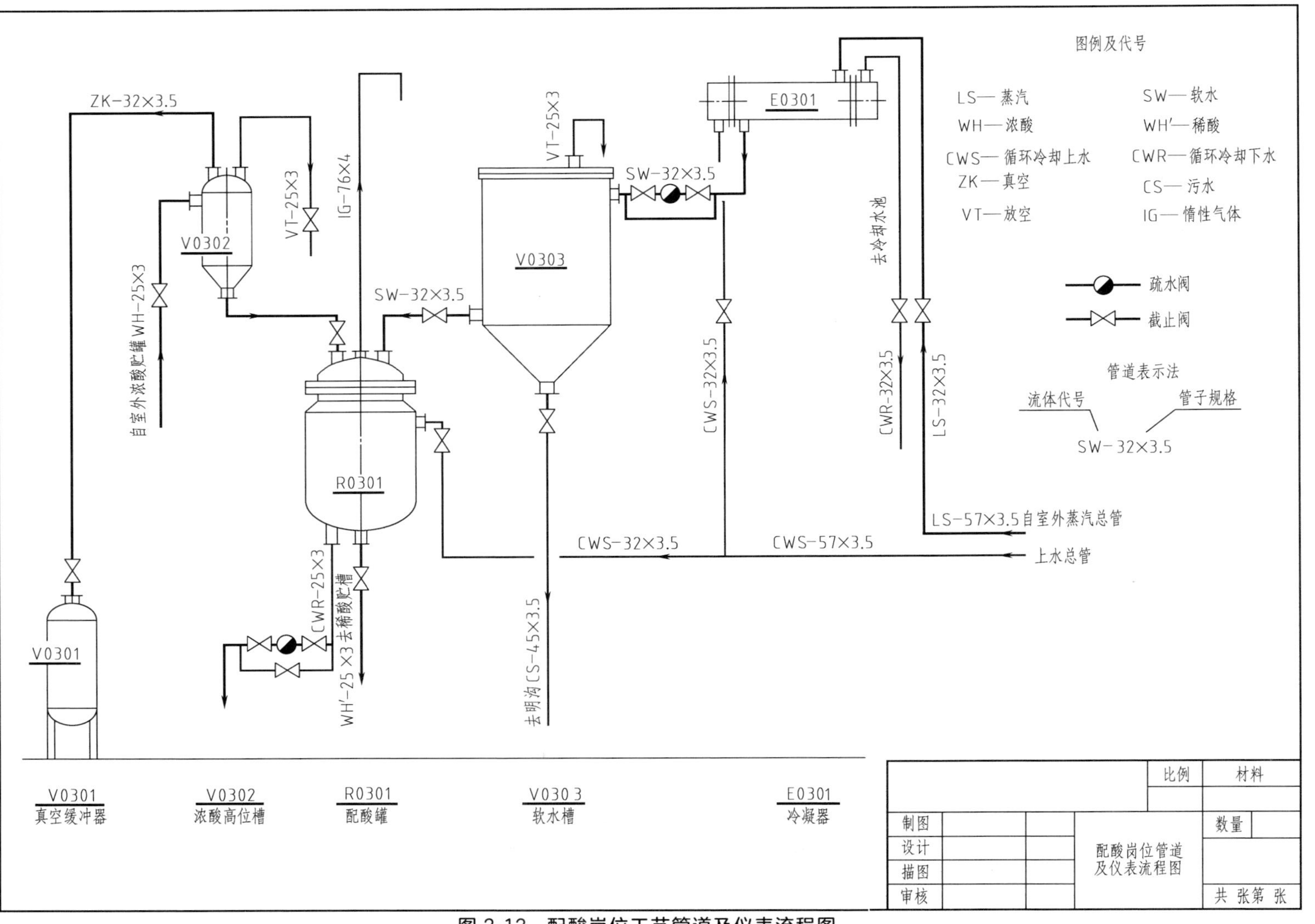

图 3-13　配酸岗位工艺管道及仪表流程图

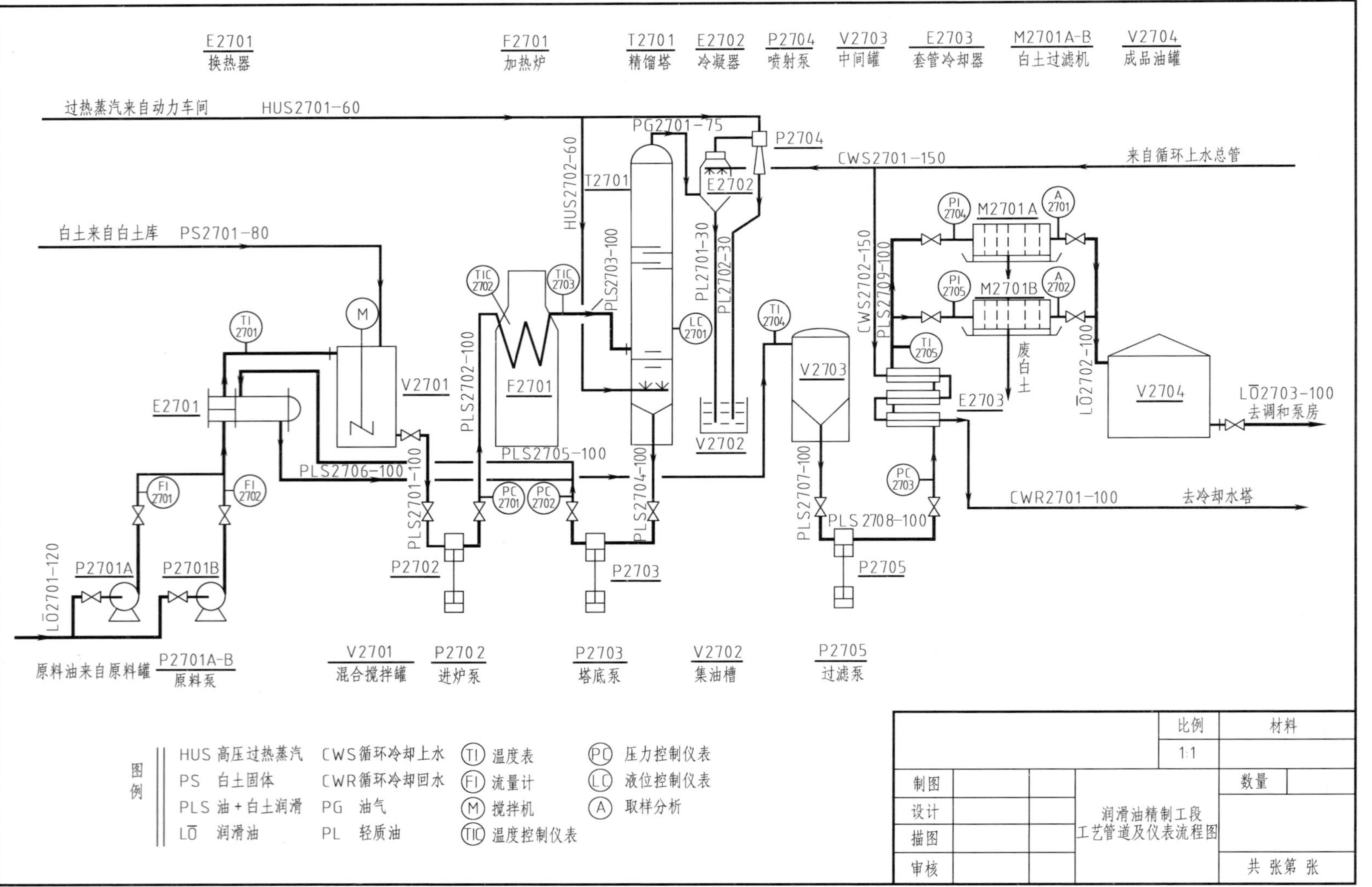

图 3-14　润滑油精制工段工艺管道及仪表流程图

［例 3-1］ 阅读图 3-5 所示的空压站工艺管道及仪表流程图。

1. 了解设备的数量、名称和位号

从图形上方的设备标注中可知空压站工艺设备有 10 台，其中相同型号的空压机 3 台（C0601A-C），1 台后冷却器（E0601），1 台气液分离器（V0601），2 台干燥器（E0602A-B），2 台除尘器（V0602A-B），1 台贮气罐（V0603）。

2. 了解主要物料的工艺流程

从空压机出来的压缩空气，经测温点 TI0601 进入后冷却器。冷却后的压缩空气经测温点 TI0602 进入气液分离器，除去油和水的压缩空气分两路进入两干燥器进行干燥，然后分两路分别经测压点 PI0602、PI0603 进入两除尘器。除尘后的压缩空气分别经测压点 PI0604、PI0605 后再经取样点 A0602 进入贮气罐后，送仪表用气使用。

3. 了解其他物料的工艺流程

冷却水沿管道 RW0601-25×3 经截止阀进入后冷却器，与温度较高的压缩空气进行换热后，经管道 DR0601-32×3 排入地沟。

4. 了解阀门、仪表控制点的情况

从图中可看出，主要有 5 个止回阀，分别安装在空压机、干燥器的出口处，其他均是截止阀。仪表控制点有温度显示仪表 2 个，压力显示仪表 5 个。这些仪表都是就地安装的。2 个取样分析口分别布置在后冷却器入口和贮气罐入口，以便取样分析压缩空气的相关指标。

5. 了解故障处理流程线

空气压缩机有 3 台，其中 1 台备用。若压缩机 C0601B 出现故障，可先关闭该机的进口阀，再开启备用机 C0601C 的进口阀并启动。此时压缩空气经 C0601C 的出口阀沿管道 CA0603-25×3 进入后冷却器。

［例 3-2］ 阅读图 3-15 所示的天然气脱硫系统工艺管道及仪表流程图。

1. 了解设备的数量、名称和位号

天然气脱硫系统的工艺设备共有 9 台。其中有相同型号的罗茨鼓风机 2 台（C0701A、C0701B），1 个脱硫塔（T0701），1 台氨水贮罐（V0701），1 台贫氨水泵（P0701），1 台富氨水泵（P0702），1 台空气鼓风机（C0702），1 个再生塔（T0702），1 个除尘塔（T0703）。

2. 了解主要物料的工艺流程

从天然气配气站来的原料（天然气），经罗茨鼓风机（C0701A、C0701B）从脱硫塔下部进入，在塔内与氨水气液两相逆流接触，其天然气中的有害物质硫化氢，经过化学吸收过程，被氨水吸收脱除。然后进入除尘塔（T0703），在塔中经水洗除尘后，由塔顶排出，脱硫气送造气工段使用。

3. 了解动力或其他物料的工艺流程

由碳化工段来的稀氨水进入氨水贮罐（V0701），由贫氨水泵（P0701）抽出后，从脱硫塔（T0701）上部打入。从脱硫塔下部出来的废氨水，经富氨水泵（P0702）抽出，打入再生塔（T0702），在塔中与新鲜空气逆流接触，空气吸收废氨水中的硫化氢后，余下的酸性气去硫磺回收工段。从再生塔下部出来的再生氨水，由贫氨水泵（P0701）打入脱硫塔，循环使用。

罗茨鼓风机为 2 台并联（工作时一台备用），它是整个系统天然气的动力。空气鼓风机的作用是从再生塔下部送入新鲜空气，将稀氨水里的含硫气体除去，通过管道将酸性气体送到硫磺回收工段。由自来水总管提供除尘水源，从除尘塔上部进入塔中。

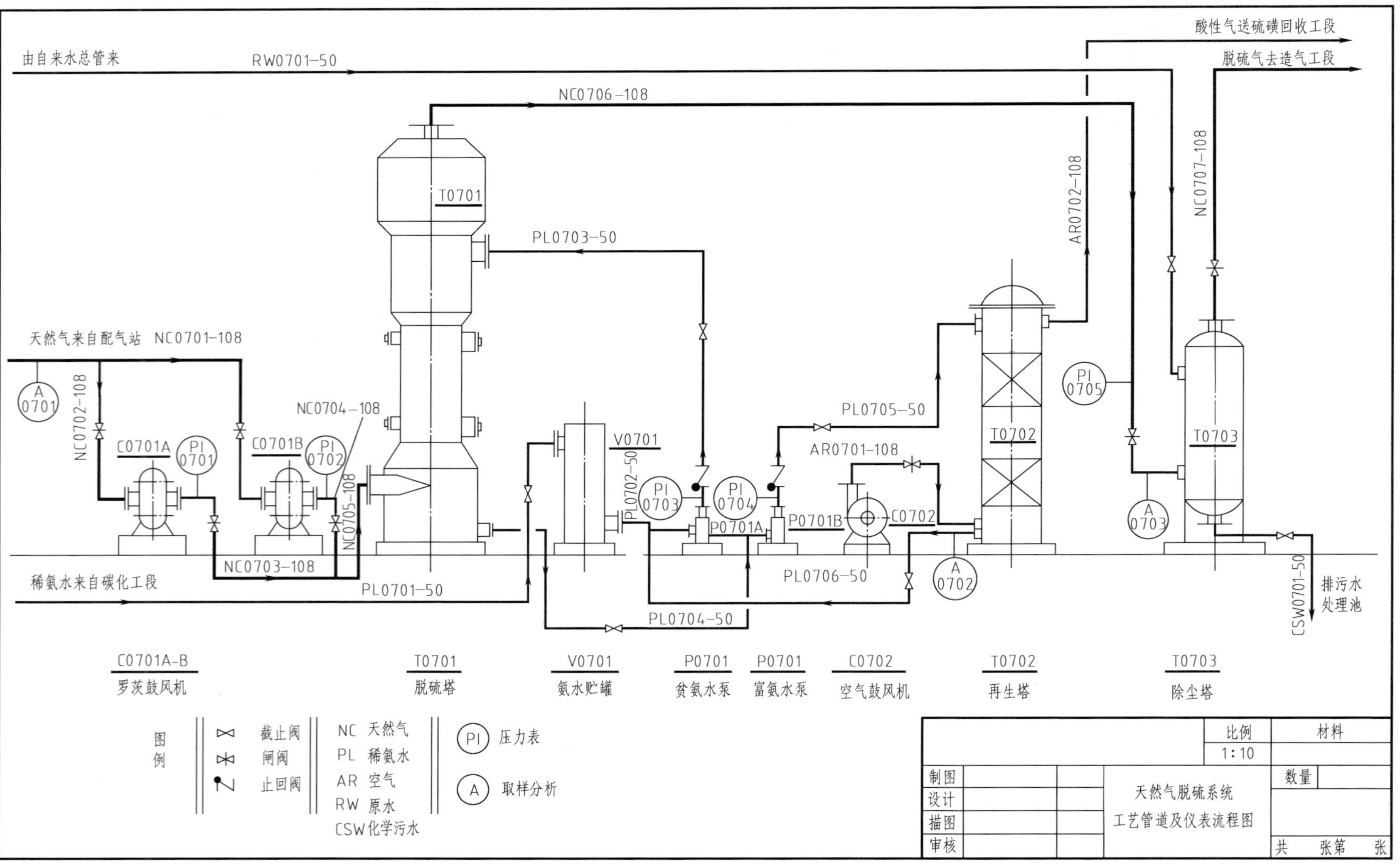

图 3-15 天然气脱硫系统工艺管道及仪表流程图

4. 了解阀门及仪表控制点的情况

在2台罗茨鼓风机的出口、2台氨水泵的出口和除尘塔下部物料入口处，共有5个就地安装的压力指示仪表。在天然气原料线、再生塔底出口和除尘塔料气入口处，共有3个取样分析点。

脱硫系统整个管段上均装有阀门，对物料进行控制。有7个截止阀、7个闸阀、2个止回阀。止回方向是由氨水泵打出，不可逆向回流，以保证安全生产。

随堂练习

1. 阅读图3-5所示的空压站工艺管道及仪表流程图，并回答问题。

① 该流程共用设备______台，其中空压机____台、除尘器____台、贮气罐____台。气液分离器的位号是________。

② 空气经空压机提高______后进入________。在后冷却器中，压缩空气与______进行热量交换，压缩空气被冷却，冷却的目的是________________________________。

③ 管道标注CA0605-57×3.5中，CA表示__________，06表示__________，05表示__________，57表示__________，3.5表示__________。

④ 该流程有测温点____个，测压点____个，取样点____个。(TI 0602)中T表示______，I表示____，06表示__________，02表示__________，这个仪表的安装方式是__________。

⑤ 该流程有____种阀门，其中有截止阀____个，止回阀____个。

2. 看图3-15天然气脱硫系统工艺管道及仪表流程图，回答问题。

① 该图为______________工艺管道及仪表流程图，绘图比例为________。

② 该流程共用设备______台，其中静设备____台，动设备____台。静设备的名称分别是________、________、__________、__________。

③ 仪表符号(PI 0704)中P表示________、I表示________，07表示__________，04表示__________。该流程共用压力表______个，取样分析点______个。

④ 该流程所用的管路，最粗管的管径是______mm，最细管的管径是______mm。主要物料管路中所走物料的代号是______。

⑤ 该流程中所用的阀门种类有____种，其中截止阀有____个，其符号是______；止回阀有______个，其符号是______，作用是________________；闸阀有______个，其符号是______。

⑥ 了解该脱硫系统的主要物料工艺流程，从天然气配气站来的原料经__________输送从________的下部进入，在塔内与______气液两相逆流接触，其中天然气中的有害物质硫化氢，经过化学吸收过程，被氨水吸收脱除。脱硫后的天然气从脱硫塔______排出，进入________，在塔中经水洗除尘后，由______排出，脱硫气送________工段使用。

⑦ 在该系统中，由________工段来的稀氨水进入________，由________抽出后，从脱硫塔上部打入。从________下部出来的废氨水，经________抽出，打入________，在塔中与新鲜空气逆流接触，空气吸收废氨水中的硫化氢后，余下的酸性气去__________工段。从________下部出来的再生氨水，由贫氨水泵打入________，循环使用。

课题四

设备布置图的识读与绘制

工艺流程设计所确定的全部设备，必须根据生产工艺的要求和具体情况，在厂房建筑内外合理布置、安装固定，以满足生产的需要。这种用来表示设备与建筑物、设备与设备之间的相对位置，能直接指导设备安装的图样称为设备布置图。设备布置图是进行管道布置设计、绘制管道布置图的依据。

项目一　设备布置图的初步认识

一、我能做

① 了解设备布置图的作用。

② 了解设备布置图的内容。

③ 找出设备布置图与工艺管道及仪表流程图之间的联系。

二、主要的用具与工具

名　称	数　量	备　注
设备布置图	1 张	如图 4-1 所示
工艺管道及仪表流程图	1 张	如图 3-5 所示

三、活动要求

① 观察分析设备布置图的特点和应用。

② 简述设备布置图和工艺管道及仪表流程图的联系。

③ 简述设备布置图和厂房建筑图的联系。

四、学习形式

① 课堂讲授。

② 小组讨论（每组 2～4 人）。

③ 个人独立完成。

五、考核标准

项　目	评分标准
比较设备布置图和工艺管道及仪表流程图，找出相同点和不同点	5 分/个
比较设备布置图和厂房建筑图，找出相同点和不同点	5 分/个

六、你知道吗

（一）设备布置图的内容和作用

设备布置图采用正投影的方法绘制，是在简化了的厂房建筑图上，增加了设备布置的内容。图 4-1 所示为空压站设备布置图，从中可以看出设备布置图一般包括以下几方面的内容。

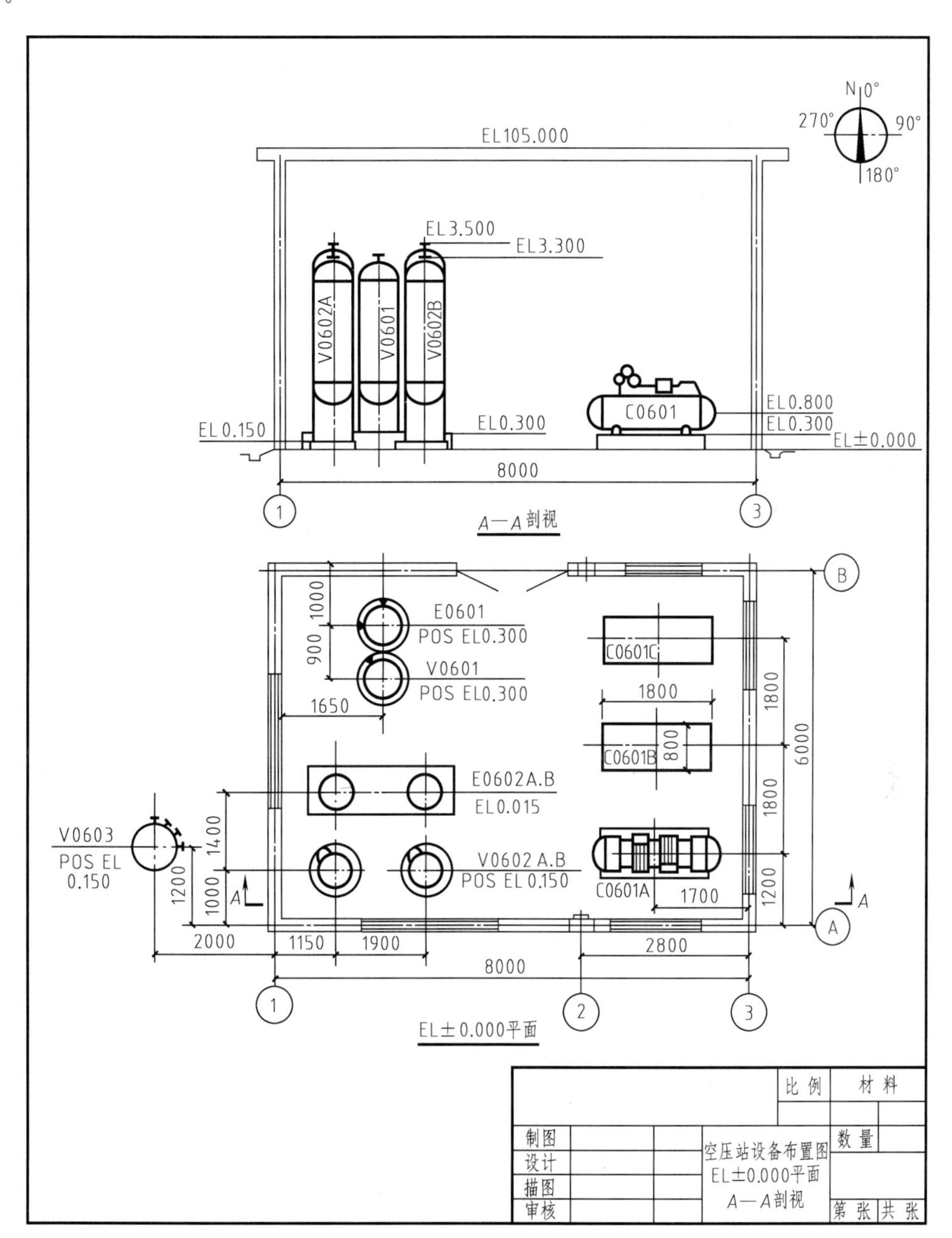

图 4-1 空压站设备布置图

1. 一组视图

包括平面图和剖视图，表示厂房建筑的基本结构，以及设备在厂房内外的布置情况。

平面图是用来表达某层厂房设备布置情况的水平剖视图。平面图主要表示厂房建筑的方位、占地大小、内部分隔情况，以及设备安装定位情况。定位情况包括设备在厂房内外的布置情况及设备间的相对位置。

剖视图是在厂房建筑的适当位置上，垂直剖切后绘出的，用来表达设备沿高度方向的布置安装情况。

2. 尺寸及标注

设备布置图中一般要标注与设备有关的建筑物的尺寸，建筑物与设备之间、设备与设备之间的定位尺寸（不标注设备的定形尺寸），同时还要标注厂房建筑定位轴线的编号、设备的名称和位号，以及注写必要的说明等。

3. 安装方位标

安装方位标也称为设计北向标志，是确定设备安装方位的基准，一般将其画在图样的右上方。

4. 标题栏

注写图名、图号、比例、设计者等。图名一般分两行，上行写“×××设备布置图”，下行写“EL-××.×××平面、EL±0.000平面、“EL+××.×××平面”、“×—×剖视”等。

（二）设备布置图与厂房建筑图的关系

设备布置图与厂房建筑图之间有着互相依赖的关系。工艺人员首先根据设备布置安装的需要，对厂房建筑的面积、跨度、层数和层高、内部分隔、门窗位置以及与设备安装有关的操作平台、预留孔洞等，向土建设计部门提出要求，待厂房建筑图绘完后，再根据厂房建筑图完成设备布置图的绘制。故设备布置图是绘制厂房建筑图的前提，厂房建筑图是绘制设备布置图的依据。

厂房建筑图与机械图一样，都是采用正投影原理绘制的，一般包括平面图、立面图、剖视图、详图等。

1. 平面图

假想用一水平的剖切平面沿门、窗洞位置将建筑物剖切后，对剖切平面以下部分所作出的水平剖视图为平面图，如图4-2中的平面图。

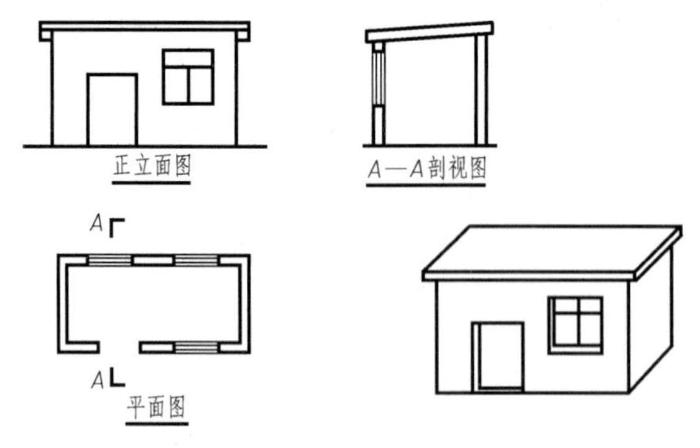

图4-2　厂房建筑图的视图

2. 立面图

在与建筑物立面平行的投影面上所作出的建筑物正投影图为立面图，其反映厂房建筑外部形状、门窗、台阶等细部形状和位置等，如图4-2中的正立面图。

3. 剖视图

沿铅垂方向剖切建筑物所得的视图为剖视图，其主要表示建筑内部高度方向的结构形状，如图 4-2 中 $A—A$ 剖视图。

4. 详图

详图是局部放大图，是用较大比例画细部结构的视图。

项目二　设备布置图的深入了解和绘制

一、我能做

① 按设备布置图相关标准的规定绘制图样。

② 按相关标准要求对设备布置图进行标注。

二、主要的用具与工具

名　称	数量	备　注	名　称	数量	备　注
设备布置图	1 张	如图 4-1 所示	绘图工具	1 套	
绘图纸	1 张	A1			

三、活动要求

根据给出的设备布置图抄画一张 A1（便于作业，可考虑 A3）图幅的图纸。

四、学习形式

① 课堂讲授。

② 个人独立完成。

五、考核标准

项　目	评　分　标　准	
厂房建筑物	正确	25 分
	1～3 处错漏	20 分
	4～6 处错漏	15 分
	6 处以上错漏	10 分
设备	正确	30 分
	1～3 处错漏	25 分
	4～6 处错漏	20 分
	6 处以上错漏	10 分
标注	正确	35 分
	错标、多标、少标 1～3 处	30 分
	错标、多标、少标 4～6 处	25 分
	错标、多标、少标 7～8 处	20 分
	错标、多标、少标 8 处以上	10 分
图线清晰准确，设备布置合理，图面整洁美观	好	10 分
	较好	8 分
	差	5 分

六、你知道吗

实际工厂生产的设备尺寸一般都比较高大，有的几米、十几米、甚至几十米，因此常用 1∶100 的比例，也可采用 1∶200 或 1∶50 的比例，视设备布置疏密情况而定。一般都采用 A1 图幅，不宜加长加宽，特殊情况也可采用其他图幅。

设备布置图一般都以联合布置的装置或独立的车间（或工段）为单元绘制。

1. 平面图

按厂房楼层分别绘制平面图。各层平面图都是以上一层的楼板底面水平剖切的俯视图，主要表示厂房建筑方位、占地大小、内部分隔及与设备定位有关的建筑物的结构形状和设备布置的情况。

在同一张图纸上绘制几层平面时，应从底层平面开始，在图纸上由下而上或由左至右按层次顺序排列，并在图形下方注明“EL＋××.×××平面”或“EL－××.×××平面”表示其相应的标高。

2. 剖视图

以清楚地反映出设备与厂房建筑高度方向的位置关系为准来确定剖视图的数量，剖视图表示厂房建筑的墙、柱、地面、操作平台、楼梯、设备基础等高度方向结构与相对位置。剖切位置在平面图上加以标注，标注方法按《机械制图》国家标准规定。剖视图可与平面图画在同一张图纸上，如图 4-1 所示。

（一）视图的表示法

设备布置图表达的内容主要是建筑物和设备。绘制设备布置图时，应以工艺施工流程图、厂房建筑图、设备设计条件清单等原始资料为依据。通过这些图样资料，充分了解工艺过程的特点和要求，以及厂房建筑的基本结构等。下面简要介绍设备布置图的绘图方法和步骤。

1. 建筑物及其构件

用细点画线（0.15～0.25mm）画承重墙、柱子等的建筑轴线；用细线（0.15～0.25mm）按比例采用规定的图例（表 4-1）画出厂房建筑的空间大小、内部分隔以及与设备安装定位有关的建筑基本结构，如墙、柱子、门、窗、楼梯等。

用细线画出厂房剖视图。剖视图应完全、清楚地反映出设备与厂房高度方向的位置关系，在充分表达的前提下，剖视图的数量应尽可能少。与设备安装定位关系不大的门窗等构件，以及表示墙体材料的图例，在剖视图上则一概不予表示。一般只在平面图上画出它们的位置及门的开启方向等。

■ 表 4-1 建筑构（配）件、材料图例（摘自 HG/T 20519—2009）

名称	图例	名称	图例
孔、洞	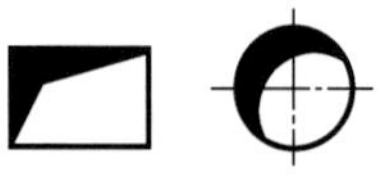	坑、槽	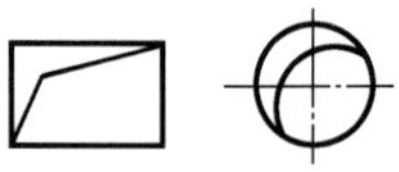
单扇门	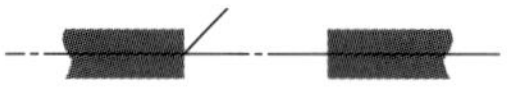	窗	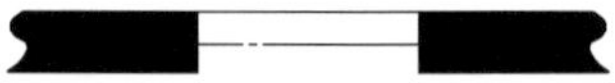
双扇门		楼板及混凝土梁	
空洞门		楼梯	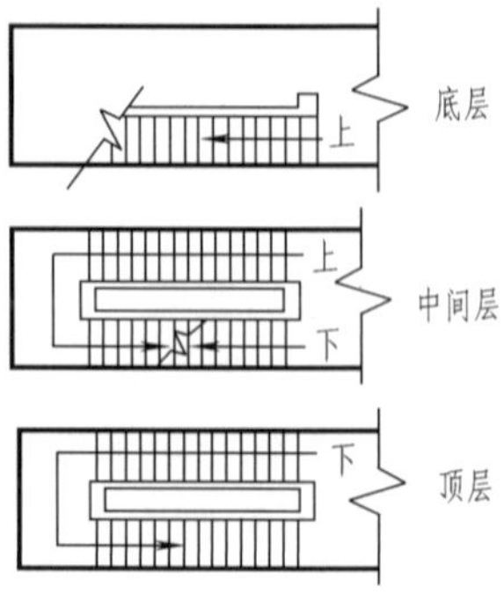 上 底层 上 下 中间层 下 顶层
素土地面			
混凝土地面	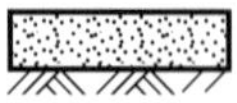		
碎石地面	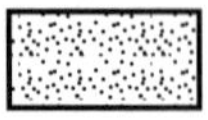		
钢筋混凝土	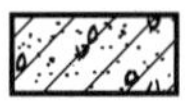		

2. 设备

设备是设备布置图的主要内容，用细点画线画出设备中心线后，用粗线（0.6～0.9mm）按比例画出带管口的设备外形轮廓；中粗线（0.3～0.5mm）画设备支架、基础轮廓；动设备可用粗线只画基础，并表示出特征管口及驱动机位置（代号表示），如图 4-3 所示。

同一位号的多台设备，在平面图上可只画一台的设备外形，其余仅画基础。穿越多层建筑物的设备，在每层平面上均需画出设备的平面位置并标注出其位号。

剖视图中被遮挡的设备轮廓一般不予画出。

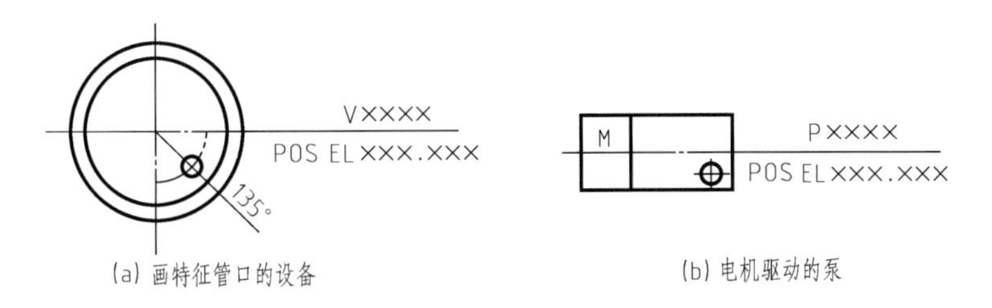

图 4-3　设备的表示图例

（二）平面图的标注

1. 建筑物及其构件

建筑定位轴线应进行编号，并与建筑图相应轴线编号一致。编号时，在图形与尺寸线之外的明显地方，于各轴线端部用细线画一直径为 8mm 的细线圆，且成水平和垂直方向整齐排列。水平方向自左至右按顺序注阿拉伯数字；垂直方向自下而上按顺序注大写拉丁字母。如图 4-4 所示。

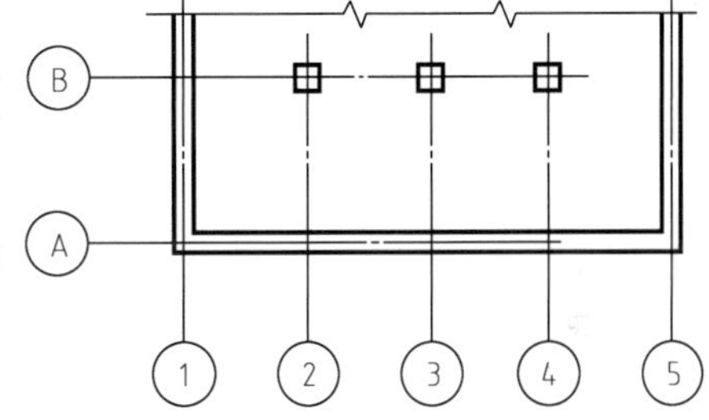

图 4-4　定位轴线的编号顺序

厂房建筑应标注建筑轴线间尺寸、柱间距和跨度尺寸。

2. 设备

① 设备在平面图上的定位尺寸以建筑物的轴线为基准标注尺寸。

② 卧式设备以设备中心线、轴线和管口（如人孔、管程接管口）中心线为尺寸基准（图 4-5），板式换热器以中心线和某一出口法兰端面为尺寸基准。

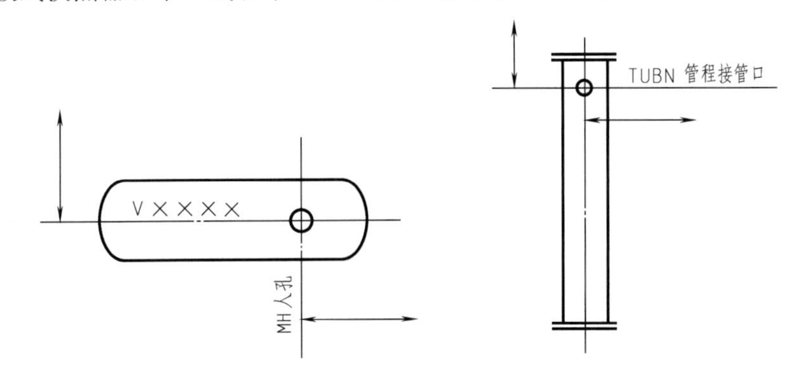

图 4-5　卧式设备定位尺寸标注

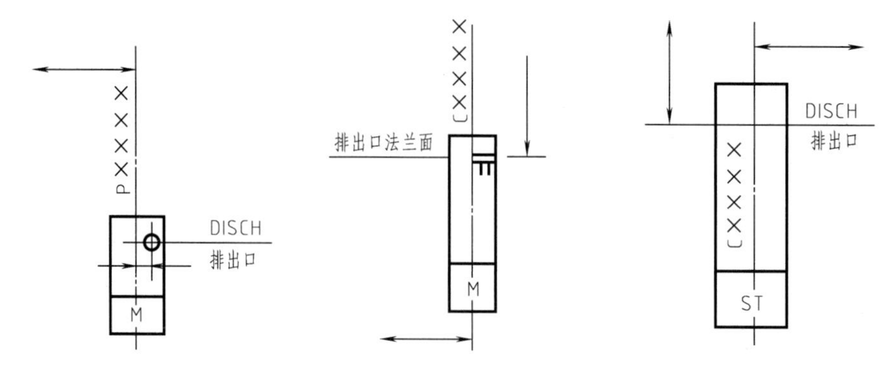

图 4-6 动设备定位尺寸标注

③ 离心泵、离心式压缩机、鼓风机、蒸汽透平以中心线和出口管中心线为尺寸基准，往复式泵、活塞式压缩机以缸中心线和曲轴（或电动机轴）中心线为尺寸基准，如图 4-6 所示。

④ 立式设备以设备中心线为尺寸基准，如图 4-7 所示。

⑤ 直接与主要设备有密切关系的附属设备（如再沸器、喷射器、回流冷凝器等）应以主要设备的中心线为基准标注定位尺寸。

⑥ 设备在平面图上标注设备标高时，在设备中心线或沿中心线引出的细实线上方标注与流程图一致的设备位号，下方标注设备的标高。

⑦ 卧式换热器、槽、罐，以中心线标高表示，如图 4-8 所示，即“℄EL××.×××”。

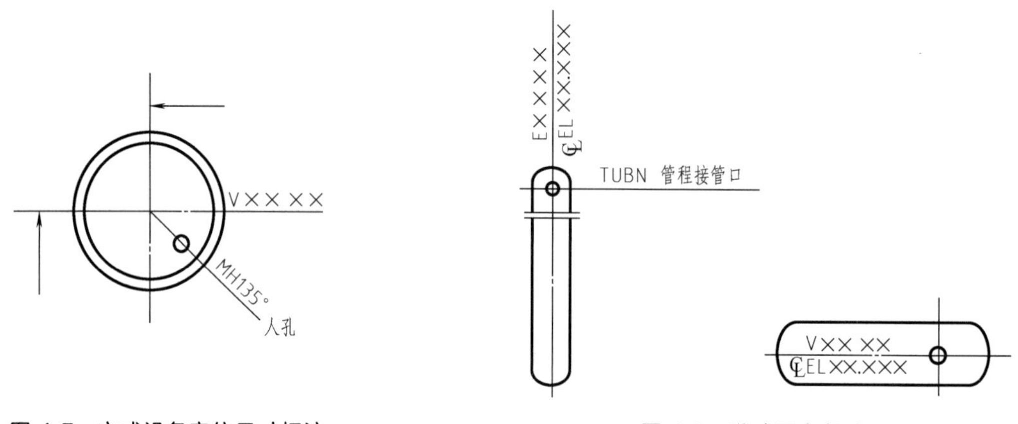

图 4-7 立式设备定位尺寸标注

图 4-8 卧式设备标高

⑧ 反应器、立式换热器、板式换热器和立式槽、罐，以支承点标高表示，即“POS EL ××.×××”，如图 4-9 所示。

⑨ 泵和压缩机，以主轴中心线标高表示，即“℄EL××.×××”；或以底盘底面（即

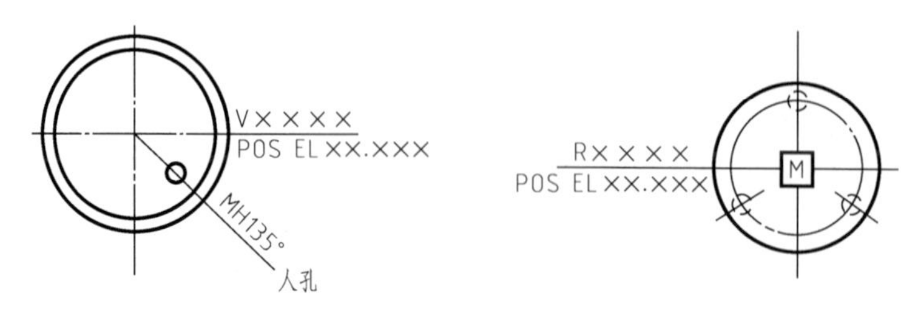

图 4-9 立式设备标高

基础顶面）标高表示，即“POS　EL××.×××”。如图 4-10 所示。

⑩ 管廊和管架，以架顶标高表示，即“TOS　EL××.×××”，如图 4-11 所示。

3. 方位标

在平面图的右上角用于表示出设备安装方位基准的符号，称为方位标。方位标由粗线画出的直径为 20mm 的圆圈及相互垂直的两细点画线构成，并分别按顺时针方向在相应方位上注以 0°、90°、180°、270°等字样，如图 4-12 所示。一般采用建筑北向（以“N”表示）作为 0°方位基准。该方位一经确定，凡必须表示方位的图样（如管口方位图、管段图等）均应统一。

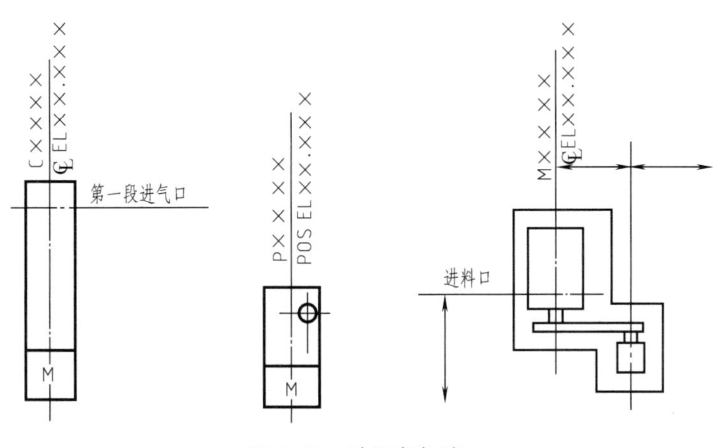

图 4-10　动设备标高

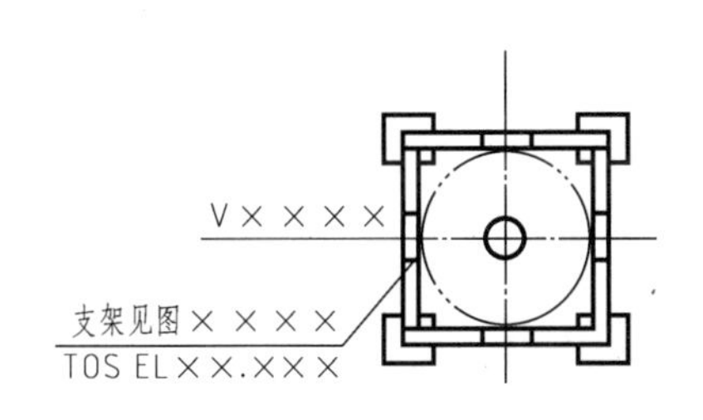

图 4-11　管架标高

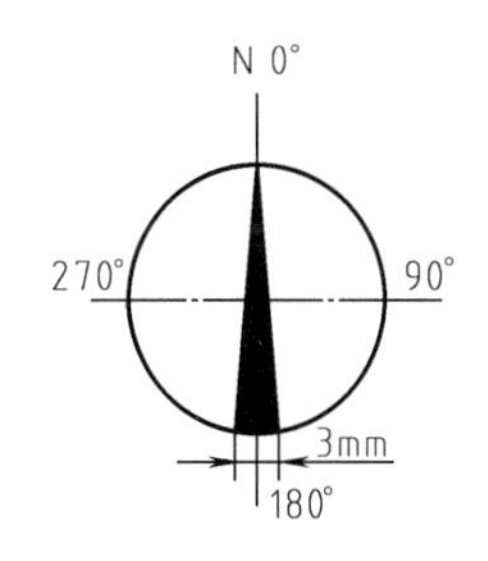

图 4-12　方向标的画法

（三）剖视图的标注

在剖视图中只标注高度方向上的尺寸，不再标注设备定位尺寸。需要标注建筑物内外地面和各楼层的标高，以及支架和设备各管口的标高。标高的方法宜用“EL-××.×××”、“EL±0.000”、“EL+××.×××”，对于“EL+××.×××”可将“+”省略表示为“EL××.×××”。在平面图中已经标注了设备基础、支承、管架标高的，则在剖视图中不需标注。

（四）设备管口方位图

管口方位图是在制造设备时确定管口方位、管口与支座及地脚螺栓孔等相对位置的图样，也是安装设备时确定安装方位的依据。

管口方位图采用 A4 图幅，以简化的平面图形绘制。每一位号的设备都绘制一张图。

管口方位图用粗线画出设备轮廓、管口及地脚螺栓孔，用细点画线画出各管口的中心位置，并按顺时针方向标注出各管口及有关零部件的安装方位角。各管口用细线绘制 5mm×

5mm 的方框与小写拉丁字母按顺序编号。在标题栏上方列出管口表，并标注各管口的符号、公称直径、连接型式及标准、用途或名称等内容，在管口表右上侧标注出设备装配图图号。

管口方位图右上角应画与设备布置图上相一致的方位标。图 4-13 所示为管口方位图。

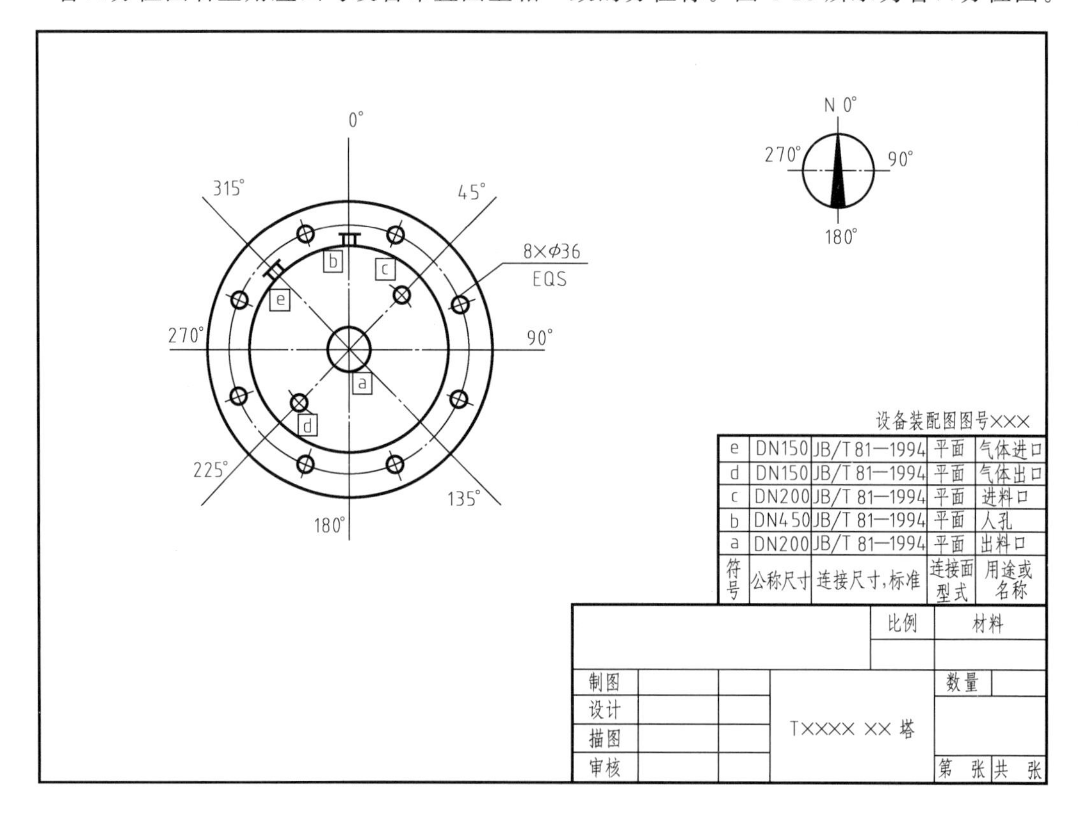

图 4-13 管口方位图

项目三 设备布置图的识读

一、我能做

① 能了解建筑物结构和尺寸。

② 能读懂设备与建筑物、设备与设备之间的相对位置。

③ 能清楚设备的安装方位。

④ 能清楚设备安装的定位基准。

⑤ 能掌握设备布置图的读图步骤。

二、主要的用具与工具

名 称	数 量	备 注
设备布置图	2 张	如图 4-14、图 4-15 所示

三、活动要求

（一）根据读图步骤阅读设备布置图（图 4-14），回答问题。

1. 概括了解

由标题栏可知，该图为____________装置的设备布置图。图中有____________平面和________剖视。

2. 了解建筑物结构和尺寸

该图画出了厂房的定位轴线Ⓐ、Ⓑ和①、②，其横向定位轴线间距为________m，纵向定位轴线间距为________m，厂房的地面标高为____________m，房顶标高为____________m。

3. 看 EL±0.000 平面和 A—A 剖视

由 EL±0.000 平面可知，厂房内安装有两台动设备和两台静设备，分别是____________和____________。厂房外安装有____________。

动设备距离建筑轴线Ⓐ的定位尺寸为________m；距离建筑轴线①的定位尺寸为________m。静设备距离建筑轴线Ⓑ的定位尺寸为________m；室内静设备以建筑轴线①为基准的定位尺寸为________m；室外的设备距离建筑轴线②的定位尺寸为________m。EL±0.000 平面中静设备中心线上方标注____________，中心线下方标注了设备____________的____________尺寸，动设备在中心线下方则标注的是____________的____________尺寸。

由 A—A 剖视可以看出设备在________方向的布置情况，图中注出了设备基础的____________尺寸以及设备____________的____________尺寸。

设备布置图中设备用____________线表示，设备基础用____________线表示，建筑物用____________线表示。

4. 归纳总结

该设备布置图共表示了________台设备的布置情况，除了图形外，右上角还有________，用于指明厂房和设备的________。

（二）阅读设备布置图（图 4-15），回答问题。

① 此图中，规定设备轮廓采用________线绘制，而建筑物用________线绘制。

② 配酸岗位有____个设备，名称分别为______、______、______、______、______。

③ 配酸罐的设备位号为________，由图看出它支承在________。

④ 冷凝器定位尺寸为________和________，其设备轴线标高为________。

⑤ 设备布置图与机械图不同的是将俯视图称为________，主视图称为________。

⑥ 浓酸高位槽和配酸罐的相对位置为左右相距________，前后相距________，支座高低相距________。

四、学习形式

① 课堂讲授。

② 个人独立完成。

五、考核标准

项　目	评 分 标 准
完成活动要求中的填空题	每空 2 分，51 个空格

六、你知道吗

读设备布置图的目的，是为了了解设备在工段（装置）的具体布置情况，指导设备的安装施工，以及开工后的操作、维修或改造，并为管道布置建立基础。现以图 4-16 所示的天然气脱硫系统设备布置图为例，介绍读图的方法和步骤。

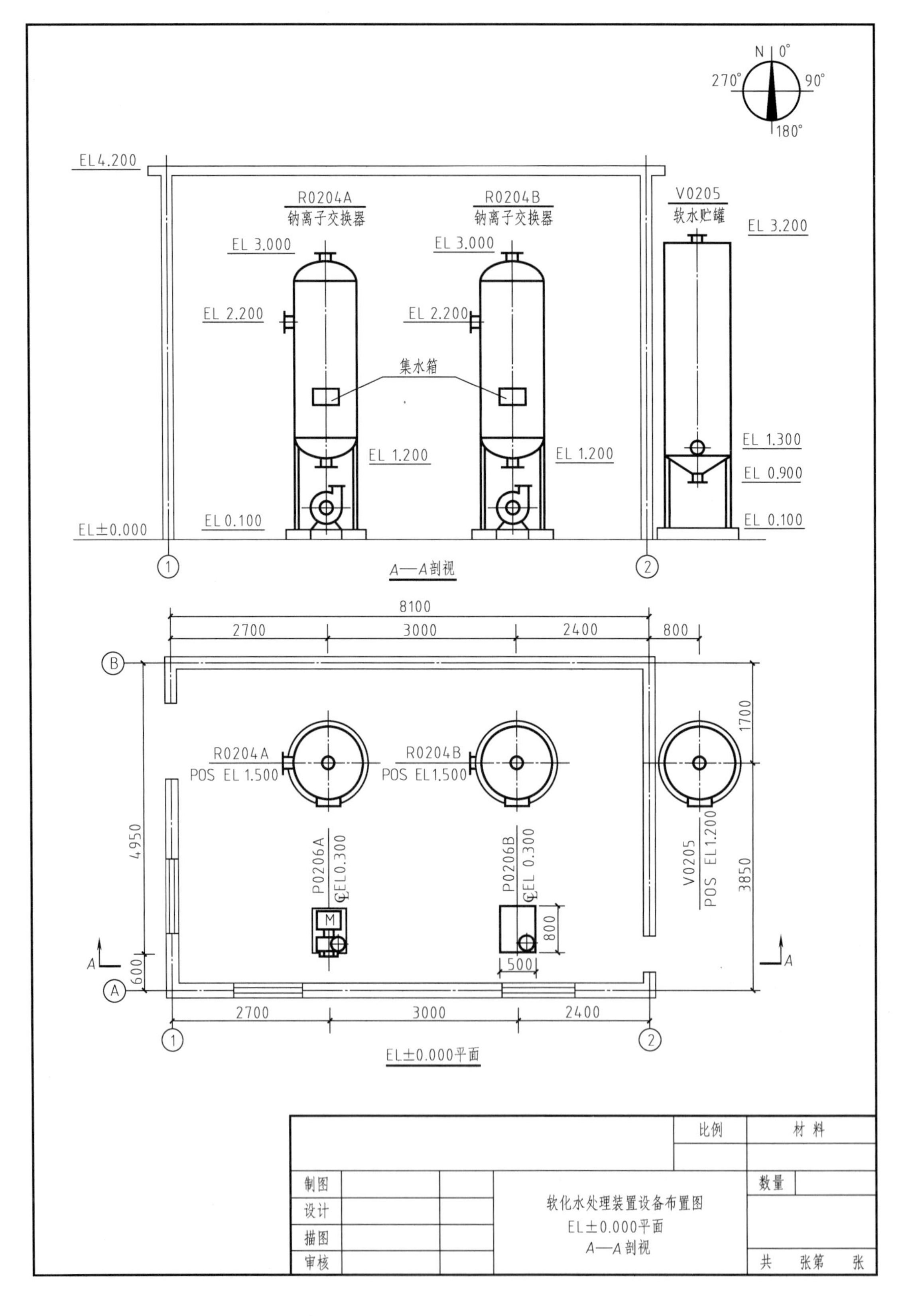

图 4-14　软化水处理装置设备布置图

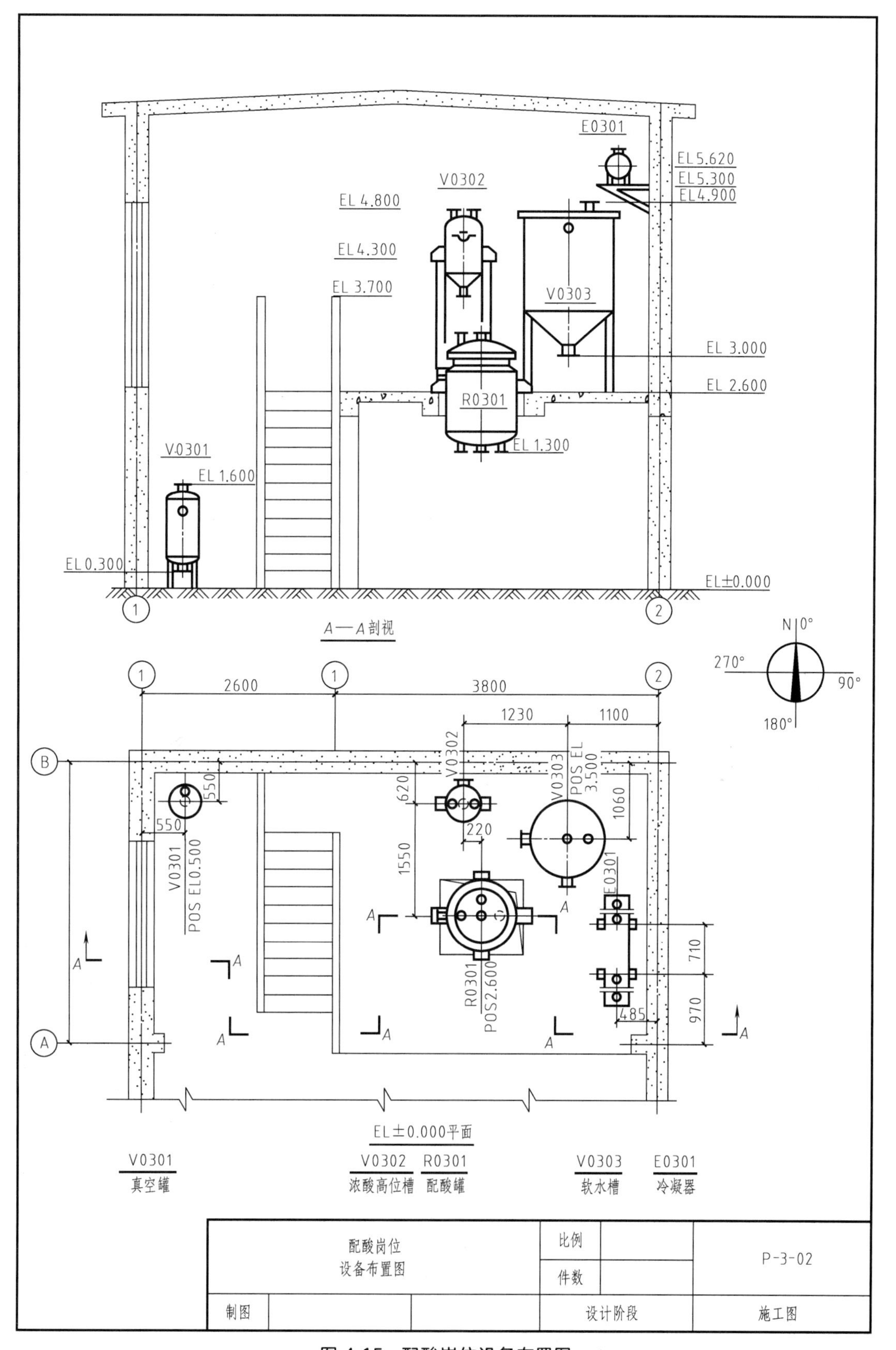

图 4-15　配酸岗位设备布置图

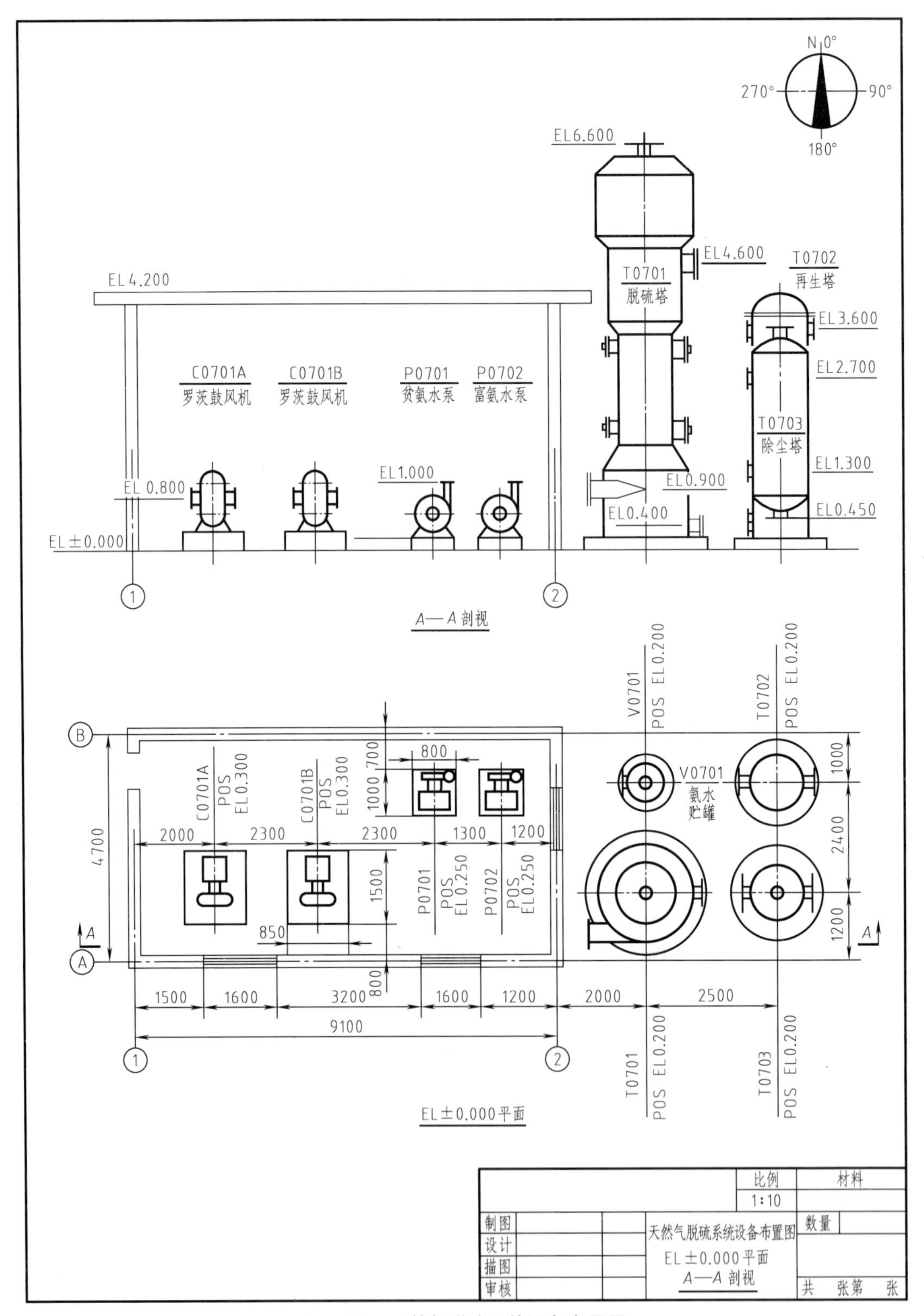

图 4-16 天然气脱硫系统设备布置图

1. 了解概况

由标题栏可知，该设备布置图有两个视图，一个为“EL±0.000 平面”，另一个为“A—A

剖视”。图中共绘制了八台设备，分别布置在厂房内外。厂房外露天布置了四台静设备，有脱硫塔（T0701）、除尘塔（T0703）、氨水贮罐（V0701）和再生塔（T0702）。厂房内安装了四台动设备，两台罗茨鼓风机（C0701A、C0701B）、贫氨水泵（P0701）和富氨水泵（P0702）。

2. 了解建筑物尺寸及定位

图中只画出了厂房建筑的定位轴线①、②和Ⓐ、Ⓑ。其横向轴线间距为 9.1m，纵向轴线间距为 4.7m。厂房地面标高为 EL±0.000m，房顶标高为 EL4.200m。

3. 掌握设备布置情况

从图中可知，罗茨鼓风机的进出口标高为 EL0.800m，横向定位为 2.0m，两罗茨鼓风机相同设备间距为 2.3m，基础尺寸为 1.5m×0.85m，支承点标高是 EL0.300m。

脱硫塔横向定位是 2.0m，纵向定位是 1.2m，支承点标高是 EL0.200m，塔顶标高是 EL6.600m，料气入口的管口标高是 EL0.900m，稀氨水入口的管口标高是 EL4.600m。废氨水出口的管口标高是 EL0.400m。

氨水贮罐的支承点标高是 EL0.200m，即离地面 0.2m。横向定位是 2.0m，纵向定位是 1.0m。图中右上角的方位标（设计北向标志），指明了设备的安装方位。

随堂练习

1. 阅读图 4-1 空压站设备布置图，回答问题。

① 由标题栏可知，该图为空压站设备布置图，共有____个视图，一个是________，另一个是__________。

② 该厂房的长度为________m，宽度为________m，高度为__________m。厂房的面积为________m^2。厂房的朝向是座______朝______。

③ 图中横向定位轴线有____条，纵向定位轴线有____条。

④ 空压机 C0601A 的定位尺寸是__________、__________；基础的长度为________、宽度为________、高度为________；轴线高度为________。

⑤ 除尘器 V0602A 的定位尺寸是____、____，基础标高为______，整体高度为______。

⑥ 厂房外的设备是__________，其定位尺寸是________、______，基础高度为______。

2. 看图 4-16 天然气脱硫系统设备布置图，回答问题。

① 该图为__________设备布置图，共____个视图，分别是__________和__________。绘图比例为______。

② 放置在厂房外部的设备分别是______、______、______、______，都是______设备。放置在厂房内的设备分别是__________、__________、__________，都是动设备。

③ 脱硫塔基础高度为________________。脱硫塔的天然气进口高度为______________，出口高度为________；脱硫塔的氨水进口高度为________，氨水出口高度为________。

④ 厂房的地面标高为________m，房顶标高为________m，厂房的面积为______m^2。厂房的横向定位轴线间距为______m，纵向定位轴线间距为______m。

⑤ 贫氨水泵（P701）的定位尺寸为______、________。

⑥ 罗茨鼓风机的基础标高为__________m，进口标高为__________m，出口标高为____________m。

⑦ 图中右上角的________________，用于指明设备的安装方位。图中的厂房方向是座________朝________。

管道图的识读与绘制

现代化的石油、天然气的生产与输送，炼油、化工产品的生产与贮存，建筑工程中的供水与供气等，都需要通过管道来实现。因此，管道工程的设计与施工，已成为现代化生产建设中一个重要的组成部分。

管道通常需要用法兰、弯头、三通等管件连接起来。在生产中通过管道输送的油、气、水等物料，一般要求定时、定压、定温、定量、定向完成，这样管道必然要与塔、罐、机、泵、阀门、容器、控制件、测量仪表等设备有机地连接成系统，以满足生产的要求。

通常以管道与管件为主体，用来指导生产与施工的工程技术图样，称为管道图。管道图包括管道布置图、管道轴测图等。

项目一　管道布置图的识读与绘制

任何化工流程都是通过必要的化工设备和与设备连接的管道来实现的。管道的安装、管道与管件的连接、管道与设备的连接等都可通过管道布置图表达，因此了解管道布置图对于配置、安装管道非常必要。

活动一　分析管道布置图与设备布置图、PID 图的区别与联系

如图 5-1 所示的空压站管道布置图，它是在工艺管道及仪表流程图（PID 图）和设备布置图的基础上绘制的，用来指导安装管道施工的图纸，从图中可知设备在厂房内外的布置情况，设备与设备之间连接的管道、阀门、检测仪表的安装位置和安装方向，各段管道的直径、长度、走向等，为选择和安装管道、阀门、仪表提供了依据。

一、我能做

① 了解管道布置图的作用。

② 能找出管道布置图与设备布置图、工艺管道及仪表流程图（PID 图）的区别和联系之处。

二、主要的用具与工具

名　称	数　量	备　注
管道布置图	1 张	如图 5-1 所示
设备布置图	1 张	如图 4-1 所示
工艺管道及仪表流程图(PID 图)	1 张	如图 3-5 所示

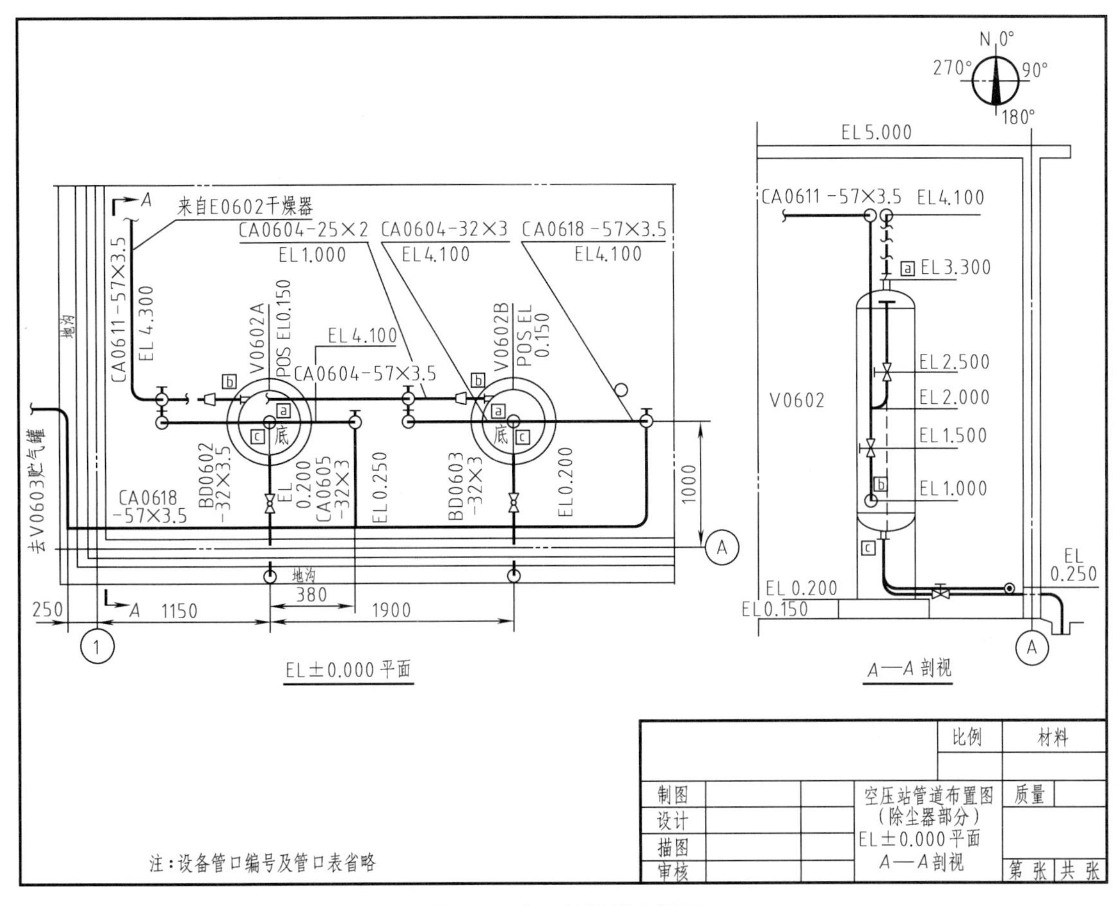

图 5-1　空压站管道布置图

三、活动要求

① 观察并分析管道布置图的作用和内容。

② 分别找出管道布置图和设备布置图、工艺管道及仪表流程图（PID 图）的联系和不同点。

四、学习形式

① 课堂讲授。

② 小组讨论（每组 2～4 人）。

③ 个人完成。

五、考核标准

项　　目	评 分 标 准
比较管道布置图与设备布置图，找出相同点	10 分/个
比较管道布置图与设备布置图，找出不同点	10 分/个
比较管道布置图与工艺管道及仪表流程图(PID 图)，找出相同点	10 分/个
比较管道布置图与工艺管道及仪表流程图(PID 图)，找出不同点	10 分/个

六、你知道吗

（一）管道布置图的作用和要求

管道布置图又称配管图，主要表达管道及其附件在厂房建筑物内外的空间位置、尺寸和规格，以及与有关机器、设备的连接关系，它是管道安装施工的重要技术文件。管道布置图主要是以工艺管道及仪表流程图和设备布置图为基础，设计绘制出的管道布置图用来指导工程的施工安装。

管路布置图需要用标准所规定的符号，表示出管道、建筑、设备、阀件、仪表、管件等的相互位置关系，要求标有准确的尺寸和比例。图样上必须要注明施工数据、技术要求、设备型号、管件规格等。

管道布置将直接影响工艺操作、安全生产、输出介质的能量损耗及管道的投资，同时也存在管道布置美观的问题。现简要介绍合理布置管道的一些主要原则和应考虑的问题。

1. 物料因素

对易燃、易爆、有毒及有腐蚀性的物料管道，应避免敷设在生活间、楼梯和走廊处，并应配置安全装置（如安全阀、防爆膜及阻火器等），其放空管要引至室外指定地点，并符合规定的高度。腐蚀性强的物料管道，应布置在平行管道的外侧或下方，以防泄漏时腐蚀其他管道。冷、热管道应分开布置，无法避开时，热管在上、冷管在下。管外保温层表面的间距，在上下并行时，不少于 0.5m，交叉排列时，不少于 0.25m。

为了防止停工时物料积存在管内，管道敷设时一般应有 1/100～5/1000 的坡度。当被输送的物料含有固体颗粒或黏度较高时，管道坡度还应比上述值大一些。对于坡度和坡向无明确规定的管道，可将敷设坡度定为 2/1000，坡向朝着便于流体流动和排放的方向。

2. 便于操作及安全生产

管道布置的空间位置不应妨碍设备的操作，如设备的人孔、手孔的前方，不能有管道通过，以免影响其正常使用。阀门要安装在便于操作的部位，对操作时频繁使用的阀门，应按操作的顺序依次排列。不同物料的管道及阀门，可涂刷不同颜色的油漆加以区别。容易开错的阀门，相互要拉开间距布置，并在明显处加以明确的标志。管道和阀门的重量，不要支承在设备上。

距离较近的两设备之间，管道一般不应直连［图 5-2（a）］，因为垫片不易配准，难以紧密连接，且会因热胀冷缩而损坏设备。建议用波形伸缩器或采用 45°斜接和 90°弯连接［图 5-2（b）～(d)］。

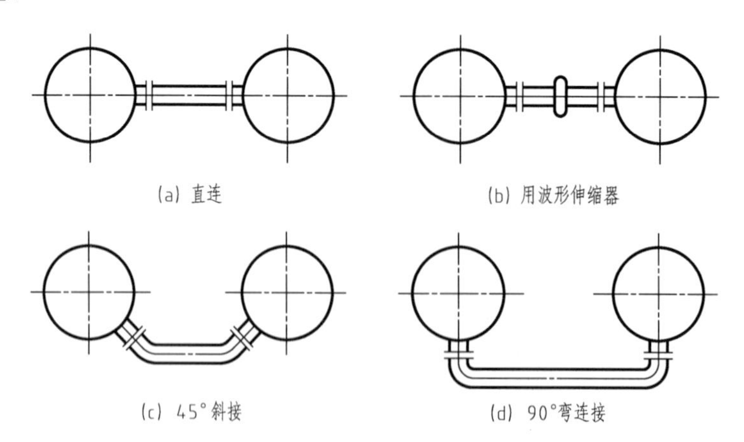

(a) 直连　(b) 用波形伸缩器

(c) 45°斜接　(d) 90°弯连接

图 5-2　两设备较近时的管道连接

不同材料的管道与管架之间（如不锈钢管与碳钢管架），不应直接接触，以防止电化学腐蚀。管道通过楼板、屋顶、墙壁或裙座时，应安装一个直径较大的管套，管套两端伸出 50mm 左右。管道的敷设，要避免通过电动机、配电盘、仪表盘的上空，以防止管道中介质的跑、冒、滴、漏造成事故。

3. 考虑施工及维修方便

对敷设集中的并行管道，应将较重的管道布置在管架的支承部位，将支管及管件较多的管道，安排在并行管的外侧。引出支管时，如是气体管或蒸汽管，要从管的上方引出，液体管则在管的下方引出。有可能时管道要集中布置，共用管架。管道应尽量走直线，且不应妨碍交通、门窗、设备使用及维修。在行走过道地面至 2.2m 的空间，也不应安装管道。

（二）管道布置图的内容

管道布置图必须包括制造和安装管道时所需的全部资料。管道布置图应具备以下内容。

① 一组视图——平面图、剖视图，完整、清晰地表达出设备、管道、阀门等安装所必需的尺寸、方向。

② 足够的尺寸——正确、完整、清晰、合理地标注出各个设备、管道在制造、安装时所需的全部尺寸。

③ 管口表——用规定的代号和文字，在表中注明各个设备在安装、连接时的各项要求，如管口长度、标高、方位、直径、压力、连接及密封型式等。

④ 标题栏——填写视图名称、比例及设计人、审核人等。

活动二　掌握管道的投影表达方法

管道安装布置时各种管道交叉排列比较复杂，掌握管道的表达方法非常必要，它是识读、设计、绘制管道布置图的基础。

下面首先从管道的投影视图来分析。

[例 5-1]　已知一段管道的轴测图，试画出其主、俯、左、右的投影。

从图 5-3（a）中可看出该管道的走向为：自左向右→拐弯向上→再拐弯向前→再拐弯向上→最后拐弯向右。根据管道弯折的规定画法，画出该管道的投影，如图 5-3（b）所示。

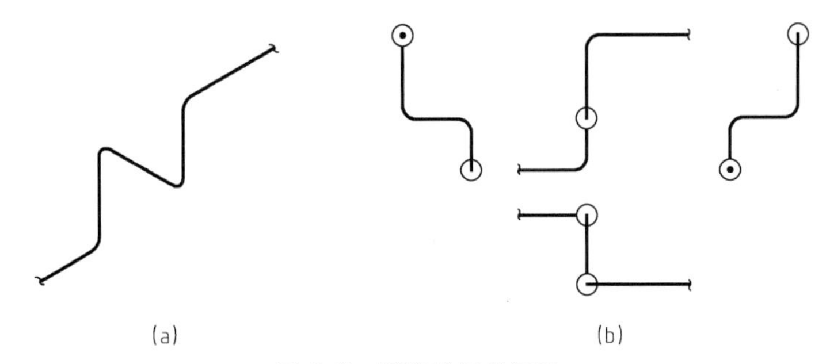

图 5-3　管道转折的画法

[例 5-2]　已知一段装有阀门管道的轴测图，试画出其平面图和立面图。

从图 5-4（a）中可看出，该段管道分为两部分：一部分自下而上向后拐弯→再向左拐弯→然后向上拐弯→最后向后拐弯；另一段是向右的支管。该段管道共三个截止阀（阀门与管道的连接是螺纹连接），其手轮一个向上、一个向左、一个向前。据此画出该段管道的平面图和立面图，如图 5-4（b）所示。

一、我能做

根据已知管道的轴测图或投影视图绘出其他投影方向的视图。

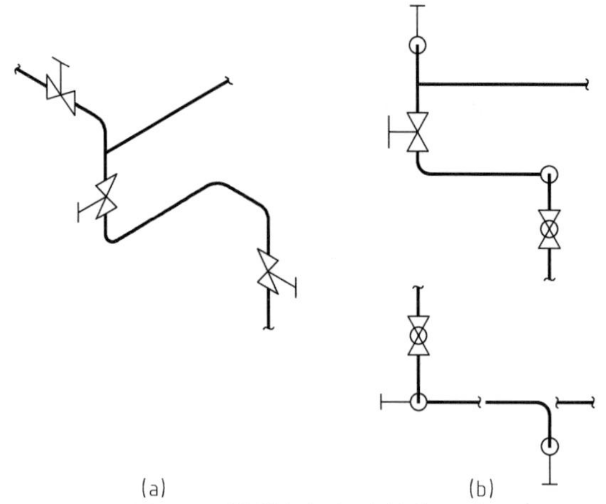

图 5-4　管道与阀门连接的画法

二、主要的用具与工具

名　称	数　量	备　注
绘图纸	5 张	A4
绘图工具	1 套	

三、活动要求

（一）观察并分析给出的管道视图。

（二）根据给出的管道视图题目要求完成其他视图，抄画在 A4 图幅的图纸上。

1. 已知管道的平面图、剖视图，绘制其 C 向、B 向视图。

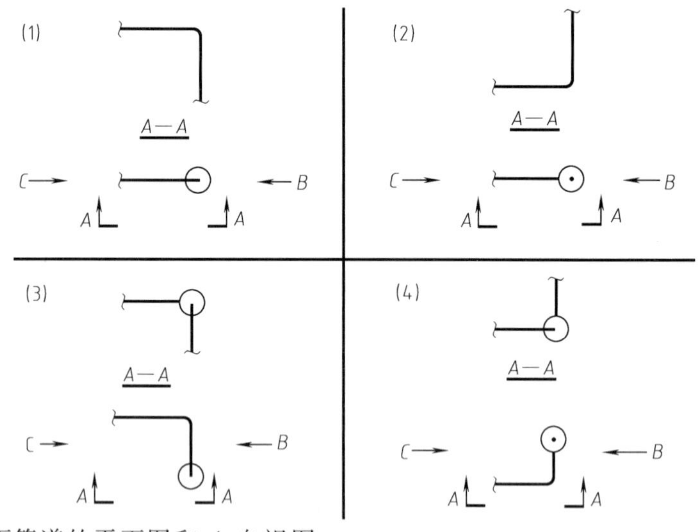

2. 绘制下面管道的平面图和 A 向视图。

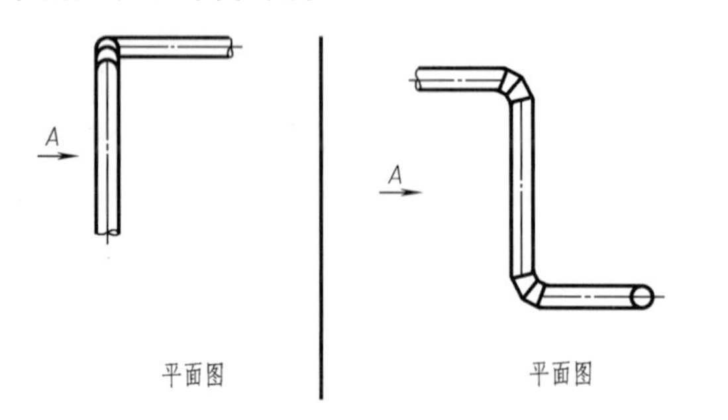

3. 已知管路的 $A—A$ 剖视图，绘制其平面图和 C 向、B 向视图。

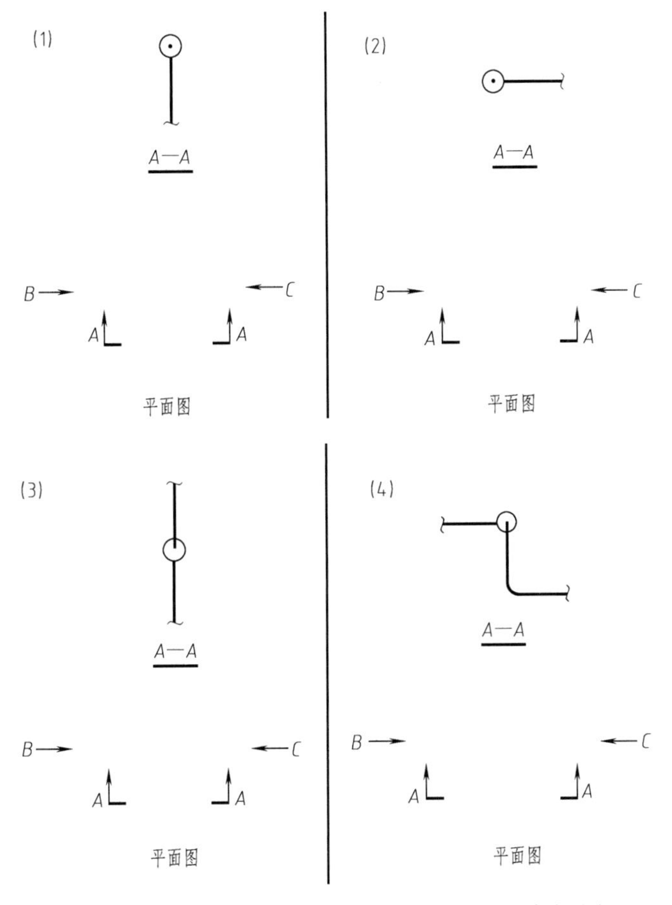

4. 已知管道的平面图和 $A—A$ 剖视图，绘制其 C 向、B 向视图。

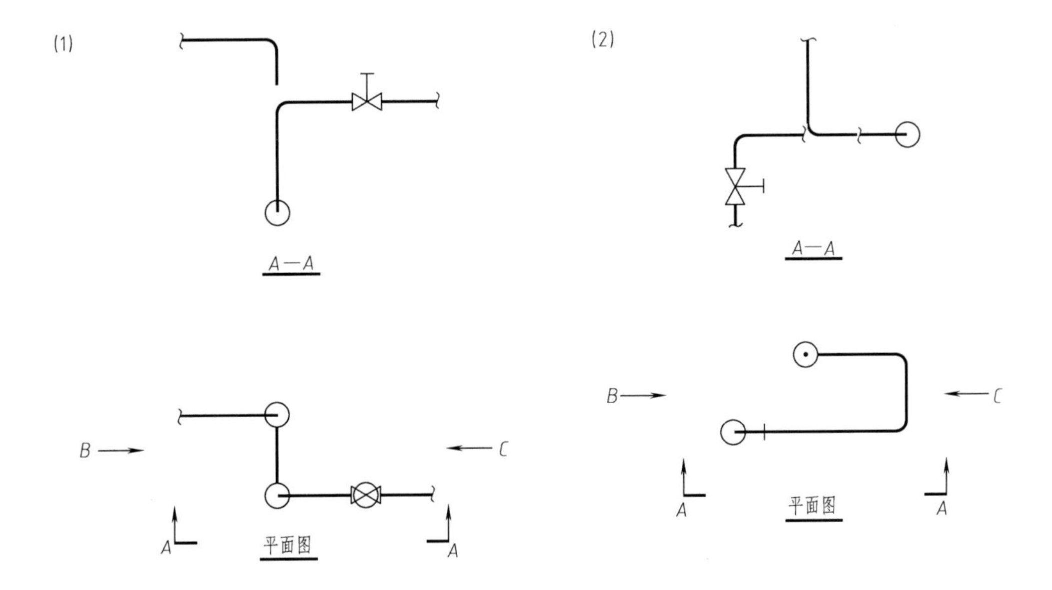

5. 已知管道的平面图与 B 向视图，绘制其 $A—A$ 剖视图（高度尺寸自定）。

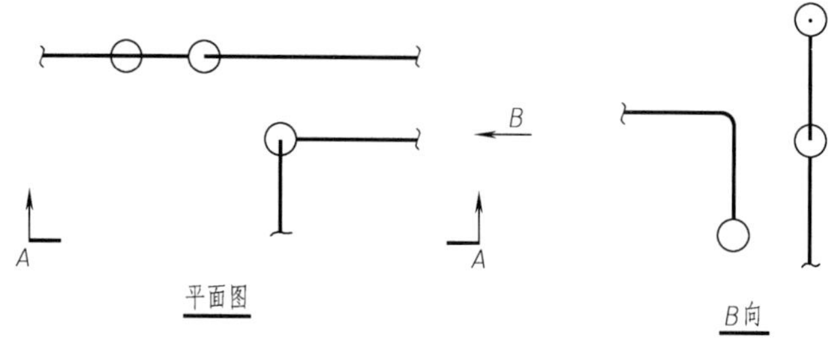

四、学习形式

① 课堂讲授。

② 个人独立完成。

五、考核标准

项　　目	评　分　标　准	
图线清晰准确，标注准确，图面整洁美观	好	20分/题
	较好	15分/题
	差	10分/题

六、你知道吗

1. 管道的表示法

在管道布置图中，公称直径（DN）大于或等于400mm（或16in）的管道，用双线（中粗线0.3～0.5mm）表示，小于或等于350mm（或14in）的管道，用单线（粗实线0.6～0.9mm）表示。如果在管道布置图中，大口径的管道不多时，则公称直径（*DN*）大于或等于250mm（或10in）的管道用双线表示，小于或等于200mm（或8in）的管道，用单线表示，如图5-5所示。

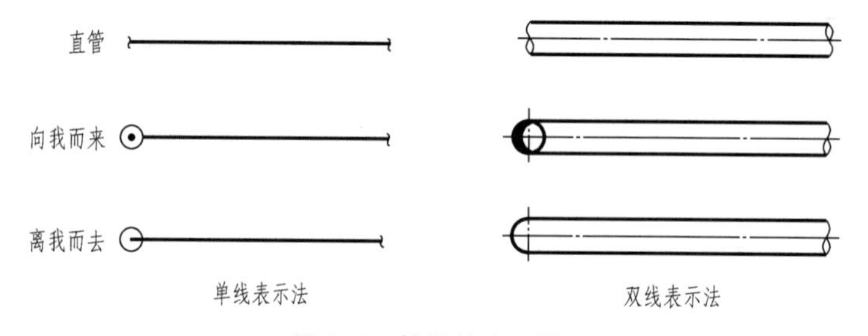

图5-5　管道的表示法

2. 管道弯折的表示法

管道向上弯折90°角的画法，如图5-6（a）所示；向下弯折90°角的画法，如图5-6（b）所示；大于90°角的弯折的画法，如图5-6（c）所示；二次弯折的画法，如图5-6（d）、（e）所示。

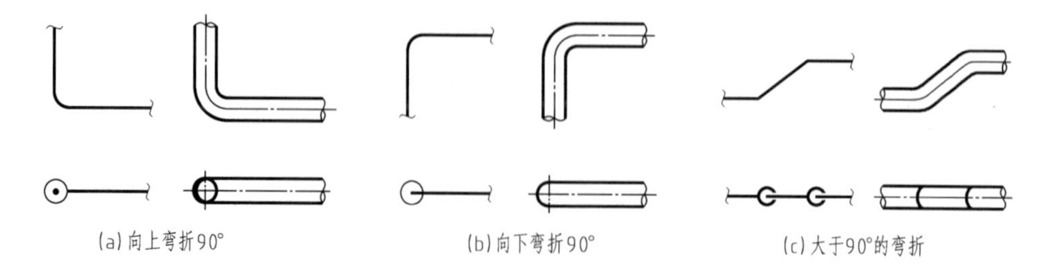

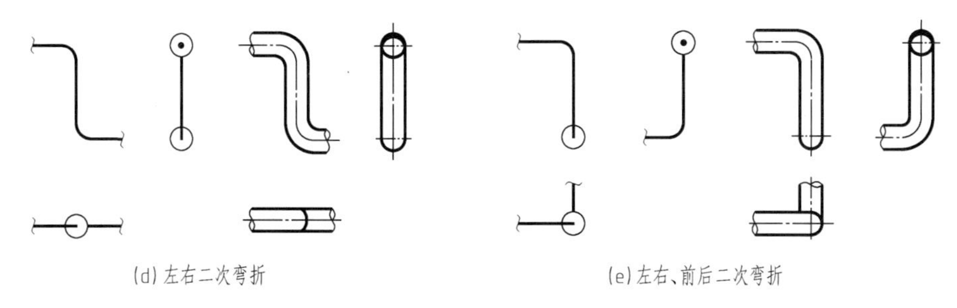

图 5-6　管道弯折的表示法

3. 管道交叉的表示法

当管道交叉时，一般表示方法如图 5-7（a）所示。若需要表示两管道的相对位置时，将下面（后面）被遮盖部分的投影断开，如图 5-7（b）所示，或将下面（后面）被遮盖部分的投影用虚线表示，如图 5-7（c）所示，也可将上面的管道投影断裂表示，如图 5-7（d）所示。三通或管道分叉的表示法，如图 5-7（e）、（f）所示。

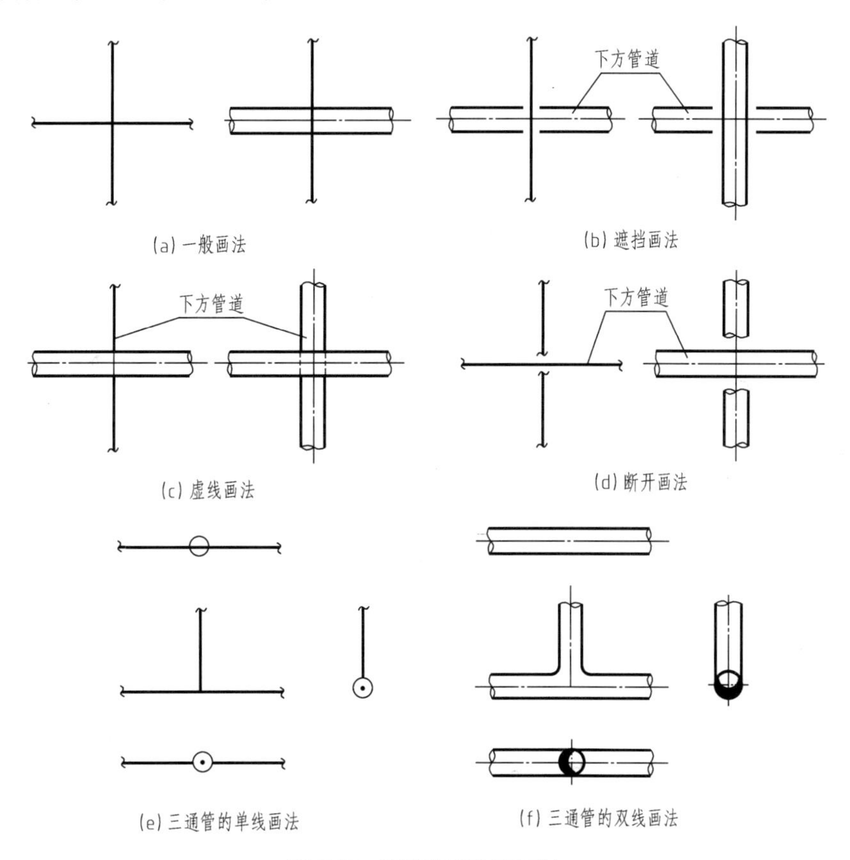

图 5-7　管道交叉的表示法

4. 管道重叠的表示法

当管道的投影重合时，将可见管道的投影断裂表示，不可见管道的投影则画至重影处（稍留间隙），如图 5-8（a）所示。当多条管道的投影重合时，最上一条画双重断裂符号，如图 5-8（b）所示，也可在管道投影断裂处，注上 a、a 和 b、b 等小写字母加以区分，如图 5-8（d）所示。当管道转折后的投影重合时，则后面的管道画至重影处，并稍留间隙，如图

5-8（c）所示。

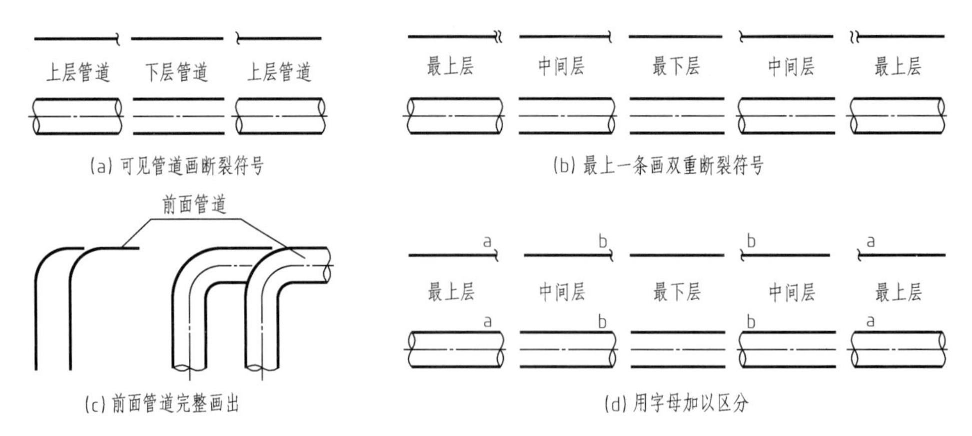

图 5-8 管道重叠的表示法

5. 管道连接的表示法

当两段直管相连时，根据连接的方式不同，其画法也不同。常见的四种连接方式及画法见表 5-1。

■ 表 5-1 管道的连接方式及画法

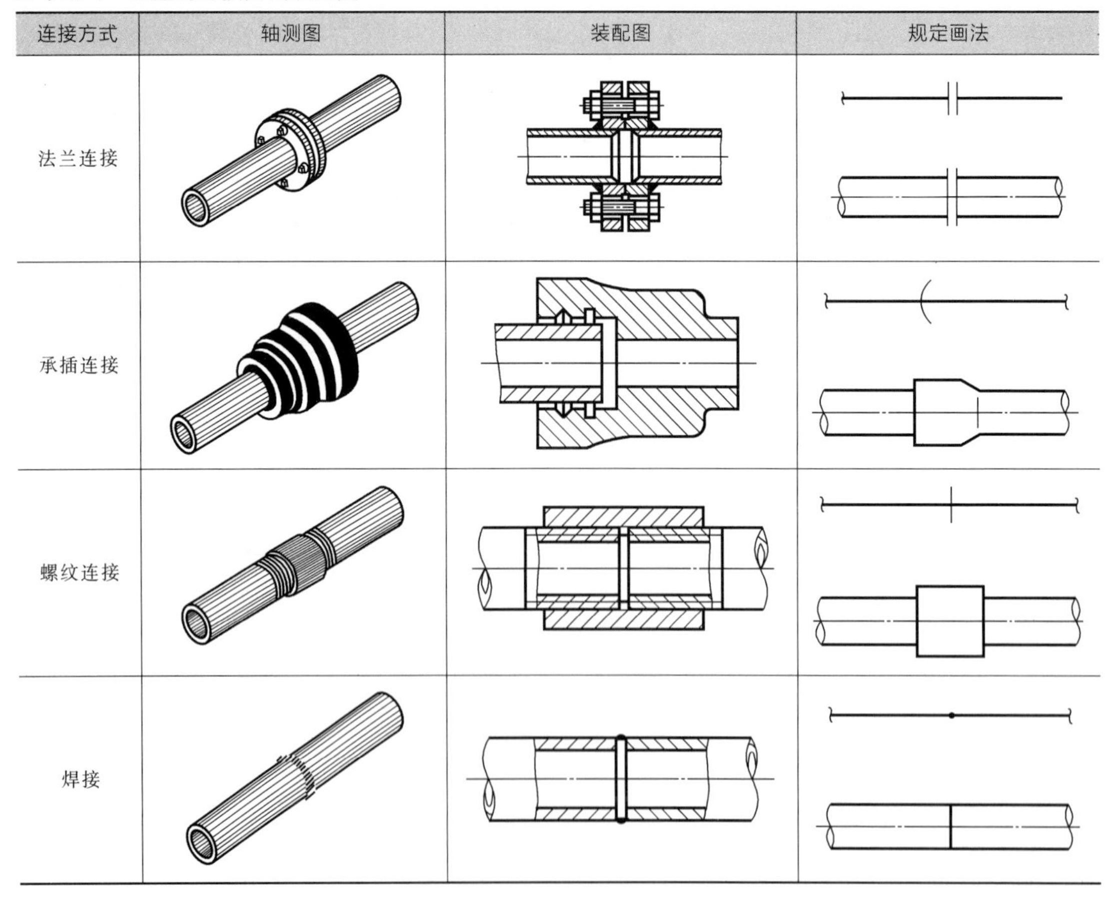

连接方式	轴测图	装配图	规定画法
法兰连接			
承插连接			
螺纹连接			
焊接			

6. 阀门及控制元件的表示法

阀门在管道中用来调节流量，切断或切换管道，对管道起安全、控制作用。管件、阀门及控制元件，一般用细实线按有关标准规定符号画出。常用的控制阀门图形符号见表3-4，常用的最终控制元件执行机构图形符号见表5-2。

■ 表5-2　最终控制元件执行机构图形符号（摘自HG/T 20505—2014）

序号	符　号	描　述
1		• 通用型执行机构 • 弹簧-薄膜执行机构
2		• 带定位器的弹簧-薄膜执行机构
3		• 压力平衡式薄膜执行机构
4		• 直行程活塞执行机构 • 单作用(弹簧复位) • 双作用
5		• 带定位器的直行程活塞执行机构
6		• 角行程活塞执行机构 • 可以是单作用(弹簧复位)或双作用
7		• 带定位器的角行程活塞执行机构
8		• 波纹管弹簧复位执行机构
9	M	• 电机(回旋马达)操作执行机构 • 电动、气动或液动 • 直行程或角行程动作
10	S	• 可调节的电磁执行机构 • 用于工艺过程的开关阀的电磁执行机构
11		• 带侧装手轮的执行机构
12		• 带顶装手轮的执行机构
13		• 手动执行机构
14	E/H	• 电液直行程或角行程执行机构

续表

序号	符　号	描　述
15		• 带手动部分行程测试设备的执行机构
16	S	• 带远程部分行程测试设备的执行机构
17	S	• 自动复位开关型电磁执行机构
18	S R	• 手动或远程复位开关型电磁执行机构
19	R S R	• 手动和远程复位开关型电磁执行机构
20		• 弹簧或重力泄压或安全阀执行机构
21	P	• 先导操作泄压或安全阀调节器 • 若传感元件在内部，取消先导压力传感的连接线

阀门和控制元件图形符号的一般组合方式如图 5-9 所示。阀门与管道的连接画法如图 5-10所示。各种阀门在管道中的安装方位，一般应在管道中画出，如图 5-11 所示。管件与管道连接的表示法见附表 2，其中连接符号之间的是管件。

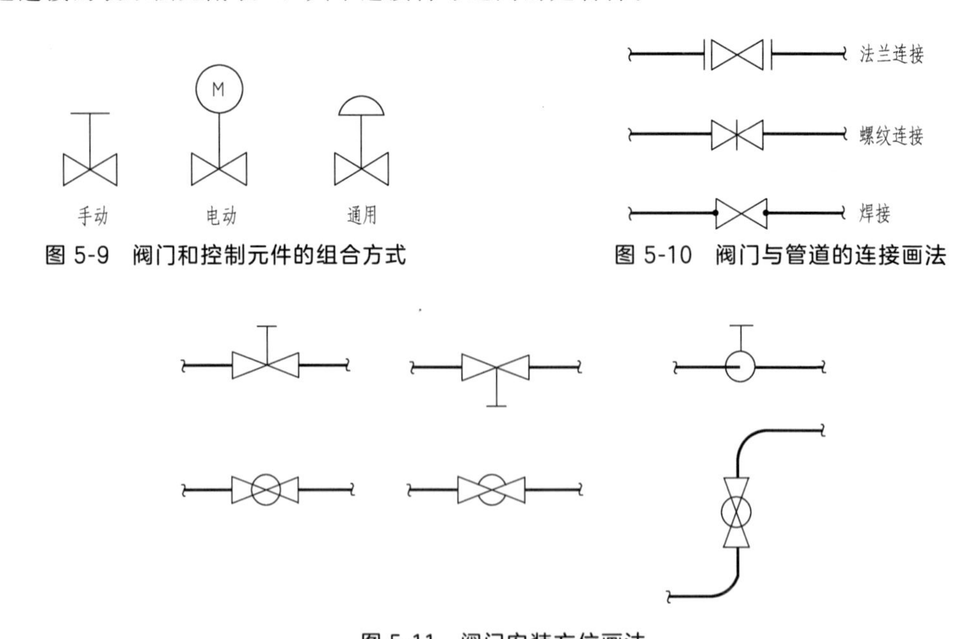

图 5-9　阀门和控制元件的组合方式

图 5-10　阀门与管道的连接画法

图 5-11　阀门安装方位画法

7. 仪表控制点的表示法

管道上应画出直径 10mm 的圆表示仪表控制点，圆内按 PID 图的仪表控制点的符号和编号填写仪表位号，并用细线与圆相连。

8. 管架的表示法

管道是利用各种型式的管架安装，并固定在建筑物或基础之上的。管架的型式和位置，在管道平面图上用符号表示，如图 5-12（a）所示；在其旁标注管架的编号，管架的编号由五部分组成，标注的格式如图 5-12（b）所示。管架类别和管架生根部位的结构，用大写英文字母表示，详见表 5-3。

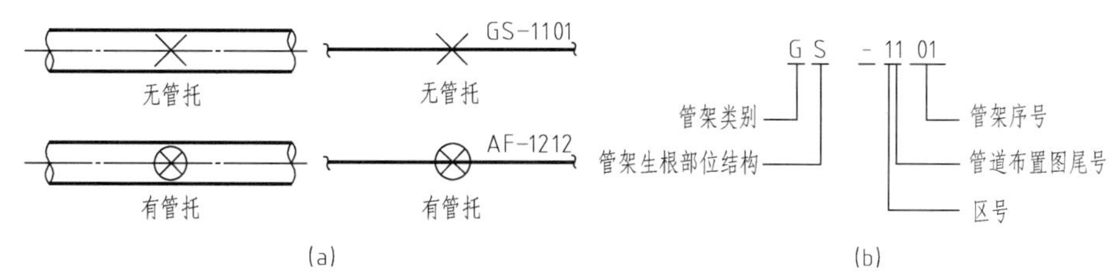

图 5-12 管架的表示方法和编号方法

■ 表 5-3 管架类别与管架生根部位结构的代号（摘自 HG/T 20519—2009）

管架类别				管架生根部位的结构			
代号	类别	代号	类别	代号	结构	代号	结构
A	固定架	S	弹性吊架	C	混凝土	W	墙
G	导向架	P	弹簧支架	F	地面基础	—	
R	滑动架	E	特殊架	S	钢结构	—	
H	吊架	T	轴向限位架	V	设备	—	

活动三 管道布置图的绘制

一、我能做

① 按化工管道布置图相关标准的规定绘制图样。

② 按化工管道布置图相关标准要求对管道布置图进行标注。

二、主要的用具与工具

名 称	数 量	备 注
管道布置图	1 张	如图 5-1 所示
绘图纸	1 张	A3
绘图工具	1 套	

三、活动要求

将给出的管道布置图抄画在一张 A3 图幅的图纸上。

四、学习形式

① 课堂讲授。

② 个人独立完成。

五、考核标准

项 目	评 分 标 准	
厂房建筑物	正确	20 分
	1～3 处错漏	15 分
	4～6 处错漏	10 分
	6 处以上错漏	5 分

续表

项目	评分标准	
设备	正确	20分
	1～3处错漏	15分
	4～6处错漏	10分
	6处以上错漏	5分
管道及阀门、管件	正确	30分
	1～3处错漏	25分
	4～6处错漏	20分
	6处以上错漏	15分
标注	正确	20分
	错标、多标、少标1～3处	15分
	错标、多标、少标4～6处	10分
	错标、多标、少标7～8处	8分
	错标、多标、少标8处以上	5分
图线清晰准确，布局合理，图面整洁美观	好	10分
	较好	8分
	差	5分

六、你知道吗

管道布置图的绘制可按如下步骤进行。

（一）确定管道布置图的表达方案

管道布置图可以车间（装置）或工段为单元进行绘制。一般只绘平面图，当平面图中局部表示不清楚时，可按需要绘制剖视图或轴测图。该剖视图或轴测图可画在管道平面图边界以外的空白处（不允许在管道平面图内的空白处再画小的剖视图或轴测图），或绘制在单独的图纸上。绘制剖视图时要按比例画，可根据需要标注尺寸。轴测图可不按比例，但应标注尺寸。剖视图符号规定用 *A*—*A*、*B*—*B* 等大写英文字母表示，平面图上要表示所剖视截面的剖切位置、方向及编号。

多层建筑依次分层绘制各层管道布置图。平面图要求将楼板以下与管道布置安装有关的建筑物、设备和管道全部画出。图 5-1 所示为空压站的管道布置图，其中采用了 EL±0.000 平面和 *A*—*A* 剖视。

（二）选比例、定图幅、合理布图

根据设备和管道的相关尺寸选择合适的图幅，在所选图幅中应能够按比例绘出所有设备、管道的平面图，同时还需要预留管口表和标题栏的位置，如有剖视图还需预留剖视图的相关位置。

常用比例为 1∶30，也可采用 1∶25 或 1∶50 的比例。尽量采用 A0 图幅，比较简单的可采用 A1 或 A2 图幅。平面图的配置与设备布置图中的配置相一致，各平面图下方都标注“EL±0.000 平面”或“EL××.×××平面”等。剖视图下方用“*A*—*A* 剖视”等表示。

（三）绘制视图

① 用细线按比例，根据设备布置图画出墙、柱、门、窗、楼板等建（构）筑物。

② 用细线按比例以设备布置图所确定的位置，画出带管口设备的简单外形轮廓和基础、平台、梯子等。动设备（如泵、风机等）可只画基础、驱动机位置及特征管口。

按比例画出卧式设备的支承底座，并标注固定支座的位置，支座下如为混凝土基础时，应按比例画出基础的大小，不需标注尺寸。对于立式容器，还应表示出裙座人孔的位置及标记符号。对于工业炉，凡是与炉子平台有关的柱子及炉子外壳和总管联箱的外形、风道、烟道等，均应表示出。

③ 根据管道的图示方法按流程顺序、管道布置原则画出全部工艺物料管道（粗线）、辅助管道（中粗线），管道公称直径 $DN \leqslant 50$mm（或 2in）的弯头，用直角表示。在适当位置画箭头表示物料流向（双线管道箭头画在中心线上）。各种管件连接型式需表达清楚（附表2）。

④ 用细线按规定符号画出管道上的管件（包括弯头、三通、法兰、异径管、软管接头等管道连接件）、阀门、管道附件、特殊管件、仪表控制点等。控制点的符号和编号与工艺管道及仪表流程图相同。

几套设备的管道布置完全相同时，允许只绘一套设备的管道。

（四）标注尺寸、编号等

管道布置图中需标注安装定位尺寸和标高以及管子的公称直径。标高以 m 为单位，小数点后取三位数。管子的公称直径及其他尺寸一律以 mm 为单位，只注数字，不注单位。

(1) 标注建筑定位轴线的编号及定位轴线间距尺寸，标注地面、楼面、平台等建筑物标高，如图 5-1 所示。

(2) 设备中心线上方标注与工艺管道及仪表流程图一致的设备位号，下方标注支承点的标高（POS EL××.×××）或主轴中心线的标高（℄EL××.×××）。剖视图上的设备位号标注在设备近侧或设备内。按设备布置图标注设备的定位尺寸。

(3) 按设备图用 5mm×5mm 的方块标注设备管口（包括需要表示的仪表接口及备用接口）符号，以及管口定位尺寸（由设备中心至管口端面的距离，如果标注在管口表上，在图上可不标注）。如图 5-13 所示。

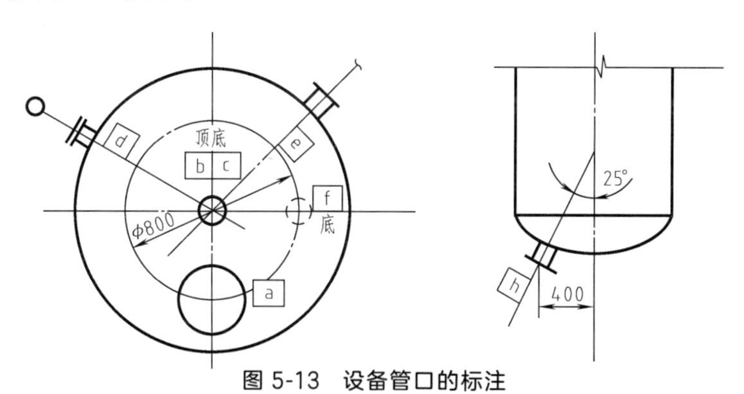

图 5-13　设备管口的标注

(4) 按产品样本或制造厂提供的图纸标注泵、压缩机、透平机及其他机械设备的管口定位尺寸（或角度），并给定管口符号。

(5) 在管道布置图上标注标高的规定如下。

① 用单线表示的管道在其上方标注与工艺管道及仪表流程图一致的管道代号，在下方标注管道标高；用双线表示的管道在中心线上方标注管道代号和管道标高。

② 当标高以管道中心线为基准时，只需标注“EL××.×××”。

③ 当标高以管底为基准时，加注管底代号，如“BOP　EL××.×××”。

④ 管道之间间隔小时，允许引出标注。

⑤ 在管道的适当位置画箭头表示物料流向。

⑥ 在平面图上标注出管道定位尺寸。

(6) 标注管架的编号、定位尺寸和标高。

(五) 填写管口表

在管道布置图的右上角，填写该管道布置图中的设备管口表。注意管口符号要与图中标注在设备上的符号一致。如图 5-14 所示。

管口表											
设备位号	管口符号	公称直径 DN /mm	公称压力 PN /MPa	密封面型式	连接法兰标准号	长度 /mm	标高/m	坐标/m		方位/(°)	
								N	E(W)	垂直角	水平角
T1304	a	65	1.0	平面	HG/T 20592		4.100				
	b	100	1.0	平面	HG/T 20592	400	3.800				180
	c	50	1.0	平面	HG/T 20592	400	1.700				
V1301	a	50	1.0	平面	HG/T 20592		1.700				180
	b	65	1.0	平面	HG/T 20592	800	0.400				135
	c	65	1.0	平面	HG/T 20592		1.700				120
	d	50	1.0	平面	HG/T 20592		1.700				270

图 5-14　管口表

(六) 绘制方位标、填写标题栏

在平面图的右上角、管口表的左边，画出方位标，作为管道布置安装的定向基准。

标题栏的图名分为两行书写，上行写“××管道布置图”，下行写“EL××.×××平面”或“A—A 剖视”等。

活动四　管道布置图的识读

一、我能做

① 了解厂房建筑及设备的布置情况、定位尺寸、管口方位等。

② 分析管道走向、编号、规格及配件等的安装位置。

二、主要的用具与工具

名称	数量	备注
管道布置图	1 张	如图 5-15 所示

三、活动要求

从图 5-15 可知，该管道布置图包括________________图。在 EL5.000 平面和 A—A 剖视上画出了________、________和管道的平、立面布置情况；从 EL5.000 平面中的 B—B 的剖切位置看出，B—B 剖视是表示蒸馏釜与冷凝器之间的管道走向的。

① 对照 EL5.000 平面和 A—A 剖视可知：PW1101-57 醋酸残液管道在 8.4m 高度由____向____拐弯向下进入蒸馏釜，另有水管__________也由南向北拐弯向下并分为两路。一路向东、向下至标高__________处拐弯向南与 PW1101-57 相交；另一路向__、向__、向__至高度 6.1m 处，然后又向____、向____至高度 7.5m 处，再转弯向西接________。水管与物料管在蒸馏釜、冷凝器的进口处都装有______阀。

② Pw1103-57 是从________下部，分别至醋酐受槽 A、B 间的管道，它自出口向下至标高__________处向西，先分出一路向南、向下进入醋酐受槽 A，原管道继续向____，然后向南、向下进入________，在两个入口管上都有________阀。

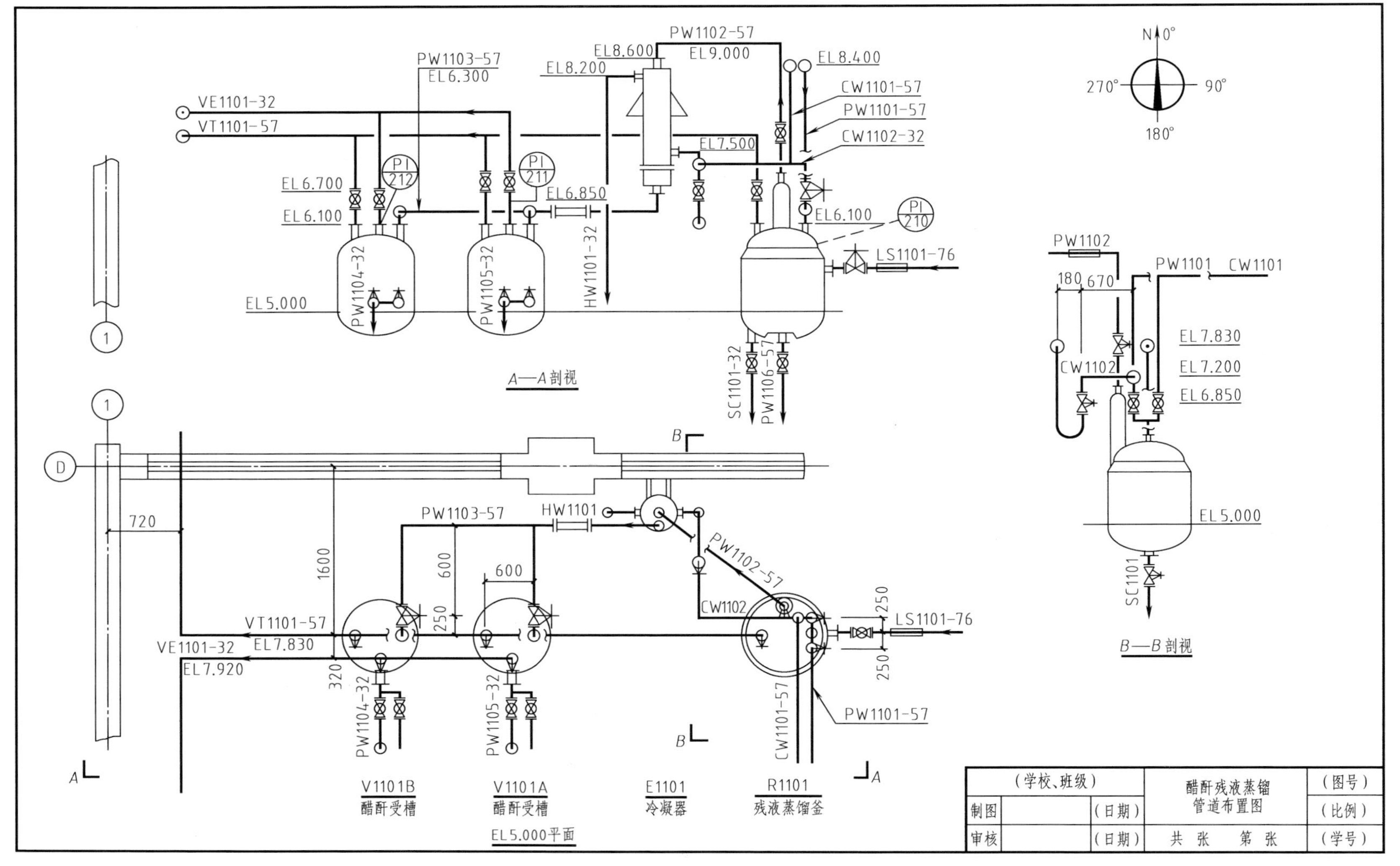

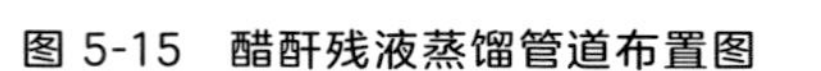
图 5-15　醋酐残液蒸馏管道布置图

③ ________是醋酐受槽A、B与真空泵之间的连接管道，由醋酐受槽A顶部向上至标高__________处，拐弯向西与醋酐受槽B上部来的管道汇合后继续向西、向南与真空泵出口相接。管道VE1101-32是醋酐受槽A、B的出口管，与醋酐受槽A、B连接的立管上都装有______阀和______表。

④ VT1101-57是与蒸馏釜、醋酐受槽A、B相连接的放空管，标高EL＋7.830m，在连接各设备的立管上都装有______阀。

四、学习形式

① 课堂讲授。

② 个人独立完成。

五、考核标准

项　　目	评　分　标　准
完成活动要求中的填空题	每空4分，25个空格

六、你知道吗

由于管道布置图是根据工艺管道及仪表流程图、设备布置图设计绘制的，因此阅读管道布置图之前应首先读懂相应的工艺管道及仪表流程图和设备布置图。

管道布置图是在设备布置图上增加了管道布置的图样。读管道布置图的目的是了解管道、管件、阀门、仪表控制点等在车间（装置）中的具体布置情况，主要解决如何把管道和设备连接起来的问题。

读管道布置图时，应以平面图为主，配合剖视图，逐一搞清管道的空间走向；再看有无管段图及设计模型，有无管件图、管架图或蒸汽伴热图等辅助图样，这些图都可以帮助阅读管道布置图。

下面以空压站管道布置图（图5-1）为例，说明阅读管道布置图的步骤。

1. 概括了解

先了解图中平面图、剖视图的配置情况，视图数量等。图中仅表示了与除尘器有关的管道布置情况，用了两个视图，EL±0.000平面和*A*—*A*剖视。

2. 了解厂房建筑、设备的布置情况、定位尺寸、管口方位等

由图5-1并结合设备布置图可知，除尘器与南墙距离为1000mm，与西墙距离为1150mm，西墙外为贮气罐。

3. 分析管道走向、编号、规格及配件等的安装位置

从EL±0.000平面与*A*—*A*剖视中可看到，来自E0602干燥器的管道IA0604-57×3.5到达除尘器V0602A左侧时分成两路：一路向右去另一台除尘器V0602B；另一路（在标高EL2.000处又分出一支管）向下至EL1.500处，经过截止阀，至标高EL1.000处向右拐弯，经异径接头后与除尘器V0602A的管口相接。在EL2.000处分出的支管则向前，至除尘器前后对称面时拐弯向上，经过截止阀，到达标高EL4.100m时，向右拐，至除尘器V0602A顶端与除尘器管口相连，并继续向右，再向下拐弯至EL0.250时，又拐弯向前与来自除尘器V0602B的管道IA0605-57×3.5相接，最后拐弯向后，再向左穿过墙去贮气罐V0603。

除尘器底部的排污管至标高EL0.200m时拐弯向前，经过截止阀再穿过南墙后排入地沟。

项目二　管道轴测图的识读与绘制

活动一　管道轴测图的识读

一、我能做

① 了解管道轴测图的作用。

② 能找出管道轴测图与管道布置图的区别和联系之处。

二、主要的用具与工具

名　称	数　量	备　注
管道布置图	1 张	如图 5-1 所示
管道轴测图	1 张	如图 5-16 所示

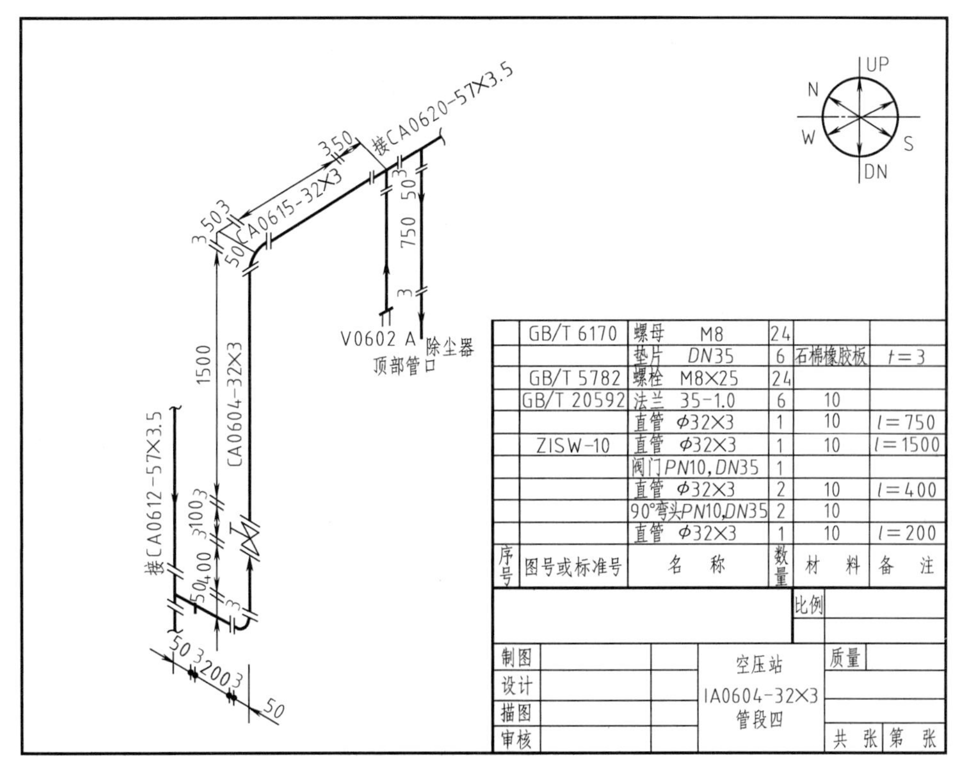

图 5-16　管道轴测图

三、活动要求

① 观察并分析管道轴测图的内容。

② 找出管道轴测图与管道布置图的区别和联系之处。

四、学习形式

① 课堂讲授。

② 小组讨论（每组 2～4 人）。

五、考核标准

项　　目	评分标准	备　　注
比较管道轴测图与管道布置图，找出相同点	5分/个	总分最高为100分
比较管道轴测图与管道布置图，找出不同点	5分/个	
写出管道轴测图与管道布置图的联系	4分/个	

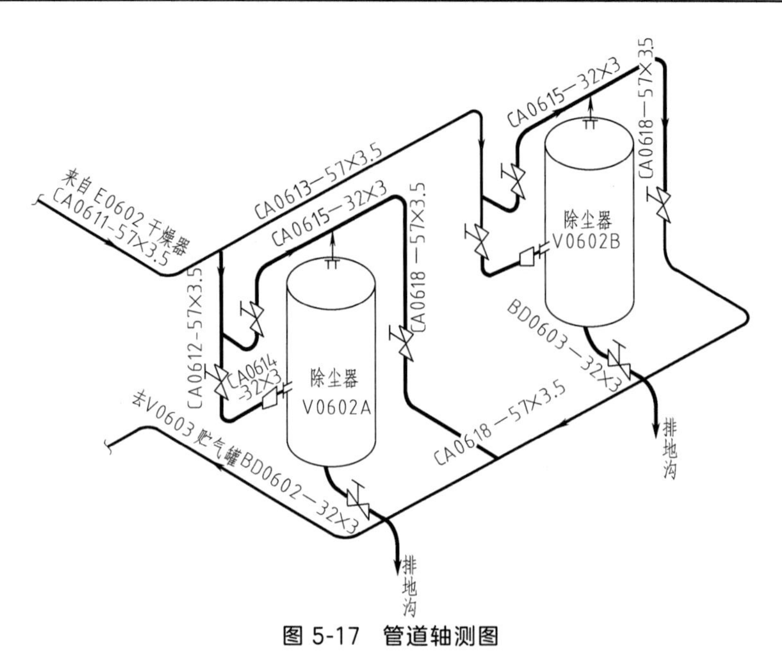

图5-17　管道轴测图

六、你知道吗

管道布置图是正投影图，缺乏立体感，而管道轴测图富有立体感，可以更直观地反映出设备、机器与管道及其附件在空间的位置关系。它可作为辅助图样来使用，可供分析管道布置与设备位置关系。

管道轴测图是表示一个设备至另一个设备管道空间走向的立体图，如图5-17所示。图中必须包含该管道的全部附件、阀门、控制点等的具体配置情况。管道轴测图按正等轴测图投影绘制，这种图立体感强，便于识读，有利于管段的预制和施工。

活动二　管道轴测图的绘制

一、我能做

① 按化工管道轴测图相关标准的规定绘制图样。

② 按相关标准要求对化工管道轴测图进行标注。

二、主要的用具与工具

名　　称	数　　量	备　　注
管道轴测图	1张	如图5-16所示
绘图纸	1张	A3
绘图工具	1套	

三、活动要求

将给出的管道轴测图抄画在一张A3图幅的图纸上。

四、学习形式

① 课堂讲授。

② 个人独立完成。

五、考核标准

项目	评分标准	
粗实线	准确	25分
	1～2处错误	20分
	3～4处错误	15分
	4处以上错误	10分
细实线	准确	25分
	1～2处错误	15分
	2处以上错误	8分
细双点画线	准确	10分
	1～2处错误	8分
	2处以上错误	5分
标注	准确	30分
	错标、多标、少标1～3处	25分
	错标、多标、少标4～6处	20分
	错标、多标、少标7～8处	15分
	错标、多标、少标8处以上	10分
图线清晰准确，布局合理，箭头大小一致，标注准确，图面整洁美观	好	10分
	较好	8分
	差	5分

六、你知道吗

（一）轴测图的基本知识

在机械和化工图样中，主要是用正投影图来表达物体的形状和大小的，但正投影图缺乏立体感，因此在机械和化工图样中，常把一种富有立体感的轴测图作为辅助性的图样来使用。

图5-19所示的轴测图（正等轴测图）是依据图5-18所示的三视图绘制的。三视图是多面投影，每个视图只能反映物体长、宽、高三个尺度中的两个。轴测图是单面投影，它能同时反映出物体长、宽、高的三个尺度，所以具有立体感。轴测图中的三根轴 X_1、Y_1、Z_1（称为轴测轴）之间的夹角（称为轴间角）均为120°，且与投影轴有一一对应的关系。在轴测图中，物体上与坐标轴平行的线段，以及投影图中与投影轴平行的线段，也都平行于相应的轴测轴。轴测图中，与轴测轴平行的线段，其长度都是在投影图中直接量取的。

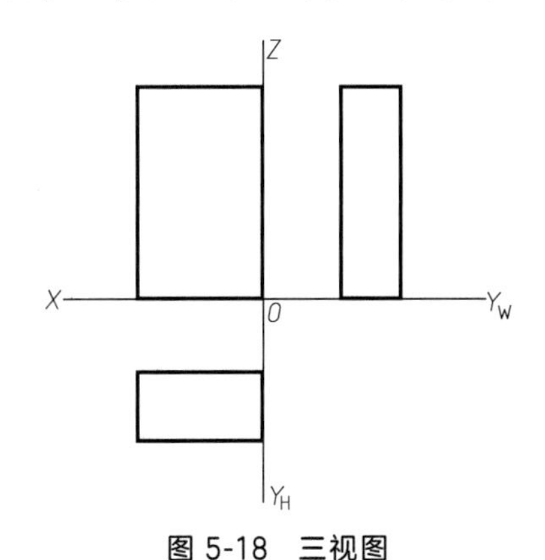

图5-18 三视图

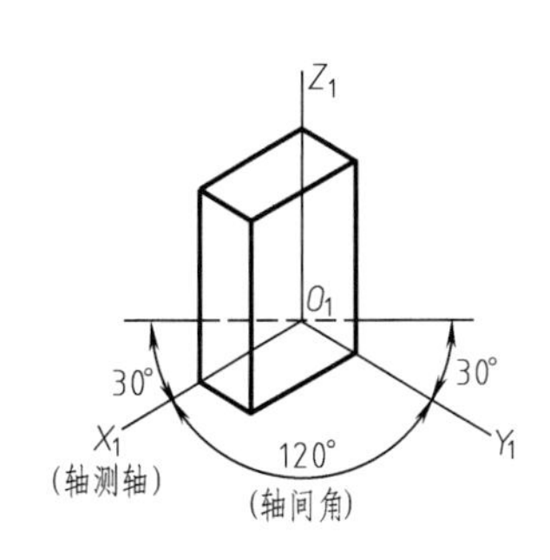

图5-19 轴测图

通过上述分析、比较可知，依据投影图画轴测图时，只要掌握与投影轴平行的线段可沿轴向对应量取这一基本性质，轴测图就不难画出了。但需指出，投影图中与投影轴倾斜的线段不可直接量取，只能依据该斜线两端点的坐标，在轴测图中先定点，再连线。

（二）正等轴测图的画法

1. 管道轴测图的画法

已知管道 $ABCDEF$ 的三视图（图 5-20），试画其正等轴测图。

① 在管道的三视图中定出直角坐标的原点及坐标轴，如图 5-20（a）所示。

② 画出正等轴测图的轴测轴，然后依次画出各管段的轴测图，加深图线，完成作图，如图 5-20（b）所示。

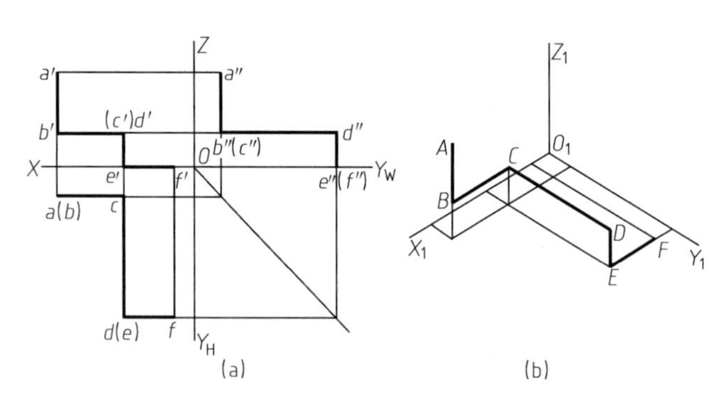

图 5-20 管道轴测图画法

2. 圆柱轴测图的画法

作图步骤如图 5-21、图 5-22 所示。

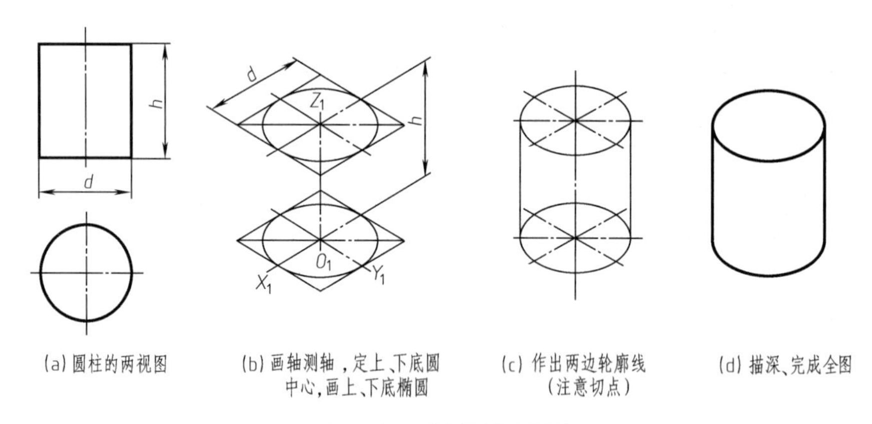

图 5-21 圆柱轴测图画法

3. 管道轴测图的绘制

管道轴测图不必按比例绘制，但各种阀门、管件之间比例要协调，它们的位置相对比例也要协调。

管道以单线（粗实线）表示，管件、阀门等以细实线用规定符号画出，并在管道的适当位置画出流向箭头，如图 5-16 所示。

当管道不平行直角坐标轴时，应画出平行相应坐标轴的细实线，表示管子所处的平面。管道在水平面内倾斜时，采用图 5-23（a）的表示方法，画出与 Y_1 轴平行的细实线（构成水平面)；管道在铅垂面内倾斜时，采用图 5-23（b）的表示方法，画出平行于 Z_1 轴的细实线（构成铅垂面)；管道不平行于任何投影面时，采用图 5-23（c）的表示方法，将以上两种情况组合起来，先画与 Z_1 轴平行的线，再画与 Y_1 轴平行的线。上述情况也可用平行四边形或平行六面体表示（见图 5-23 下面的一组图)。

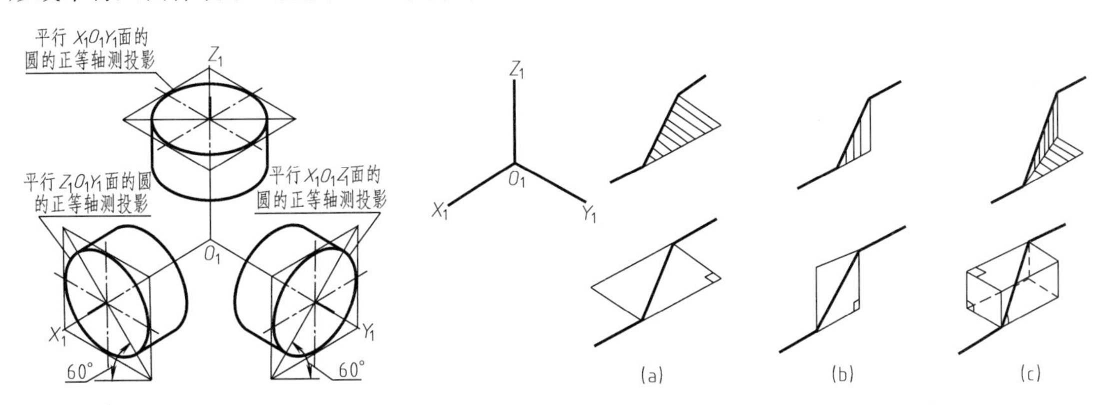

图 5-22 底圆平行各坐标面的圆柱的轴测图画法

图 5-23 管路倾斜时的管段图画法

管道上的阀门用细实线按规定符号画出，必要时应画出控制元件图示符号的类型（手动、电动、气动等）和位置，如图 5-24 所示。

管道的连接方式不同，画法也不同：当管道是法兰连接，用两短线表示，其画法如图 5-24（a）所示；当管道是螺纹或承插焊连接，用一短线表示，如图 5-24（b）所示；管道如果是对焊则以圆点表示，如图 5-24（c）所示。管件和管道的连接表示见附表 2。

管道轴测图上应注出管子、管件、阀门、垫片等全部尺寸，以满足加工、预制及安装的需要。尺寸界线应从管件中心线或法兰面引出，尺寸线与管道相平行。

与管道相连接的设备（或另一管段)，需标注出设备位号（或另一管段的编号)，如图 5-16 所示。

管道轴测图上应画出与设备布置图方位一致的方位标，如图 5-25 所示。

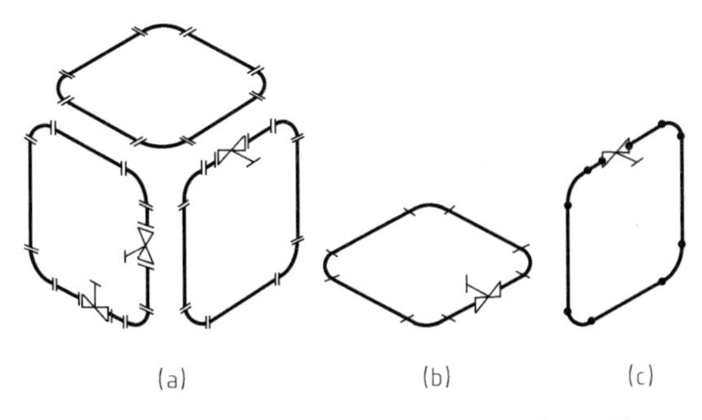

图 5-24 空间管道连接时的管道轴测图画法

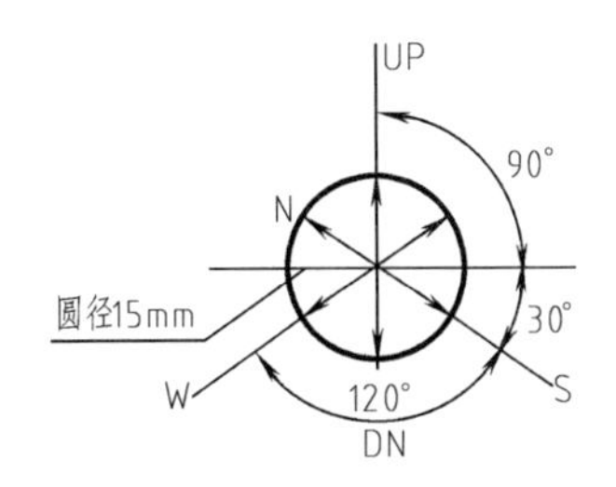

图 5-25 管道轴测图上的方位标

随堂练习

1. 根据管道的轴测图，绘制管道的立面图和平面图。

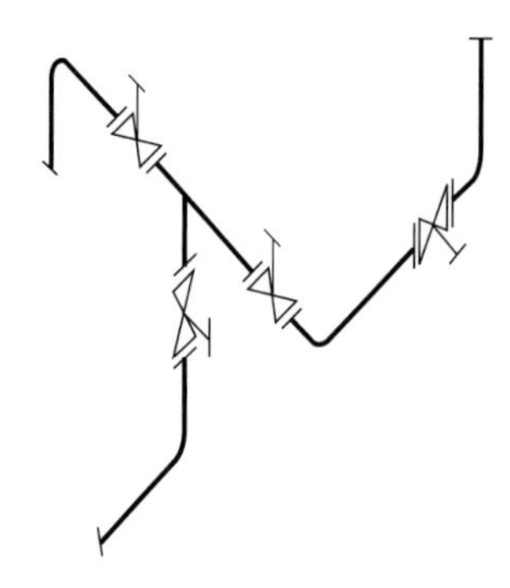

2. 根据管道的立面图和平面图，绘制左立面图。

(1)

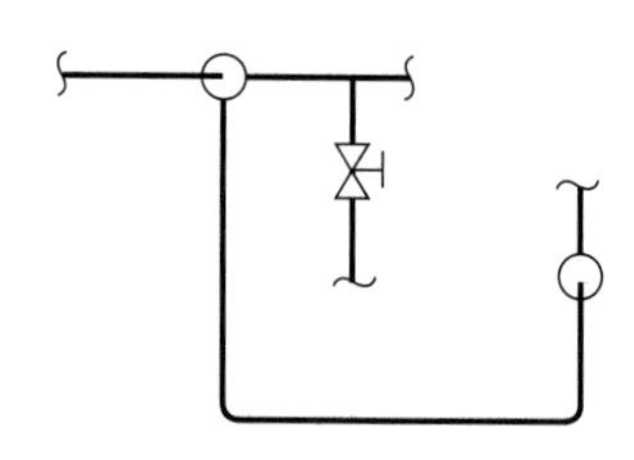

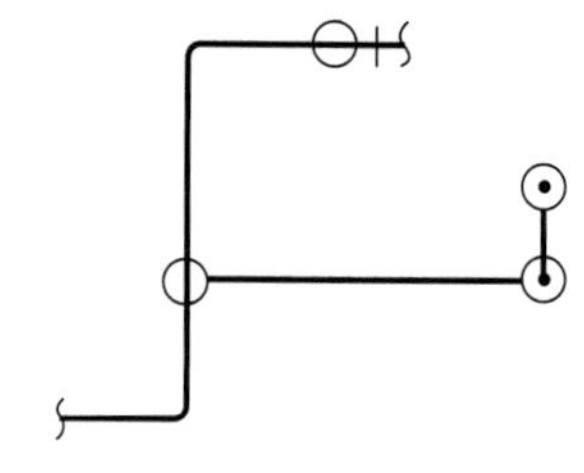

(2)

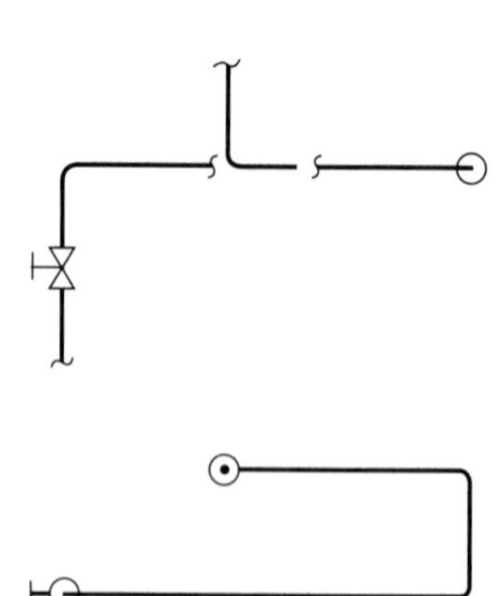

3. 结合图 3-14 润滑油精制工段工艺管道及仪表流程图，阅读下图润滑油精制工段部分管道布置图，并回答问题。

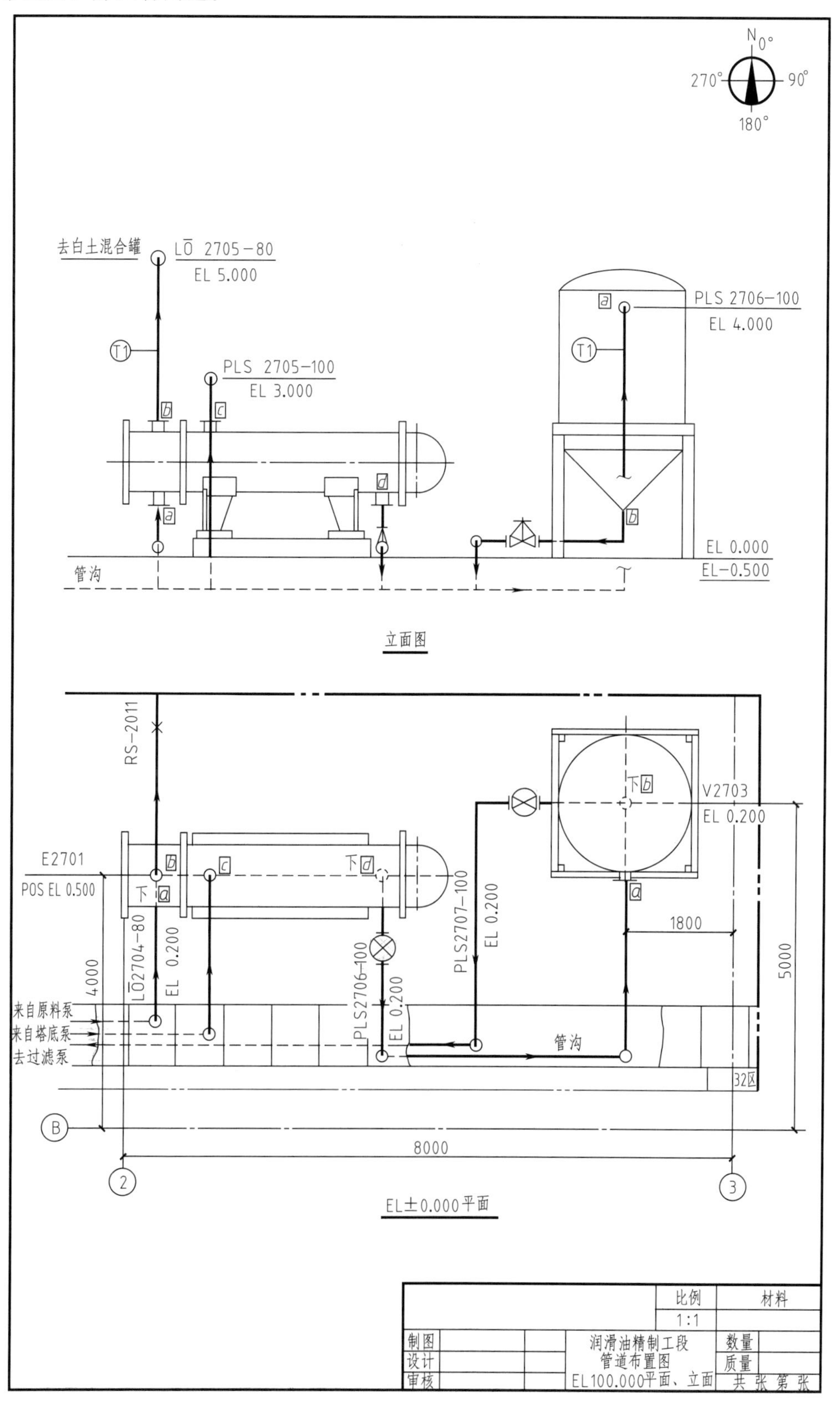

(1) 了解视图关系

该图共有________个视图，一个是________，另一个是________。

该图反映了________设备的______个管口和________设备的____个管口的管道布置情况。

(2) 了解厂房建筑与设备的位置关系

图中厂房有纵向定位轴线________，横向定位轴线②、③的间距为________m。

横向定位轴线②确定了设备____________法兰面的定位，该设备的中心线与纵向定位轴线______的间距为4m。

横向定位轴线③确定了设备____________中心线的位置，其距离为________m。该设备的另一中心线与纵向定位轴线______的间距为5m。

(3) 了解管道的概况

来自原料泵的润滑油自管沟管道来，从换热器管程____部进入，从换热器管程____部出来，去________罐；自塔底泵来的白土和润滑油混合料，从换热器壳程的________部进入，从换热器壳程的________出来，然后进入__________。

(4) 详细阅读管道走向，管道编号和安装高度

设备E2701的管口均为________连接，壳程出口的管道编号为__________，其管道从出口开始，先向下、向南，然后向________进入管沟，在管沟内向________，再向上出管沟，一直上至________m高度拐向________，与设备V2703上部管口连接。

设备V2703底部出口的管道编号为________________，管道从出口处向下，下至标高为____________m时向西、向________，然后向下进入管沟，在管沟内向________，与过滤泵的管道相连。

(5) 了解管道上阀门管件，管架安装情况

设备E2701管程出口管道编号为______________，其标高为____________的管段经过编号为___________的管架去白土混合罐。

在设备_________的入口管道上安装有________仪表。在设备_________的出口管道上安装有_________仪表。

附 录

■ 附表 1 工艺管道及仪表流程图中设备、机器图例（摘自 HG 20519—2009）

设备类型及代号	图　例	设备类型及代号	图　例
容器 （V）	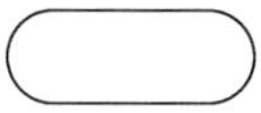 卧式容器 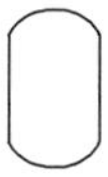 碟形封头容器 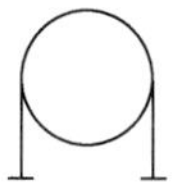 球罐 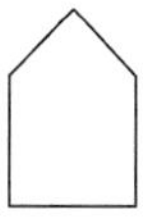 锥顶罐 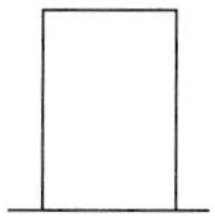 平顶容器  （地下/半地下池、槽、坑） 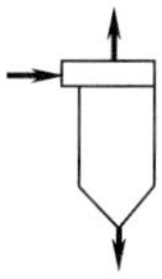 旋风分离器 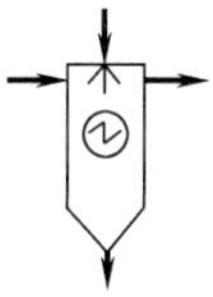 湿式电除尘器  固定床过滤器	塔 （T）	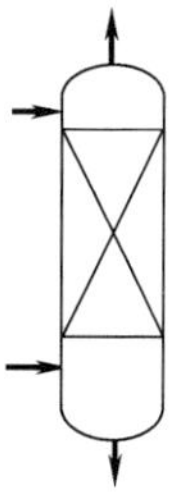 填料塔  板式塔  喷洒塔
反应器 （R）	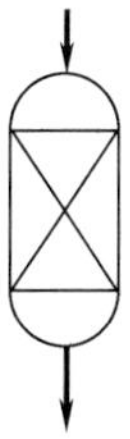 固定床式反应器 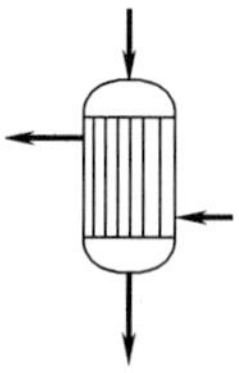 列管式反应器 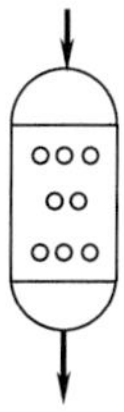 流化床反应器 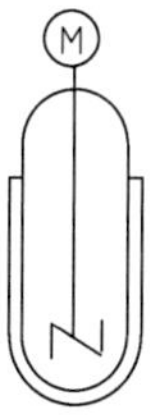 反应釜（带搅拌、夹套）	换热器 （E）	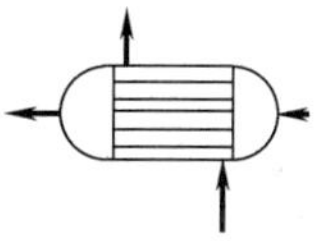 固定管板式列管换热器 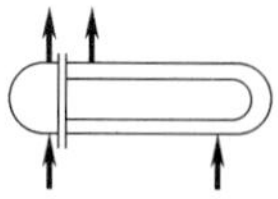 U 形管式换热器 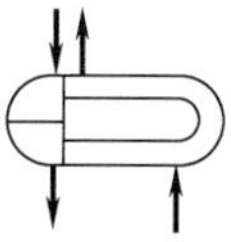 浮头式列管换热器 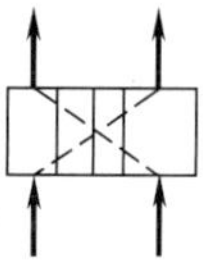 板式换热器 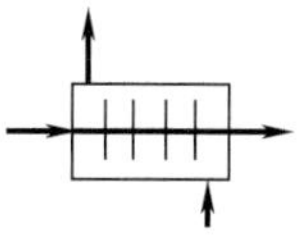 翅片管换热器 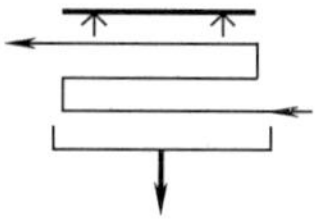 喷淋式冷却器 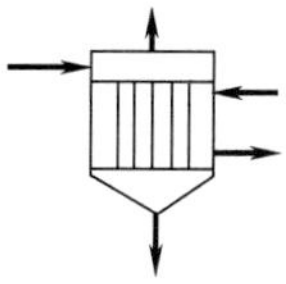 列管式（薄膜）蒸发器 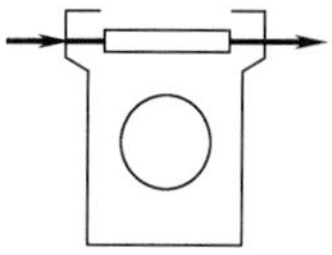 送风式空冷器

续表

设备类型及代号	图　例
泵 (P)	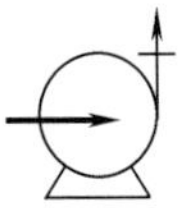 离心泵 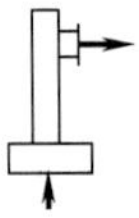 液下泵 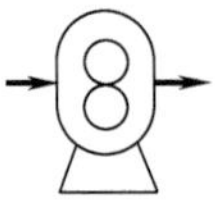 齿轮泵 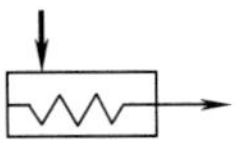 螺杆泵 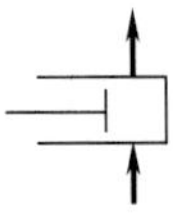 往复泵 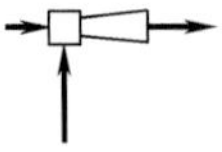 喷射泵
压缩机 (C)	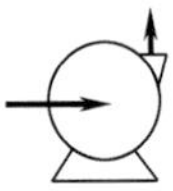 鼓风机 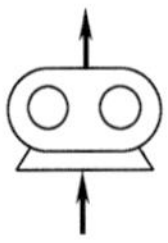 (卧式) 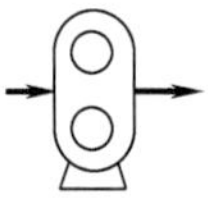 (立式) 旋转式压缩机 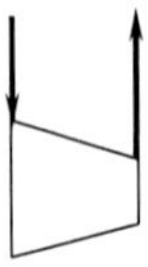 离心式压缩机 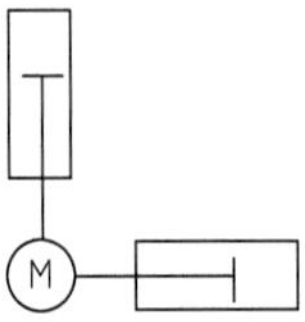 二段往复式压缩机 (L形)
工业炉 (F)	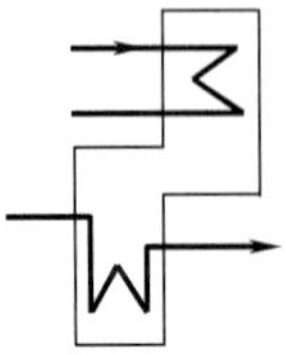 箱式炉 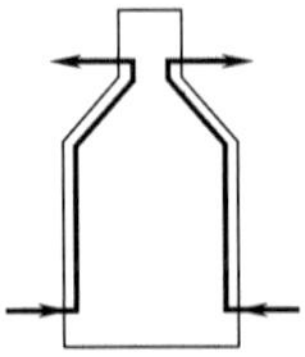 圆筒炉

设备类型及代号	图　例
其他机械 (M)	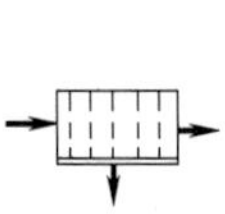 压滤机 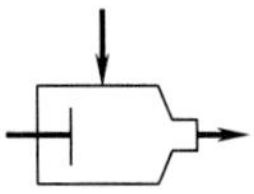 挤压机 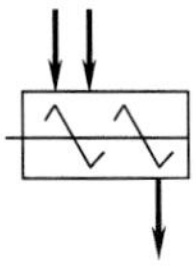 混合机
动力机 (M、E、S、D)	 电动机  内燃机、燃气机  汽轮机  其他动力机 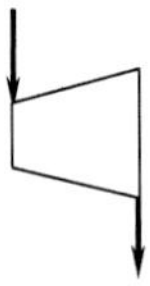 离心式膨胀机 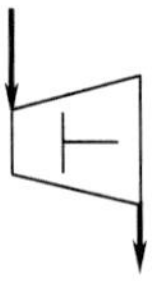 活塞式膨胀机
火炬烟囱 (S)	 火炬  烟囱

■ 附表 2 管件与管道连接的表示法（摘自 HG/T 20519—2009）

名称	连接方式	螺纹或承插焊	对焊		法兰式	
			单线	双线	单线	双线
90°弯头	主视图	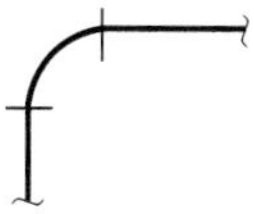	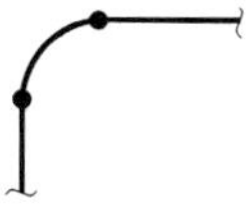	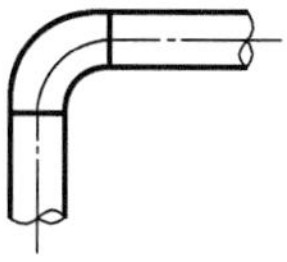	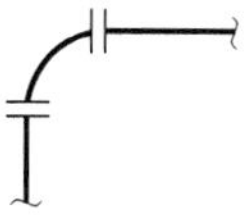	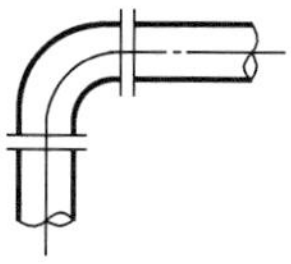
	俯视图	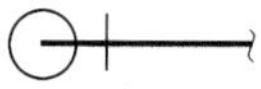	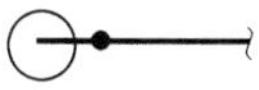	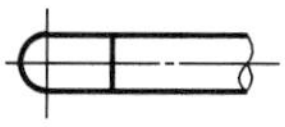	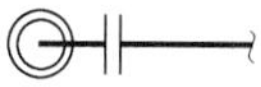	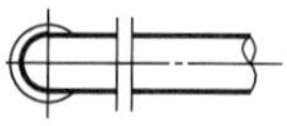
	轴测图	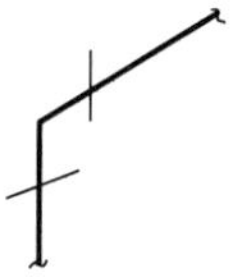	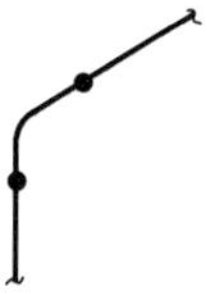		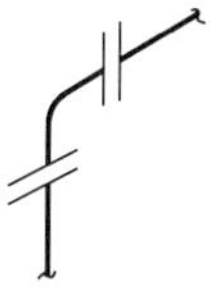	
三通管	主视图	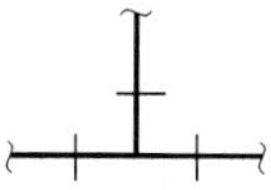	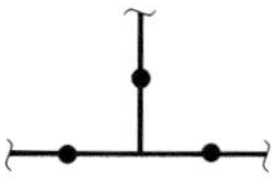	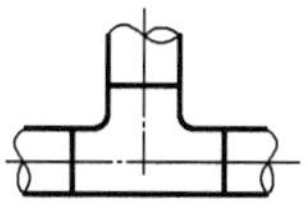	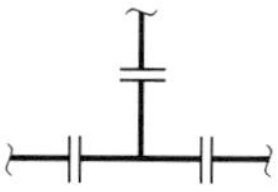	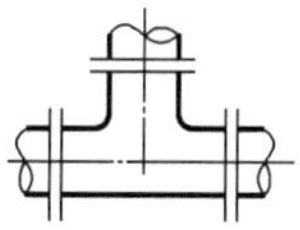
	俯视图	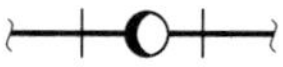	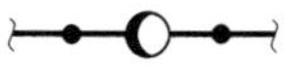	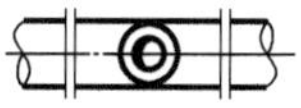	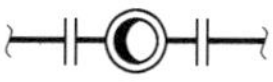	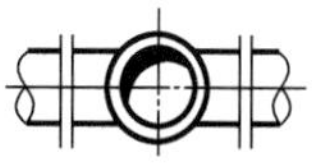
	轴测图	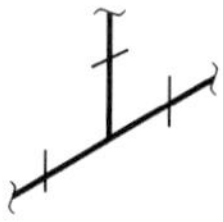	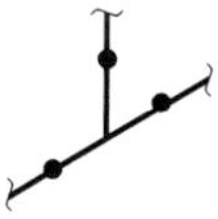		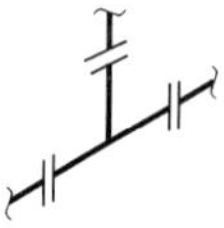	
四通管	主视图	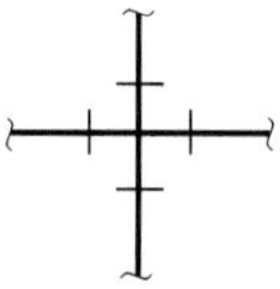	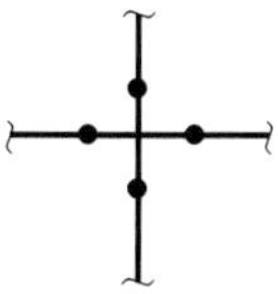	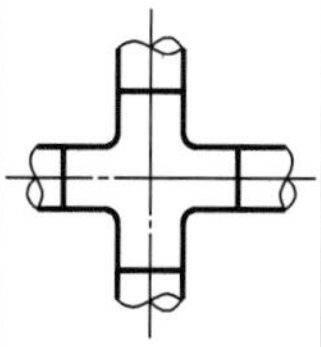	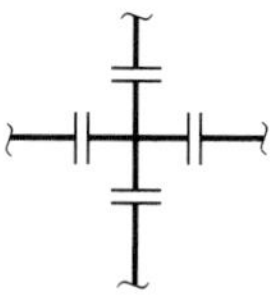	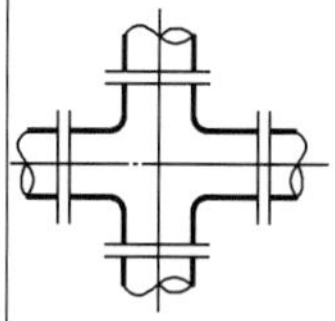
	俯视图	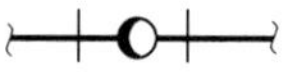	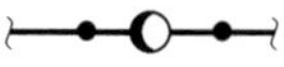	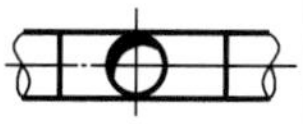	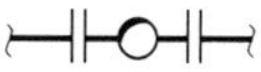	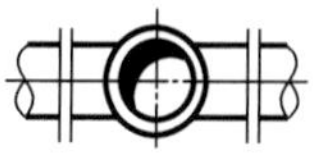
	轴测图	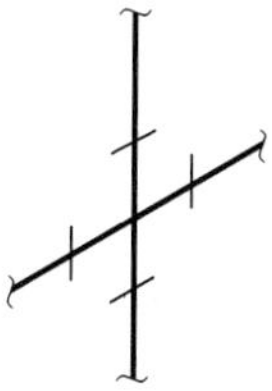	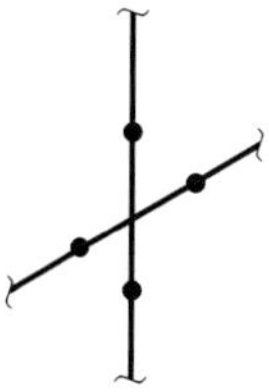		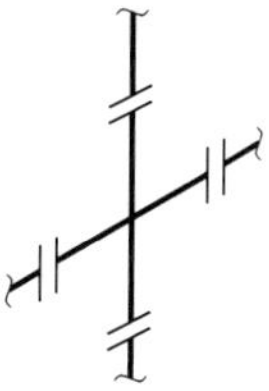	

续表

名称 \ 连接方式		螺纹或承插焊	对焊		法兰式	
			单线	双线	单线	双线
45°弯头	主视图	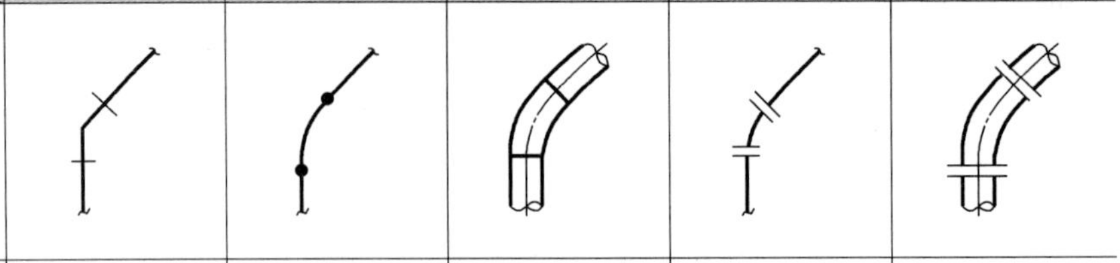				
	俯视图	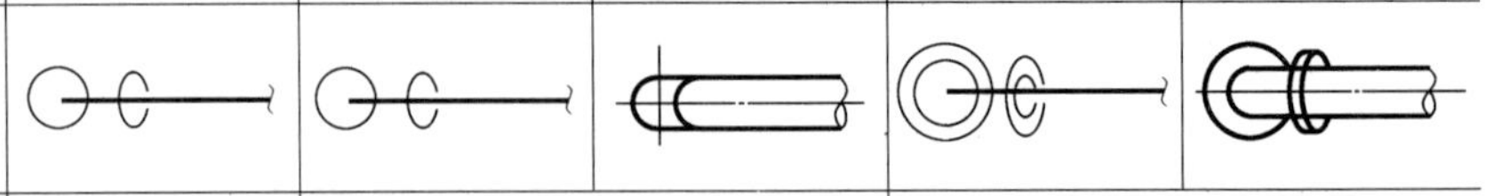				
	轴测图	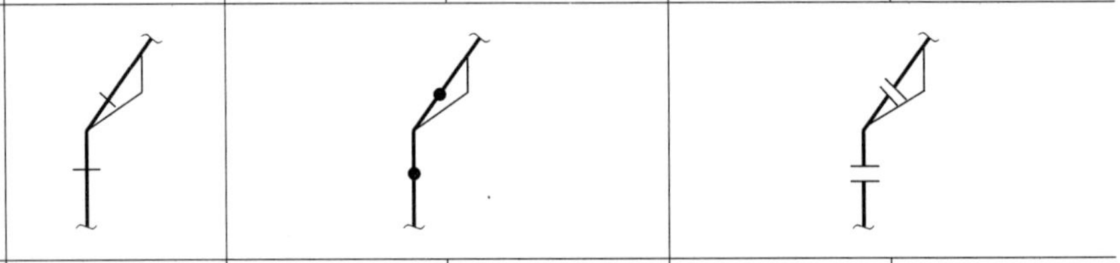				
偏心异径管	主视图	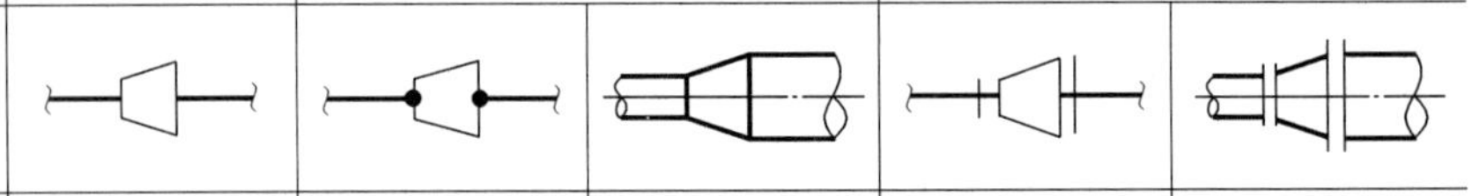				
	俯视图	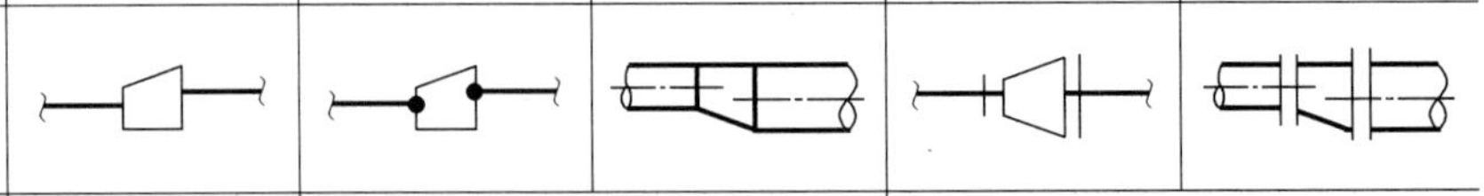				
	轴测图	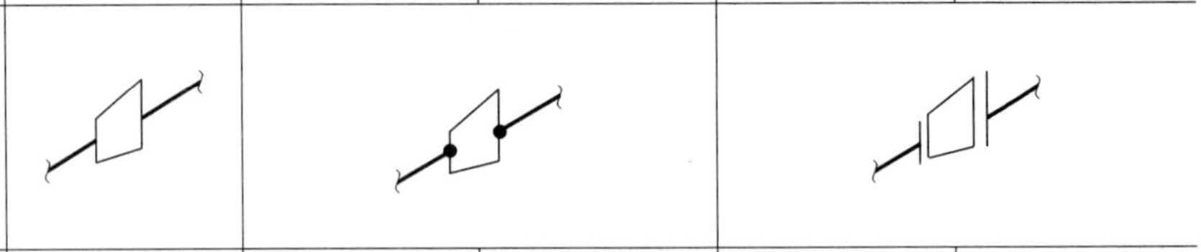				
管帽	主视图	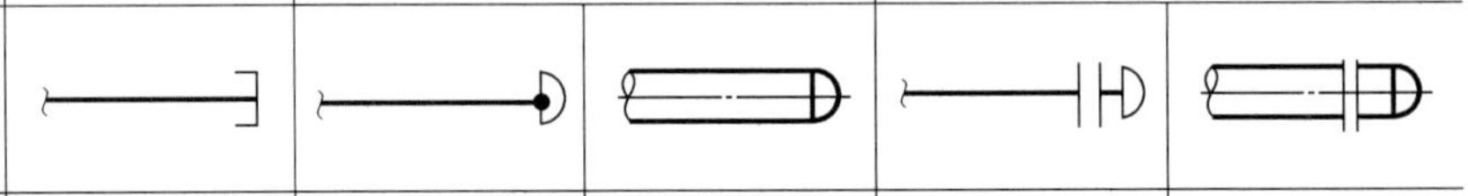				
	俯视图	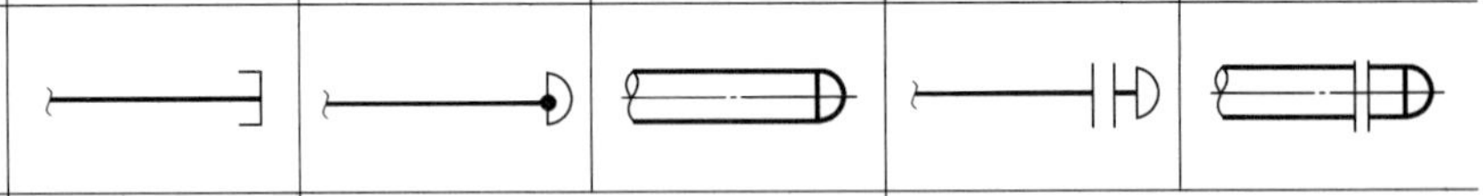				
	轴测图	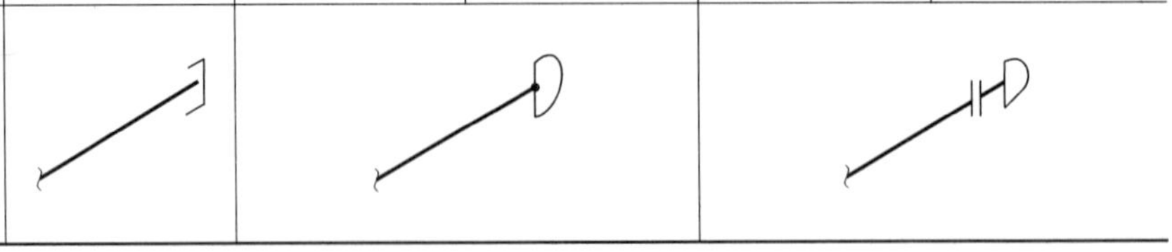				

参考文献

[1] 董振珂，路大勇. 化工制图. 第4版. 北京：化学工业出版社，2019.
[2] 胡建生. 化工制图习题集. 第3版. 北京：化学工业出版社，2015.
[3] 胡建生. 化工制图. 第3版. 北京：化学工业出版社，2015.